多源数据的
统计分析与建模

方方 倪葎 邵军 著

上海交通大学出版社
SHANGHAI JIAO TONG UNIVERSITY PRESS

内容提要

现代科学研究和实践中,如医学研究、生物信息、市场研究、金融风险管理、气象环境科学等,需要处理和分析的数据从单一来源向多个来源转变。针对这一问题,本书介绍了作者团队最近几年在多源数据的统计分析与建模方面开展的主要工作:一是多源碎片化数据的建模和预测,二是有效利用多源外部数据的统计推断。本书适合统计及相关专业的本科生、研究生,以及相关领域的科研工作人员阅读、参考。

图书在版编目 (CIP) 数据

多源数据的统计分析与建模/方方, 倪葎, 邵军著
. -- 上海: 上海交通大学出版社, 2024. 4
ISBN 978-7-313-30367-7

Ⅰ. ①多… Ⅱ. ①方… ②倪… ①邵… Ⅲ. ①数据处理—研究 Ⅳ. ①TP274

中国国家版本馆 CIP 数据核字 (2024) 第 050926 号

多源数据的统计分析与建模
DUOYUANSHUJU DE TONGJIFENXI YU JIANMO

著　　者:	方　方　倪　葎　邵　军		
出版发行:	上海交通大学出版社	地　　址:	上海市番禺路 951 号
邮政编码:	200030	电　　话:	021-64071208
印　　制:	上海景条印刷有限公司	经　　销:	全国新华书店
开　　本:	710mm×1000mm　1/16	印　　张:	12
字　　数:	184 千字		
版　　次:	2024 年 4 月第 1 版	印　　次:	2024 年 4 月第 1 次印刷
书　　号:	ISBN 978-7-313-30367-7		
定　　价:	68.00 元		

前　言

　　随着数据收集技术和计算机存储能力的不断发展，来自公共管理、电子商务、金融服务、医疗健康等应用领域的大数据不断涌现，人类社会已经步入了大数据驱动下的数字经济时代。"大数据"的研究分析已被提到经济发展的战略高度。日益积累的庞大数据已经成为企业的重要战略资源，正在为提升企业综合能力开拓新的途径，为推动经济社会发展提供新的驱动力，同时深刻改变着各行各业的管理决策范式。基于大数据前沿技术构建新的经济管理方式和企业智能化运营模式已经成为当下主流的发展趋势。在大数据的发展浪潮下，我们需要处理和分析的数据早已从单一数据来源向多个来源转变。不断增加的数据来源为我们更好地研究和预测个体或群体的行为创造了前所未有的机会，进而带来巨大的社会和经济效益。但同时，这些增加的数据源也给分析建模带来了新的挑战。多源数据的多样性以及建模的复杂性使得传统的统计建模方法陷入困境，亟待发展新的理论和方法。

　　在此背景之下，本书主要讨论两大类多源数据的统计分析与建模方法。第一类是多源碎片化数据的建模和预测。它考虑数据的自变量来自不同来源的情况。在这种情况下，每个数据样本都不太容易获得全部来源的数据，因此最终的建模样本呈现"碎片化"的特征。由于缺失比例高、缺失模式复杂，传统处理缺失数据的方法很难处理碎片化数据。第二类是有效利用多源外部数据的统计推断。它考虑的情况是：我们主要关心的"内部数据"的数据量比较小，直接进行统计推断的效率比较低，但同时我们能获得很多其他来源的"外部数据"，可以利用它们来提升对内部数据参数推断的有效性。由于对外部数据的观测不完整、个体数据不一定可获得、数据异质性等问题，对于外部数据的运用存在很多挑战。针对这两大类问题，我们提出了一系列基于模型平均、生成对抗网络、广义估计方程、经验似然等处理多源数据的工具和方法，并介绍了它们的基本理论，通过众多的数值模拟和实际数据分析来说明它们的有效性。

本书的完成离不开与众多同事和研究生的合作。我们特别感谢以下人员,他们和我们开展联合研究工作,对本书众多章节内容的研究与撰写作出了贡献: 王磊、兰伟、袁超霞、仝景景、吴阳、包燊燎、王今佚、王昕妍和戴齐贤。

感谢上海交通大学出版社对本书出版工作的大力支持。感谢责编汤琪老师为本书出版付出的辛勤劳动。

本书的出版得到了国家自然科学基金重点项目"多源异构数据的融合、特征提取与分析方法"(项目批准号: 11831008) 的支持。

由于我们水平有限,书中难免存在不足,还望读者海涵和指正,不胜感激。

方方　倪葎　邵军

2023 年 12 月

目　录

第 1 章

绪　论

1.1　多源数据分析的背景

随着数据采集技术以及存储技术的不断进步, 现代科学研究和实践中需要处理和分析的数据已经从单一来源向多个来源转变。而随着 "大数据" 时代的来临, 这种转变的趋势在近十年里显得尤为迅速和明显。在医学研究、生物信息、市场研究、金融风险管理、气象环境科学等诸多关系国计民生的重要领域, 多源数据的现象普遍存在。例如, 在金融风险建模中, 从不同的金融机构收集的客户信息及其贷款逾期信息、从不同的渠道 (例如央行信用记录、网购记录、信用卡账单等) 收集到的客户信息; 在医药研究的荟萃分析中, 从不同的临床试验收集并整合的病人信息; 在环境保护的研究中, 从不同的环境监测站点收集的数据; 在近年来引起极大关注的个性化医疗研究中, 病人的数据可能包括结构化的生化检验结果、非结构化的医学诊断影像和医疗病历文本、超高维的基因检测数据等。不断增长的数据来源为我们更好地研究和预测个体或群体的行为创造了前所未有的机会, 进而带来巨大的社会和经济效益。麦肯锡在最早关于大数据的报告《大数据: 下一个创新、竞争和生产力的前沿》中就指出: 多源数据融合是获取大数据价值的关键因素之一。在报告《在一个数据驱动时代的竞争》中也指出: 多源数据融合的能力可以打破组织和企业的传统限制, 从而获得全新的发展动力。工信部《大数据产业发展规划（2016—2020 年)》中也提道: 多源异构数据的存储和管理是大数据的关键技术及产品。但另一方面, 这些增加的数据源给分析建模带来了新的挑战。多源数据的多样性以及建模的复杂性使得传统的统计建模方法陷入困境, 亟须发展新的理论和方法。

在这种背景下, 本书介绍两大类多源数据的统计分析与建模方法。第一类是多源碎片化数据的建模和预测, 这对应着数据的自变量来自不同来源的情况。第二类是有效利用多源外部数据的统计推断, 这对应着数据的样本来自不同来源的情况。下面我们分别来介绍它们的基本背景。

1.2   多源碎片化数据的建模和预测

随着科学技术的进步和数据采集工具的飞速发展, 在经济、管理、金融等领域可以获得的数据量越来越大, 可获取数据的来源也越来越多。丰富的数据量和数据来源可以为经济管理决策提供更为强有力的支撑, 但同时也给数据分析带来了全新的挑战。其中, 最为常见也是最为严峻的挑战就是数据的 "碎片化": 由于大量的数据不能完整获得, 导致数据矩阵存在很多 "空洞", 整体看起来显得支离破碎, 因此被称为 "碎片化数据" (fragmentary data)。由于数据的缺失比例高、缺失模式复杂, 传统处理缺失数据的方法 (Little et al., 2002; Kim et al., 2013) 对于碎片化数据而言并不直接适用。

表 1.1 给出了一个典型的多源碎片化数据的例子。某互联网金融公司开发了一款互联网贷款产品, 通过评估客户在申请贷款时的一些基本信息来决定是否给客户发放贷款。这些基本信息的来源有五个, 分别是: 客户的信用卡使用记录、客户在电商平台上的购物记录、客户的手机账单、客户的央行征信记录、客户在某反欺诈平台 "同盾" 上的数据。由于该金融公司本身是一个信用卡记账平台, 因此对所有的客户都具有信用卡信息, 但其他四个来源的数据的可获得程度各不相同。对于购物记录和手机账单信息而言, 需要客户自愿提供, 但并不是所有的客户都乐意提供这些信息。对于央行征信记录而言, 公司并没有意愿去调取所有人的征信记录。对于反欺诈平台信息而言, "同盾" 的数据库并不能覆盖全部的客户群体。所以在最终用来建模的 1384 个样本中, 拥有全部自变量数据的样本仅为 115 个, 有 29 个客户只有前四个来源的数据, 等等。在最为极端的情况下, 有 302 个客户只有信用卡的数据。最终我们得到了表 1.1 中的碎片化数据。它共有十个不同的响应模式, 每个模式对应着一种特定的被观测到的自变量集合。

表 1.1 关于互联网贷款的多源碎片化数据

k	数据源					样本量
	信用卡	购物	手机	央行征信记录	反欺诈平台信息	
1	*	*	*	*	*	115
2	*	*	*	*		29
3	*	*	*			220
4	*	*		*	*	232
5	*	*		*		113
6	*	*				222
7	*		*			11
8	*			*	*	38
9	*			*		102
10	*					302
					总计	$n = 1384$

* 表示数据被观测到

表 1.2 给出了另外一个经典的多源碎片化数据的例子: ADNI 数据集, 即阿尔兹海默神经影像计划 (The Alzheimer's Disease Neuroimaging Initiative)。该数据集主要是为了从临床、影像、基因、生物标记等方面能够提前发现阿尔兹海默症而开展的研究, 是一个被研究人员广泛使用的阿尔兹海默数据, 它主要有四个数据来源。① CSF: 脑脊液数据; ② PET: 正电子发射断层摄影数据; ③ MRI: 核磁共振成像数据; ④ GENE: 基因表达数据。表中的 MMSE 是该研究最主要的因变量, 它是通过测试得到的每个样本的认知能力, 低于 28 分的 MMSE 通常被认为是认知能力有缺陷。如表 1.2 所示, 它有八种不同的响应模式, 对应于每个数据源的不同数据可用性。比如, 响应模式为 1, 代表该患者有全部四个数据源的数据, 数据源最完整; 响应模式为 2, 代表该患者只有前三个数据源的数据, 缺少基因的数据; 响应模式为 8, 代表该患者只有核磁共振成像数据, 而没有其他数据源的数据。在全部的 1170 个样本中, 只有 409 个样本具有全部来源的数据。注意每个来源的数据均含有多个自变量。

这种呈碎片化特征的数据在统计文献中也被称为 "区块缺失数据", 在风险管理、市场调研、社会科学、医学研究等领域非常常见。数据插补和

表 1.2　关于阿兹海默的多源碎片化数据 ADNI

k	MMSE	数据来源				样本量
		CSF	PET	MRI	GENE	
1	*	*	*	*	*	409
2	*	*	*	*		368
3	*	*	*		*	40
4	*		*	*	*	105
5	*		*		*	86
6	*		*	*		53
7	*				*	53
8	*			*		56
					总计	1170

* 表示数据被观测到

标签预测是这类数据分析的两个主要目标。但是极高的缺失率和复杂的响应模式给实现目标带来了巨大的挑战。近年来, 在统计学和机器学习这两个领域中都有一些相关工作。

从统计学的角度, 我们可以采取针对碎片化数据的模型平均方法 (Fang et al., 2019), 利用所有可用的数据, 根据变量的不同响应模式, 建立不同的候选模型, 并且证明其选择模型权重的渐近最优性。或者采用因子模型法 (Zhang et al., 2020), 首先对特征进行筛选, 以确定重要的特征。然后, 基于因子模型对这些特征进行插补, 并根据插补特征建立因子回归模型对响应变量进行预测。该方法利用了所有观测数据的基本信息作为模型的因子结构的结果。也可以采用一种结合完整与不完整观测值的多重块插补方法 (Xue et al., 2021), 对于给定的缺失模式组, 除了具有完整观察值的组之外, 插补还包含来自观察变量较少的组的更多样本。根据所有可用信息构造估计方程, 并整合信息估计函数以实现有效估计, 该方法证明了在固定维度和高维设置下具有估计相合性以及模型选择的相合性。还可以采取迭代最小二乘法 (Lin et al., 2021), 利用单位间的信息和自变量之间的关系, 具有较高的计算效率和统计效率。此外还有综合因子法 (Li et al., 2022), 基于因子分析的多模态数据的统计推断, 去量化变量组合的重要性, 通过拟合优度去衡量一种数据模式对其他数据模式的贡献。

从机器学习领域的角度来看, GAIN (Yoon et al., 2018) 是基于生成对抗网络的架构来处理缺失数据插补问题的模型, 通过巧妙地设计生成器 G 与判别器 D, 让判别器 D 去判别生成器 G 生成数据的每一个维度是否是真实来达到对抗训练的目的。然而 GAIN 只能够处理缺失机制为完全随机缺失 (Little et al., 2002) 的情况, 这意味着数据的缺失完全随机发生, 其概率不依赖于任何变量。另外 GAIN 为保证模型的可识别, 引入了额外的 "提示" 机制, 才能保证其理论收敛结果。模型理论只适用完全随机缺失, 没有推广到其他数据缺失机制。之后还有一系列有关的工作, 包括 MisGAN (Li et al., 2019), GAMIN (Yoon et al., 2020), HexaGAN (Hwang et al., 2019), GRAPE (You et al., 2020), MIWAE (Mattei et al., 2019), Not-MIWAE (Ipsen et al., 2021) 等, 但这些基于深度学习的方法大多缺乏理论保障。

1.3 有效利用多源外部数据的统计推断

在现代统计分析的很多实际例子中, 我们不仅有从感兴趣的人群中仔细收集的个人层面的数据 (下文称为内部数据), 而且还有一些独立的外部数据集或基于外部数据集的汇总信息, 例如基于人口普查、行政数据集, 以及过去调查或其他类似研究的数据。对于这些外部数据的合理利用可以有效提高基于内部数据的统计估计和推断效率, 从而更好地指导决策。

一个典型的例子, 来自美国国家健康与营养调查 (National Health and Nutrition Examination Survey) 的数据, 这个项目的主要目标是调查美国成人和儿童的健康和营养情况。其中, 血压是一个经常考虑的因变量, 而典型的自变量包括性别、年龄、总胆固醇和甘油三酯等。研究人员希望建立统计模型来探讨血压和这些主要自变量之间的关系。但不是在所有的年份里, 这些自变量的数据都会被完整收集。因此, 当我们尝试建模时, 主要需要考虑收集完整的 "内部数据", 同时, 那些收集于其他年份的不太完整的数据可以看作是 "外部数据"。我们可以尝试利用这些外部数据来提高内部数据建模的准确性。对于那些内部和外部数据均能观测到的自变量而言, 它们利用到的样本量会远大于内部数据, 因此直观上可以提高对它们的统计推断的效率。

对于这种类型数据的分析主要面临三个挑战。第一个挑战是外部数据通常能够观测到的自变量的范围比内部数据要小。当我们对某个科学或实践问题有兴趣, 进而设计方案去收集数据时, 一般会考虑得比较全面, 因此会收集到比较充足的自变量。但外部数据的收集通常不以该问题为主要目标, 因此其收集的自变量范围很可能和内部数据不一致。第二个挑战是外部数据的个体数据通常难以获得, 而只能获得一些汇总信息。外部数据的来源有很多种可能, 其中不少都是来自其他的机构。由于数据保密性等原因, 通常这些外部数据的个体数据不会得到披露, 研究者仅能获得一些基于外部数据的统计量。第三个挑战是数据的异质性。由于内外部数据的收集时间、目的、手段等通常会有差异, 因此内外部数据的分布可能会不一样。这三个挑战决定了我们不可能简单地将内外部数据放在一起进行传统的统计建模。

由于需要应对部分或全部上面提到的这些挑战, 因此将内外部数据进行整合的统计方法有很多不同的选择, 包括需要组合的信息类型、内外部数据是否具有异质性、外部数据来源的个数等。在这其中, 能够处理外部汇总信息的方法特别有吸引力, 因为它们对数据共享和数据存储的需求较少, 而且能够较好地维护研究参与者的机密性和隐私。由于外部的汇总信息很多时候比较容易获得, 许多领域都需要将外部研究的汇总信息纳入内部分析的统计中。例如, 在调查抽样中, 分层人口平均数等聚合信息通常可以从已发表的人口普查报告中获得, 而在生物医学和公共卫生研究中, 人口分布和模型拟合结果等聚合信息经常可以从已出版的文章中获得。

利用外部信息来帮助内部数据分析的研究近年来快速增长, 它属于数据整合的框架。目前学术界已经有一系列的相关工作 (主要包括: Merkouris, 2004; Chatterjee et al., 2016; Lohr et al., 2017; Zhang et al., 2017; Yang et al., 2020a; Yang et al., 2020b; Zhang et al., 2020; Kim et al., 2021; Li et al., 2022; Rao, 2021; Tian et al., 2022)。需要注意的是, 这些研究和医学数据分析中的 "荟萃分析" (例如, Lin et al., 2010; He et al., 2016; Kundu et al., 2019) 有所区别。荟萃分析中, 不同的研究通常关心的是同一个问题, 考虑的是同一个参数, 而且在很多情况下各个来源的数据都只有汇总信息可以获得。

1.4 本书的内容安排

本书的内容主要来自作者在过去几年内关于多源数据的统计分析与建模方面的工作, 主要分为两大部分。

第一部分是第 2 章到第 6 章, 主要讨论多源碎片化数据的建模、插补和预测。具体而言, 第 2 章提出了一种基于模型平均的碎片化数据建模方法 (Fang et al., 2019), 其最优权重选择是基于完整数据上的交叉验证方法。第 3 章讨论了另外一种基于有效模型尺寸的碎片化数据模型平均方法 (Yuan et al., 2022a)。第 4 章进一步将模型平均方法推广到碎片化数据下的广义线性模型 (Yuan et al., 2022b)。第 5 章提出了一种基于生成对抗网络的碎片化数据的插补和预测方法 FragmGAN (Fang et al., 2023a)。第 6 章讨论了碎片化数据下的变量筛选 (Ni et al., 2020)。

第二部分是第 7 章到第 11 章, 主要讨论有效利用多源外部数据的统计推断。具体而言, 第 7 章讨论半参数模型下利用外部统计量的有效估计 (Shao et al., 2023a)。第 8 章讨论利用外部统计量的经验似然估计 (Ni et al., 2023)。第 9 章利用外部的统计量数据来提高内部数据非参数回归的估计效率 (Dai et al., 2023a)。第 10 章讨论参数模型下利用外部个体数据的极大似然估计 (Shao et al., 2023b)。第 11 章将第 9 章的方法进一步拓展到异质性数据上 (Dai et al., 2023b)。

第 2 章

多源碎片化数据的模型平均方法 —— 基于交叉验证

2.1 多源碎片化数据的数学表示

正如我们在第一章中介绍的, 当对多个来源的数据整合起来进行分析时, 数据很容易呈现 "碎片化" 的特征, 给统计分析和建模带来很大的挑战。表 2.1 给出了一个碎片化数据的简单示例。

表 2.1　碎片化数据的一个简单示例

样本	Y	X_1	X_2	X_3	X_4	X_5	X_6	X_7	X_8	R
1	*	*	*	*	*	*	*	*	*	1
2	*	*	*	*	*	*	*	*	*	1
3	*	*	*	*						2
4	*	*	*	*						2
5	*	*			*	*	*			3
6	*	*			*	*	*			3
7	*	*			*	*	*			3
8	*	*	*							4
9	*	*	*							4
10	*	*	*							4

* 表示数据可被观测到

我们考虑一个包含 n 个随机样本的数据集。记 Y 为因变量, $\boldsymbol{X} = (X_1, \cdots, X_p)^\top$ 为自变量, $R \in \{1, \cdots, K\}$ 为 "响应模式变量"。$R = k$ 表示只有 $\{X_j, j \in \Delta_k\}$ 能被观测到, 其中 Δ_k 是 $D = \{1, \cdots, p\}$ 的一个子集, K 是全部 "响应模式" 的个数。假设 $p < n$, 但 p 可能会随着 n 的增大而增大。在表 2.1 中, 共有 $K = 4$ 个响应模式, $\Delta_1 = \{1, \cdots, 8\}$, $\Delta_2 = \{1, 2, 3\}$, $\Delta_3 = \{1, 4, 5, 6\}$ 和 $\Delta_4 = \{1, 2\}$。设 D_i 为样本 i 的观测自变量的下标集, 则

$D_1 = D_2 = \Delta_1 = \{1, \cdots, 8\}$, $D_3 = D_4 = \Delta_2 = \{1, 2, 3\}$, 以此类推。注意 R 同时也可以被看作是数据来源的指示变量。

记 $T_k = \{i : D_i = \Delta_k\}$ 是所有具有响应模式 $R = k$ 的样本集, 则 $\{1, 2, \cdots, n\} = \bigcup_{k=1}^{K} T_k$ 且 $T_k \bigcap T_l = \varnothing$, 其中 $k \neq l$。假设样本已经按照响应模式 R 从小到大重新排列, 记 $S_k = \{i : D_i \supseteq \Delta_k\}$ 是所有可观测到 Δ_k 中自变量的样本集。在表 2.1 中, $T_1 = \{1, 2\}$, $S_1 = \{1, 2\}$, $T_2 = \{3, 4\}$, $S_2 = \{1, 2, 3, 4\}$, $T_3 = \{5, 6, 7\}$, $S_3 = \{1, 2, 5, 6, 7\}$, $T_4 = \{8, 9, 10\}$, 以及 $S_4 = \{1, 2, 3, 4, 8, 9, 10\}$。不失一般性, 我们假设 $\Delta_1 = D = \{1, 2, \cdots, p\}$, 那么 $S_1 = T_1$ 是缺失数据术语中的 CC (完整案例) 样本。

我们的目标是: 在给定碎片数据 $\{(y_i, x_{ij}, r_i), i = 1, \cdots, n, j \in D_i\}$ 的情况下建立预测模型, 其中 y_i, x_{ij} 和 r_i 分别是 Y, X_j 和 R 在第 i 个样本上的观测值。注意 $r_i = k$ 当且仅当 $D_i = \Delta_k$。对于具有可观测变量集 $D^* = \Delta_l$, $l \in \{1, \cdots, K\}$ 的新样本, 我们需要估计条件平均值 $\mu_l^* = E(Y | D^*) = E(Y | X_j, j \in \Delta_l, R = l)$。在第 2 章和第 3 章里, 我们考虑连续型的因变量 Y, 因此主要采用线性模型。在第 4 章里, 我们考虑更一般类型的因变量 Y 并采用广义线性模型。

为了符号的简便性, 我们主要考虑 $D^* = D$, 也就是 $R = 1$ 的情况。其他的情况可以通过忽略不在 D^* 中的自变量, 来将其转化为 $D^* = D$ 的情况 (我们在这一章最后的实际数据分析中进行展示)。在实践当中通常采取的一种简便方法是 "CC 方法": 忽略掉那些存在缺失数据的样本, 仅用 CC 样本建立预测模型。以表 2.1 为例, 就是仅用样本 $\{1, 2\}$ 来建模。记这个模型为 M_1, 它利用了全部的 8 个自变量, 但仅利用了 2 个样本数据。在多源碎片化数据的背景下, CC 样本的比例 (相对于总样本 n 而言) 可能会非常低, 这会导致 CC 方法的预测精度也比较低。一个自然的想法是: 并不见得所有的自变量对预测都有重要的作用。如果我们放弃某些自变量, 就可以得到更多的建模样本, 这样得到的模型可能会具有更高的预测精度。例如, 如果我们知道 $\{X_4, X_5, X_6, X_7, X_8\}$ 实际上并不重要, 那么我们可以仅利用 $\{X_1, X_2, X_3\}$ 来进行建模。虽然利用到的自变量个数减少了, 但可以利用的样本增加到 4 个 $(i = 1, 2, 3, 4)$, 记这个模型为 M_2。进一步, 如果我们认为仅仅只有 X_1 对于预测比较重要, 那么我们可以利用全部的 10 个样本来进行建模, 记这个模型为 M_3。以此类推, 利用不同的自变量 (从而对应不同的建模样本) 可以获得不同的模型。在实践当中, 我们事先并不知道哪些自变量对预测的作用比较大, 因此我们也不能确定应当采用哪个模型比较好。一个可能的解决方法是进行模型选择。但传统的模型选择方法都是针对不同模型建立在同样的样本的情况, 不能直接适用于现在的这种情形。相对应的, 我们采取模型平均的方法: 建立一系列的模型 $M_1, M_2, \cdots$, 利用每个模型分别进行预测, 并通过加权平均的方式得到最终的预测结果。由于多源碎片化数据的建模天然存在 "建模用到的自变量个数" 和 "建模能利用的样本量个数" 之间的博弈, 进而得到多个可能的模型, 因此模型平均是一个很自然的处理该问题的方法。在本章、第 3 章和第 4 章里, 我们都采取模型平均的思路来进行多源碎片化数据的建模和预测。

2.2　模型平均的方法流程和最优权重的选择

假设 $\{(y_i, x_{ij}), i = 1, \cdots, n, j = 1, \cdots, p\}$ 来自线性模型

$$y_i = \sum_{j=1}^{p} \beta_j x_{ij} + \varepsilon_i, \tag{2.1}$$

其中, $\boldsymbol{\beta} = (\beta_1, \cdots, \beta_p)^\top$ 是未知的回归系数, ε_i 是独立同分布的误差项且满足: $E(\varepsilon_i | \boldsymbol{x}_i) = 0$, $E(\varepsilon_i^2 | \boldsymbol{x}_i) = \sigma_i^2$, 且 $\boldsymbol{x}_i = (x_{i1}, \cdots, x_{ip})^\top$。记 $\mu_i = \sum_{j=1}^{p} \beta_j x_{ij}$ 是 y_i 给定全部自变量的条件期望, $\boldsymbol{\mu} = (\mu_1, \cdots, \mu_n)^\top$, $\boldsymbol{y} = (y_1, \cdots, y_n)^\top$。

我们考虑一系列的候选模型 $\{M_k, k = 1, \cdots, K\}$, 其中 M_k 是建立在数据 $\{(y_i, x_{ij}), i \in S_k, j \in \Delta_k\}$ 上的线性模型。当然, 我们也可以考虑其他的候选模型, 但碎片化数据中响应模式的存在提供了这个天然的候选模型集。记模型 M_k 的建模矩阵为 $\boldsymbol{X}_k = (x_{ij} : i \in S_k, j \in \Delta_k) \in \mathbb{R}^{n_k \times p_k}$, 其中 $n_k = |S_k|$, $p_k = |\Delta_k|$。假设 $n_1 \geqslant p$。由于 $n_k \geqslant n_1$ 且 $p_k \leqslant p$, 因此 $n_k \geqslant p_k$。记 $\boldsymbol{y}_k = (y_i : i \in S_k)^\top$。模型 M_k 下回归系数的最小二乘估计为

$$\hat{\boldsymbol{\beta}}_k = (\boldsymbol{X}_k^\top \boldsymbol{X}_k)^{-1} \boldsymbol{X}_k^\top \boldsymbol{y}_k \in \mathbb{R}^{p_k \times 1}。$$

对于一个新的来自响应模式 $R = 1$ 的样本 $\boldsymbol{x}^* = (x_1^*, \cdots, x_p^*)^\top$, $\boldsymbol{\mu}_1^* =$

$E(Y|\boldsymbol{x}^*, R = 1)$ 的预测值是

$$\hat{\mu}^*(\boldsymbol{w}) = \sum_{k=1}^{K} w_k \boldsymbol{x}_k^{*\top} \hat{\boldsymbol{\beta}}_k = \sum_{k=1}^{K} w_k \boldsymbol{x}_k^{*\top} (\boldsymbol{X}_k^\top \boldsymbol{X}_k)^{-1} \boldsymbol{X}_k^\top \boldsymbol{y}_k,$$

其中 $\boldsymbol{x}_k^* = (x_j^* : j \in \Delta_k)^\top$, 权重向量 $\boldsymbol{w} = (w_1, \cdots, w_K)^\top$ 来自

$$\mathcal{H} = \left\{ \boldsymbol{w} \in [0,1]^K : \sum_{k=1}^{K} w_k = 1 \right\}。$$

关键的问题是如何选择最优的权重 $\boldsymbol{w}$。在异方差线性模型下, 常见的方法是通过弃一交叉验证来选择最优的模型权重 (Hansen et al., 2012)。但由于缺失数据的存在, 这个方法无法直接应用到碎片化数据上。我们提出在 CC 数据 $(i \in S_1 = T_1)$ 上进行弃一交叉验证的方法来选择最优权重。

具体而言, 记 $\boldsymbol{y}_{T_1} = (y_i, i \in T_1)^\top \in \mathbb{R}^{n_1 \times 1}$, $\boldsymbol{x}_{1,k} = (x_{ij} : i \in T_1, j \in \Delta_k) \in \mathbb{R}^{n_1 \times p_k}$。将模型 M_k 限制在 CC 数据上重新拟合, 得到新的最小二乘估计

$$\tilde{\boldsymbol{\beta}}_k = (\boldsymbol{x}_{1,k}^\top \boldsymbol{x}_{1,k})^{-1} \boldsymbol{x}_{1,k}^\top \boldsymbol{y}_{T_1} \in \mathbb{R}^{p_k \times 1}. \tag{2.2}$$

记 $\mu_{i,1} = E(y_i | x_i, r_i = 1)$。模型 M_k 对 $\mu_{i,1}$ 的预测值为 $\tilde{\mu}_{ki} = \boldsymbol{x}_{i,k}^\top \tilde{\boldsymbol{\beta}}_k$, 其中 $\boldsymbol{x}_{i,k} = (x_{ij}, j \in \Delta_k)^\top$。对 $\mu_{i,1}$ 的加权预测值为 $\sum_{k=1}^{K} w_k \tilde{\mu}_{ki}$。进一步, 对于 $\boldsymbol{\mu}_{T_1} = (\mu_{i,1}, i \in T_1)^\top \in \mathbb{R}^{n_1 \times 1}$ 的预测值为

$$\tilde{\boldsymbol{\mu}}_{T_1}(\boldsymbol{w}) = \sum_{k=1}^{K} w_k \boldsymbol{x}_{1,k} (\boldsymbol{x}_{1,k}^\top \boldsymbol{x}_{1,k})^{-1} \boldsymbol{x}_{1,k}^\top \boldsymbol{y}_{T_1}。$$

记 $\tilde{\boldsymbol{P}}_k = \boldsymbol{x}_{1,k} (\boldsymbol{x}_{1,k}^\top \boldsymbol{x}_{1,k})^{-1} \boldsymbol{x}_{1,k}^\top$, $\tilde{\boldsymbol{P}}(\boldsymbol{w}) = \sum_{k=1}^{K} w_k \tilde{\boldsymbol{P}}_k$, 则

$$\tilde{\boldsymbol{\mu}}_{T_1}(\boldsymbol{w}) = \sum_{k=1}^{K} w_k \tilde{\boldsymbol{P}}_k \boldsymbol{y}_{T_1} = \tilde{\boldsymbol{P}}(\boldsymbol{w}) \boldsymbol{y}_{T_1}。$$

接下来, 我们执行弃一交叉验证。具体而言, 对于每个样本 $i \in T_1$, 将其删除之后, 重复上面的过程, 重新拟合模型 (2.2), 进而得到模型 M_k 对 $\mu_{i,1}$ 的预测值 $\tilde{\mu}_k^{(-i)}$。记 $\tilde{\boldsymbol{\mu}}_k^{cv} = (\tilde{\mu}_k^{(-i)}, i \in T_1)^\top \in \mathbb{R}^{n_1 \times 1}$。对于 $\boldsymbol{\mu}_{T_1}$ 的交叉验证的预测值为 $\tilde{\boldsymbol{\mu}}_{T_1}^{cv}(w) = \sum_{k=1}^{K} w_k \tilde{\boldsymbol{\mu}}_k^{cv}$。我们通过最小化如下的 CV 准则

$$\mathrm{CV}(w) = \|\boldsymbol{y}_{T_1} - \tilde{\boldsymbol{\mu}}_{T_1}^{cv}(w)\|^2$$

来选择最优的权重向量 $\boldsymbol{w}$。

交叉验证通常是比较耗时的。但幸运的是，在线性模型下，弃一交叉验证的计算比较简便。记 $\tilde{\boldsymbol{e}}^{cv} = (\tilde{\boldsymbol{e}}_1^{cv}, \cdots, \tilde{\boldsymbol{e}}_K^{cv}) \in \mathbb{R}^{n_1 \times K}$，其中 $\tilde{\boldsymbol{e}}_k^{cv} = \boldsymbol{y}_{T_1} - \tilde{\boldsymbol{\mu}}_k^{cv}$。注意到 $\tilde{\boldsymbol{e}}_k^{cv} = \mathcal{Q}_k(\boldsymbol{y}_{T_1} - \tilde{\boldsymbol{\mu}}_{kT_1})$，其中 $\mathcal{Q}_k = \mathrm{diag}\{(1-m_1^k)^{-1}, \cdots, (1-m_{n_1}^k)^{-1}\}$，$m_i^k$ 是 $\tilde{\boldsymbol{P}}_k$ 的第 i 个对角线元素，$\tilde{\boldsymbol{\mu}}_{kT_1} = (\tilde{\mu}_{ki}, i \in T_1)^\top \in \mathbb{R}^{n_1 \times 1}$。注意 $\boldsymbol{y}_{T_1} - \tilde{\boldsymbol{\mu}}_{kT_1}$ 为模型 M_k 在 T_1 上的残差向量。为了计算 $\tilde{\boldsymbol{e}}^{cv}$，我们仅需在 CC 数据上拟合 K 个候选模型，而不需要真的去进行交叉验证，这大大节省了计算量。进一步，

$$\mathrm{CV}(\boldsymbol{w}) = \left\| \sum_{k=1}^K w_k (\boldsymbol{y}_{T_1} - \tilde{\boldsymbol{\mu}}_k^{cv}) \right\|^2 = \|\tilde{\boldsymbol{e}}^{cv}\boldsymbol{w}\|^2 = \boldsymbol{w}^\top \tilde{\boldsymbol{e}}^{cv\top} \tilde{\boldsymbol{e}}^{cv}\boldsymbol{w}。$$

我们选择的最优权重为

$$\hat{\boldsymbol{w}} = \underset{\boldsymbol{w} \in \mathcal{H}}{\mathrm{argmin}}\, \mathrm{CV}(\boldsymbol{w})。 \tag{2.3}$$

由于 $\mathrm{CV}(\boldsymbol{w})$ 是 $\boldsymbol{w}$ 的二次型，解决这个优化问题的软件包很常见。例如，R 语言中的 "quadprog" 包，或者 MATLAB 语言中的 "quadprog" 函数。

注记 2.1　从本质上讲，我们的方法是利用所有可能的样本数据 $(i \in S_k)$ 来拟合每个候选模型，然后利用 CC 数据 $(i \in T_1)$ 来选择最优的模型权重。为什么在选择权重的时候需要将候选模型在 CC 数据上重新拟合一遍？原因是如果我们直接利用候选模型在 CC 数据上选择权重，在所有的候选模型中，只有 M_1 是在 CC 数据上拟合的，其他模型都不是，从而在利用 CC 数据选择权重时，会倾向于 "同根生" 的 M_1，也就是向 CC 方法倾斜，而这显然不是我们希望看到的。

注记 2.2　文献中也有类似的构建候选模型的方法 (Zhang, 2013)，但在选择最优权重时用 0 来插补缺失的数据，并在全体样本数据上采用马洛斯 (Mallows) 准则。由于马洛斯准则的渐近最优性要求同方差假设，因此该方法只适用于同方差的情况。我们的方法采用交叉验证，可以适用于更为合理的异方差 (考虑到数据的多源性) 模型。另外一个较大的区别是用该方法做所有的预测时使用的都是同一个最优权重。而我们的方法根据不同的 D^*，采用的是不同的最优权重。

2.3　渐近最优性的建立

为了评价 $\hat{\boldsymbol{w}}$ 的渐近最优性, 我们通过如下的损失函数来衡量预测的好坏 (Li, 1987; Hansen, 2007; Hansen et al., 2012):

$$L_n(\boldsymbol{w}) = \|\boldsymbol{\mu}_{T_1} - \hat{\boldsymbol{\mu}}_{T_1}(\boldsymbol{w})\|^2, \tag{2.4}$$

其中 $\hat{\boldsymbol{\mu}}_{T_1}(\boldsymbol{w}) = (\hat{\mu}_i(w), i \in T_1)^\top$ 是对 $\boldsymbol{\mu}_{T_1}$ 的 "样本内" 预测。更具体地, 对于任意 $i \in T_1$, 基于候选模型 M_k 对于 $\mu_{i,1}$ 的预测为 $\hat{\mu}_{ki} = \boldsymbol{x}_{i,k}^\top \hat{\boldsymbol{\beta}}_k$。定义 $\hat{\boldsymbol{\mu}}_{kT_1} = (\hat{\mu}_{ki}, i \in T_1)^\top \in \mathbb{R}^{n_1 \times 1}$, 则基于权重 $\boldsymbol{w}$ 的模型平均预测为

$$\hat{\boldsymbol{\mu}}_{T_1}(\boldsymbol{w}) = \sum_{k=1}^{K} w_k \hat{\boldsymbol{\mu}}_{kT_1} = \sum_{k=1}^{K} w_k \boldsymbol{x}_{1,k} (\boldsymbol{x}_k^\top \boldsymbol{x}_k)^{-1} \boldsymbol{x}_k^\top \boldsymbol{y}_k。$$

注意, 由于我们考虑的是 $D^* = D$, 也就是说我们考虑的是基于全部自变量的预测。因此式 (2.4) 中将损失函数定义在 T_1 上是合理的。

如果由式 (2.3) 决定的 $\hat{\boldsymbol{w}}$ 满足

$$\frac{L_n(\hat{\boldsymbol{w}})}{\inf_{\boldsymbol{w} \in \mathcal{H}} L_n(\boldsymbol{w})} \to_p 1, \tag{2.5}$$

其中 $\to_p$ 表示依概率收敛 (当 n 趋于无穷时), 则我们称 $\hat{\boldsymbol{w}}$ 具有 "渐近最优性"。式 (2.5) 成立表示我们的方法对应的平方损失和理论上最优的损失是渐近等价的。

为了证明式 (2.5), 我们先证明一个中间结果。注意到如果我们只考虑 CC 数据, $\hat{\boldsymbol{w}}$ 实际上就是 JMA 的权重 (Hansen et al., 2012)。定义

$$\tilde{L}_n(\boldsymbol{w}) = \|\boldsymbol{\mu}_{T_1} - \tilde{\boldsymbol{\mu}}_{T_1}(\boldsymbol{w})\|^2 \quad \text{和} \quad \tilde{R}_n(\boldsymbol{w}) = E\{\tilde{L}_n(\boldsymbol{w})|\boldsymbol{x}_1, \cdots, \boldsymbol{x}_n\},$$

我们可以建立如下的引理。

引理 2.1　假设模型 (2.1) 成立。定义 $\tilde{\xi}_n = \inf_{w \in \mathcal{H}} \tilde{R}_n(\boldsymbol{w})$, $\boldsymbol{w}_k^0$ 表示仅有第 k 个位置上是权重为 1 的权重向量。假设存在常数 $G \geqslant 1$ 以及 $\Lambda > 0$ 使得:

(C1) $\sup_{i \geqslant 1} E(\varepsilon_i^{4G} | \boldsymbol{x}_i) < \infty$, $a.s.$;

(C2) $0 < \inf_{i \geqslant 1} \sigma_i^2 \leqslant \sup_{i \geqslant 1} \sigma_i^2 < \infty$, $a.s.$;

(C3) $\sup_k \frac{1}{p_k} \bar{\lambda}(\tilde{\boldsymbol{P}}_k) \leqslant \Lambda n_1^{-1}$;

(C4) $K\tilde{\xi}_n^{-2G}\sum_{k=1}^K\{\tilde{R}_n(\boldsymbol{w}_k^0)\}^G \to_{a.s.} 0$;

(C5) $p/n_1 \to 0$ and $p = O(\tilde{\xi}_n)$,

其中 $\bar{\lambda}(\cdot)$ 表示矩阵的最大对角线元素, 则

$$\frac{\tilde{L}_n(\hat{\boldsymbol{w}})}{\inf_{w\in\mathcal{H}}\tilde{L}_n(\boldsymbol{w})} \to_p 1。$$

条件 (C1) 和 (C2) 都很常规。条件 (C3) 与文献 [42] (Li, 1987) 中的条件 (5.2) 和文献 [1](Ando et al., 2014) 中的条件 (5) 一样。如 Li (1987) 指出的, 这个条件排除了某些具有非常极端的建模矩阵的候选模型。

条件 (C4) 与文献 [80](Wan et al., 2010) 中的条件 (8) 和文献 [99](Zhang et al., 2013) 中的条件 (13) 一样。首先, 它要求 $\tilde{\xi}_n \to \infty$, 而这正是文献 [42] (Li, 1987) 中的条件 (A.3′) 和文献 [28](Hansen, 2007) 中的条件 (15)。它通常会在每个候选模型都是欠拟合或者 p 随着 n 趋向无穷时得到满足。其次, 它排除了那些可能表现极端差的候选模型。再次, 候选模型的个数 K 可以趋于无穷。但条件 (C4) 对 K 的发散速度进行了约束。如果 K 是发散的, 那么条件 (C4) 比文献 [99](Zhang et al., 2013) 中的条件 (21) 要更强。但是 Zhang et al. (2013) 附加了另外一个条件 (22) 来限制自变量的个数的增长速度。Wan et al. (2010) 和 Zhang et al. (2013) 对这个条件提供了更多的讨论。特别地, Wan et al. (2010) 给出了两个满足该条件的例子。

条件 (C5) 要求 p 被 $\tilde{\xi}_n$ 所控制住, 而且 p 的发散速度要慢于 n_1。这个条件不难满足。

需要说明的是, Zhang (2021) 提供了一个更加简洁的关于 JMA 的渐近最优性的证明。引理 2.1 中的条件可以根据文献 [98](Zhang, 2021) 中的定理 2 进行进一步简化。

在引理 2.1 的基础上, 我们可以证明如下的主要定理。

定理 2.1 假设引理 2.1 中的条件均成立, 并进一步假设:

(C6) $\max_{1\leqslant k\leqslant K}\lambda_{\max}(n_1^{-1}\boldsymbol{x}_{1,k}^\top\boldsymbol{x}_{1,k}) = O(1)$ $a.s.$, 其中 $\lambda_{\max}(\cdot)$ 表示一个矩阵的最大特征根;

(C7) $\boldsymbol{X} = (\boldsymbol{X}^o, \boldsymbol{X}^m)$, 其中 $\boldsymbol{X}^o$ 是 $\boldsymbol{X}$ 的一部分且总是能被观测到, 而且 $P(R = k|Y, \boldsymbol{X})$ 仅仅依赖于 $\boldsymbol{X}^o$;

(C8) $E(\boldsymbol{X}_{\Delta_k^c}|\boldsymbol{X}_{\Delta_k})$ 是 $\boldsymbol{X}_{\Delta_k}$ 的线性函数, 其中 $\boldsymbol{X}_{\Delta_k} = \{X_j, j \in \Delta_k\}$, $\boldsymbol{X}_{\Delta_k^c} = \{X_j, j \notin \Delta_k\}$,

则 (2.5) 成立, 即由 (2.3) 决定的权重 $\hat{\boldsymbol{w}}$ 具有渐近最优性。

条件 (C6) 比较常规。条件 (C7) 是关于自变量的缺失机制。这个假设类似于缺失数据中的 "依赖于自变量的随机缺失" (Little et al., 2002)。在实践中它通常发生于如下的情况: 一个主要数据来源总是可以被充分观测到, 其他来源的数据能否获得取决于这个主要来源的变量取值。下一节中我们分析的实际数据正好是这种情况。当 X 为多元正态时, 条件 (C8) 会得到满足。但这个条件比多元正态的假设要更弱一些。条件 (C7) 和 (C8) 主要是为了保证最小二乘估计 $\tilde{\boldsymbol{\beta}}_k$ (基于 CC 数据) 和 $\hat{\boldsymbol{\beta}}_k$ (基于 S_k 数据) 之间的差距是渐近可忽略的, 这才是真正需要的技术条件。

定理 2.1 的证明: 当引理 2.1 成立时, 我们仅需证明 $\sup_{w \in \mathcal{H}} |\{\tilde{L}_n(\boldsymbol{w}) - L_n(\boldsymbol{w})\}/\tilde{L}_n(\boldsymbol{w})| \to_p 0$。注意到

$$\sup_{w \in \mathcal{H}} \left| \frac{\tilde{L}_n(\boldsymbol{w}) - L_n(\boldsymbol{w})}{\tilde{L}_n(\boldsymbol{w})} \right|$$

$$= \sup_{w \in \mathcal{H}} \left| \frac{\|\hat{\boldsymbol{\mu}}_{T_1}(\boldsymbol{w}) - \tilde{\boldsymbol{\mu}}_{T_1}(\boldsymbol{w})\|^2 + 2\{\boldsymbol{\mu}_{T_1} - \hat{\boldsymbol{\mu}}_{T_1}(\boldsymbol{w})\}^\top \{\hat{\boldsymbol{\mu}}_{T_1}(\boldsymbol{w}) - \tilde{\boldsymbol{\mu}}_{T_1}(\boldsymbol{w})\}}{\tilde{L}_n(\boldsymbol{w})} \right|$$

$$\leqslant \sup_{w \in \mathcal{H}} \frac{\|\hat{\boldsymbol{\mu}}_{T_1}(\boldsymbol{w}) - \tilde{\boldsymbol{\mu}}_{T_1}(\boldsymbol{w})\|^2}{\tilde{L}_n(\boldsymbol{w})} + 2 \sup_{w \in \mathcal{H}} \left| \frac{\{\boldsymbol{\mu}_{T_1} - \hat{\boldsymbol{\mu}}_{T_1}(\boldsymbol{w})\}^\top \{\hat{\boldsymbol{\mu}}_{T_1}(\boldsymbol{w}) - \tilde{\boldsymbol{\mu}}_{T_1}(\boldsymbol{w})\}}{\tilde{L}_n(\boldsymbol{w})} \right|$$

$$\leqslant \sup_{w \in \mathcal{H}} \frac{\|\hat{\boldsymbol{\mu}}_{T_1}(\boldsymbol{w}) - \tilde{\boldsymbol{\mu}}_{T_1}(\boldsymbol{w})\|^2}{\tilde{L}_n(\boldsymbol{w})} + 2 \sup_{w \in \mathcal{H}} \sqrt{\frac{L_n(\boldsymbol{w})}{\tilde{L}_n(\boldsymbol{w})}} \sup_{w \in \mathcal{H}_K} \sqrt{\frac{\|\hat{\boldsymbol{\mu}}_{T_1}(\boldsymbol{w}) - \tilde{\boldsymbol{\mu}}_{T_1}(\boldsymbol{w})\|^2}{\tilde{L}_n(\boldsymbol{w})}}$$

$$\leqslant \sup_{w \in \mathcal{H}} \frac{\|\hat{\boldsymbol{\mu}}_{T_1}(\boldsymbol{w}) - \tilde{\boldsymbol{\mu}}_{T_1}(\boldsymbol{w})\|^2}{\tilde{L}_n(\boldsymbol{w})} +$$

$$2\sqrt{\sup_{w \in \mathcal{H}_K} \left| \frac{\tilde{L}_n(\boldsymbol{w}) - L_n(\boldsymbol{w})}{\tilde{L}_n(\boldsymbol{w})} \right| + 1} \cdot \sqrt{\sup_{w \in \mathcal{H}_K} \frac{\|\hat{\boldsymbol{\mu}}_{T_1}(\boldsymbol{w}) - \tilde{\boldsymbol{\mu}}_{T_1}(\boldsymbol{w})\|^2}{\tilde{L}_n(\boldsymbol{w})}},$$

因此, 仅需证明

$$\sup_{w \in \mathcal{H}} \frac{\|\hat{\boldsymbol{\mu}}_{T_1}(\boldsymbol{w}) - \tilde{\boldsymbol{\mu}}_{T_1}(\boldsymbol{w})\|^2}{\tilde{L}_n(\boldsymbol{w})} \to_p 0。$$

事实上, 由于 $\sup_{w \in \mathcal{H}} |\tilde{L}_n(\boldsymbol{w})/\tilde{R}_n(\boldsymbol{w}) - 1| \to_p 0$, 我们有

$$
\begin{aligned}
\sup_{w \in \mathcal{H}} \frac{\|\hat{\boldsymbol{\mu}}_{T_1}(\boldsymbol{w}) - \tilde{\boldsymbol{\mu}}_{T_1}(\boldsymbol{w})\|^2}{\tilde{L}_n(\boldsymbol{w})} &\leqslant \sup_{w \in \mathcal{H}} \|\hat{\boldsymbol{\mu}}_{T_1}(\boldsymbol{w}) - \tilde{\boldsymbol{\mu}}_{T_1}(\boldsymbol{w})\|^2 \tilde{\xi}_n^{-1} O_p(1) \\
&= \sup_{w \in \mathcal{H}} \| \sum_{k=1}^{K} w_k \boldsymbol{x}_{1,k}(\hat{\boldsymbol{\beta}}_k - \tilde{\boldsymbol{\beta}}_k)\|^2 \tilde{\xi}_n^{-1} O_p(1) \\
&\leqslant \sup_{w \in \mathcal{H}} \sum_{k=1}^{K} w_k \|\boldsymbol{x}_{1,k}(\hat{\boldsymbol{\beta}}_k - \tilde{\boldsymbol{\beta}}_k)\|^2 \tilde{\xi}_n^{-1} O_p(1) \\
&\leqslant \max_{1 \leqslant k \leqslant K} \|\boldsymbol{x}_{1,k}(\hat{\boldsymbol{\beta}}_k - \tilde{\boldsymbol{\beta}}_k)\|^2 \tilde{\xi}_n^{-1} O_p(1) \\
&= \max_{1 \leqslant k \leqslant K} (\hat{\boldsymbol{\beta}}_k - \tilde{\boldsymbol{\beta}}_k)^\top \boldsymbol{x}_{1,k}^\top \boldsymbol{x}_{1,k}(\hat{\boldsymbol{\beta}}_k - \tilde{\boldsymbol{\beta}}_k) \tilde{\xi}_n^{-1} O_p(1) \\
&\leqslant \max_{1 \leqslant k \leqslant K} \lambda_{\max}(n_1^{-1}\boldsymbol{x}_{1,k}^\top \boldsymbol{x}_{1,k}) \|\hat{\boldsymbol{\beta}}_k - \tilde{\boldsymbol{\beta}}_k\|^2 n_1 \tilde{\xi}_n^{-1} O_p(1) \\
&= o_p(1),
\end{aligned}
$$

其中, 最后一个等式的成立来自条件 (C6), $\tilde{\xi}_n \to \infty$ 以及下面的事实: 当条件 (C7) 和 (C8) 成立时, $E(y_i|\boldsymbol{x}_{i\Delta_k}, i \in T_1)$ 是 $\boldsymbol{x}_{i\Delta_k}$ 的线性函数, 而且它与 $E(y_i|\boldsymbol{x}_{i\Delta_k}, i \in S_k)$ 相同。因此 $\tilde{\boldsymbol{\beta}}_k$ 和 $\hat{\boldsymbol{\beta}}_k$ 有相同的极限且它们之间的差距应该是 $O_p(n_1^{-1/2})$。证毕。

2.4 数值模拟和实际数据分析

2.4.1 数值模拟

我们通过模型 (2.1) 生成一个随机样本, 其中 $n = 200$ 或 400, $p = 13$, $\boldsymbol{\beta} = (1, 1, \cdots, 1), (1, 1/2, \cdots, 1/p)$ 或 $(1/p, \cdots, 1/2, 1)$, $x_{i1} = 1$, $(x_{i2}, \cdots, x_{ip})$ 从一个多元正态分布生成, $E(x_{ij}) = 1$, $\text{Var}(x_{ij}) = 1$, $\text{Cov}(x_{ij_1}, x_{ij_2}) = \rho (j_1 \neq j_2)$, $\rho = 0.3, 0.6$ 或 0.9, $\varepsilon_i \sim N(0, \sigma_i^2)$, $\sigma_i = \sigma \sum_{j=1}^{p} x_{ij}^2 / E(\sum_{j=1}^{p} x_{ij}^2)$, 且设定 σ^2 使得 $R^2 = \text{var}(x_i^\top \beta)/\{\text{var}(x_i^\top \beta) + \sigma^2\} = 0.1, 0.2, \cdots, 0.9$。

除了截距项之外的 12 个自变量被分为 4 组, 其中第 s 组包含 $X_{3(s-1)+2}$ 到 X_{3s+1}, $s = 1, 2, 3, 4$。第 1 组中的自变量永远都会被观测到, 第 $s(s = 2, 3, 4)$ 组的自变量能被观测到当且仅当 $X_s < 1$。从而我们得到 $K = 8$ 种响应模

式。在这个设定下, 当 $\rho = 0.3, 0.6$ 或 0.9 时, CC 数据的比例分别为 19.8%, 27.9% 或 39.3%。

我们仅考虑当 $D^* = D$ 时的预测。现比较如下六种方法:

(1) CC: 仅用 CC 数据建立预测模型;

(2) G1: 仅用第一组的自变量建立预测模型 (使用全部的样本);

(3) 我们的方法: 我们提出的方法;

(4) GLASSO: 在 CC 数据上用 Group Lasso 方法选择出合适的自变量组, 然后利用最大可能的建模样本来进行建模;

(5) Zhang 的方法: 用 0 做插补的模型平均方法 (Zhang, 2013);

(6) IMP-MA: 先插补, 然后进行模型平均 (Schomaker et al., 2010)。

为了评价这六种方法的表现, 我们用生成训练数据的方法生成一组测试集 $\{(\mu_l, x_{lj}), l = 1, \cdots, L, j = 1, \cdots, p\}$, $L = 1\,000\,000$。尽管在每次模拟中我们都重新生成训练集, 但测试集保持不变。

模拟重复的次数为 1 000 次。在每次模拟中, 我们在训练集上训练六种方法的模型, 并将它们运用到测试集上得到 $\hat{\mu}_l, l = 1, \cdots, L$。每种方法的表现都通过 MSE 来衡量, 也就是 CC 数据上 μ_l 和 $\hat{\mu}_l$ 之间的均方误差。

对于每种模拟设定, 图 2.1 到图 2.3 展示了 1 000 次模拟中各种方法的 MSE 的中位数。在有些图中 G1 方法的曲线没有显现是因为取值太大, 超出了图片的纵轴上限。主要的模拟结论是:

(1) 当 R^2 增加且 n 增加时, 所有方法的 MSE 都在减少, 这是在预期之中的。$n = 200$ 和 $n = 400$ 的结果的整体趋势比较类似。

(2) 当 $\rho = 0.3$ 且 R^2 比较小时, CC 方法表现非常差。GLASSO 方法的表现略好, 但总体和 CC 方法差别不是很大。

(3) 当第 1 组自变量的回归系数相对较小时, G1 方法的表现可能非常差。注意到 CC 和 G1 方法代表着两个极端情况: CC 方法充分利用了全部的自变量, 但样本量最小; G1 方法充分利用了样本量, 但利用的自变量最少。模拟结果表明它们都有可能表现得非常差。

(4) 我们提出的模型平均方法在多数时候都表现最好。

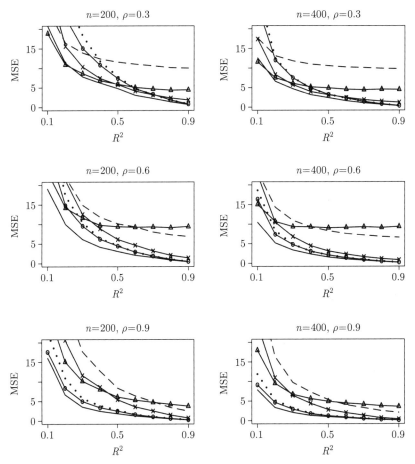

图 2.1   当 $\boldsymbol{\beta} = (1, 1, \cdots, 1)$ 时的模拟结果: $1\,000$ 次模拟中各种方法的 MSE 的中位数 (实线: 我们的方法; 点线: CC; 虚线: G1; 带圆圈的实线: GLAASO; 带三角形的实线: Zhang 的方法; 带叉的实线: IMP-MA)

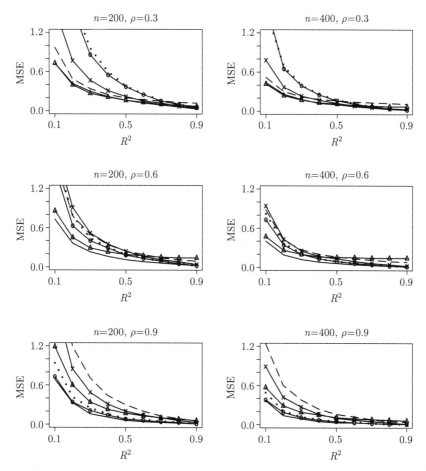

图 2.2　当 $\boldsymbol{\beta} = (1, 1/2, \cdots, 1/p)$ 时的模拟结果: 1 000 次模拟中各种方法的 MSE 的中位数 (实线: 我们的方法; 点线: CC; 虚线: G1; 带圆圈的实线: GLAASO; 带三角形的实线: Zhang 的方法; 带叉的实线: IMP-MA)

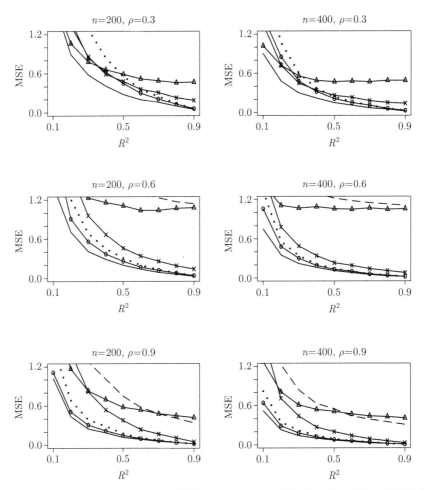

图 2.3 当 $\boldsymbol{\beta} = (1/p, \cdots, 1/2, 1)$ 时的模拟结果: 1000 次模拟中各种方法的 MSE 的中位数 (实线: 我们的方法; 点线: CC; 虚线: G1; 带圆圈的实线: GLAASO; 带三角形的实线: Zhang 的方法; 带叉的实线: IMP-MA)

2.4.2 对互联网贷款数据的分析

我们对节 1.2 中的第一个例子关于互联网贷款的碎片化数据进行分析。因变量 Y 是 "对数收入", 自变量 X 有 25 个, 因此 $p = 26$ (加上截距项)。样本量 $n = 1384$。我们希望利用来自 5 个不同来源 (信用卡、电商、电信、央行、同盾) 的数据通过建模对收入进行预测。总共有 $K = 10$ 个响应模式。其中 CC 数据的样本量仅为 115, 占比 8.3%。

为了比较上一节中的 6 种方法, 我们从每个响应模式中随机选取 50% 的样本来构成训练集, 剩下的数据构成测试集。对于每种方法, 我们在训练集上拟合模型, 将其运用到测试集上, 并计算其预测的 MSE。将这个过程重复 500 次。与模拟不同的是, 我们考虑对所有 D^* 的预测, 也就是考虑全部的响应模式。

对于 $D^* = \{信用卡, 电商, 电信, 央行, 同盾\}$ 的预测, 我们的方法和 Zhang 的方法均考虑 10 个候选模型。对于每个候选模型, 表 2.2 展示了建模用到的变量, 以及我们的方法和 Zhang 的方法得到的模型权重 (500 次的平均值)。相比较而言, Zhang 的方法把更多的模型权重放在了第 10 个候选模型, 也就是只用信用卡数据建立的模型。

表 2.2 $D^* = \{信用卡, 电商, 电信, 央行, 同盾\}$ 时的候选模型和权重

	Δ_k	p_k	$\hat{w}_k$	$\hat{w}_k^{zhang}$
M_1	{信用卡, 电商, 电信, 央行, 同盾}	26	0.023	0.035
M_2	{信用卡, 电商, 电信, 央行}	22	0.028	0.019
M_3	{信用卡, 电商, 电信}	15	0.054	0.007
M_4	{信用卡, 电商, 央行, 同盾}	21	0.021	0.054
M_5	{信用卡, 电商, 央行}	17	0.023	0.142
M_6	{信用卡, 电商}	10	0.244	0.044
M_7	{信用卡, 电信}	11	0.055	0.001
M_8	{信用卡, 央行, 同盾}	17	0.117	0.041
M_9	{信用卡, 央行}	13	0.118	0.019
M_{10}	{信用卡}	6	0.316	0.638

对于 $D^* \neq$ {信用卡, 电商, 电信, 央行, 同盾} 的预测, Zhang 的方法依然使用表 2.2 中的 10 个候选模型以及权重, 只是在做预测时将缺失的数据用 0 来代替。我们的方法则忽略不在 D^* 中的自变量。以 $D^* =$ {信用卡, 电商, 电信, 央行} 为例, 来自 "同盾" 的自变量被当作不存在, 候选模型的个数变成了 7 个。表 2.3 展示了这 7 个候选模型建模用到的变量以及对应的模型权重。对于其他的 D^*, 我们做类似处理。

表 2.3 $D^* =$ {信用卡, 电商, 电信, 央行} 时的候选模型和权重

Model	Δ_k	p_k	$\hat{w}_k$
M_1	{信用卡, 电商, 电信, 央行}	22	0.016
M_2	{信用卡, 电商, 电信}	15	0.025
M_3	{信用卡, 电商, 央行}	17	0.020
M_4	{信用卡, 电商}	10	0.201
M_5	{信用卡, 电信}	11	0.038
M_6	{信用卡, 央行}	13	0.287
M_7	{信用卡}	6	0.412

对于预测效果, 图 2.4 展示了每种方法在 500 次重复里得到的 MSE 的箱线图。总体而言, 我们所提方法的 MSE 最小。为了解在每次重复过程中不同方法的表现, 我们将每次重复里不同方法的 MSE 从小到大进行排名, 并将结果展示在图 2.5 的左图中。在 500 次重复里, 我们的方法在 361

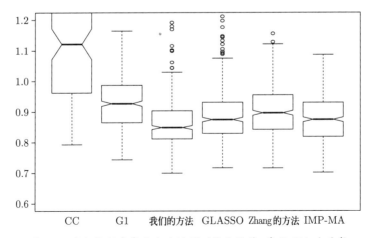

图 2.4   实际数据中每种方法的预测均方误差: 基于 500 次重复

(72%) 次里排名第 1 或者第 2, 从来没有出现排名第 6。图 2.5 的右图中展示了我们的方法和 Zhang 的方法的 MSE 的比较。我们的方法在多数的重复里比 Zhang 的方法的 MSE 要小。

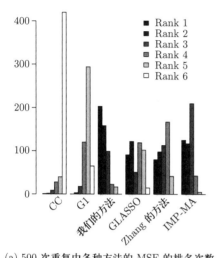 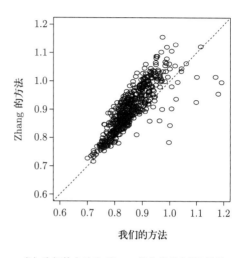

(a) 500 次重复中各种方法的 MSE 的排名次数 　　(b) 我们的方法和 Zhang 的方法的 MSE 比较

图 2.5　MSE 排名次数及不同方法的比较

第 3 章

多源碎片化数据的模型平均方法 —— 基于有效模型尺寸

3.1 基于有效模型尺寸的模型平均: $R = 1$

在上一章中我们介绍了利用模型平均对多源碎片化数据进行建模和预测的方法。该方法巧妙地利用了建模过程中出现的 "建模用到的自变量个数" 和 "建模能利用的样本量个数" 之间的博弈, 建立多个候选模型并利用模型平均来得到一个加权平均的预测值。但是该方法有若干不足: 一是在进行最优权重选择时, 需要在 CC 样本上重新拟合候选模型。虽然通常而言这并不会带来多少额外的计算成本, 但总有不自然之感。二是在权重选择时只用到了 CC 样本, 可能会降低权重选择的有效性。三是虽然在实际的例子中考虑了全部的响应模式, 但是上一章只建立了 $R = 1$ 情况下的渐近最优性, 从理论层面存在不足。在这一章里, 我们提出一种基于 "有效模型尺寸" 的模型平均方法。这种 "有效模型尺寸" 将不同候选模型之间的建模样本的不同特性考虑了进来, 使得我们可以构建损失函数的无偏估计, 进而构建新的最优权重选择方法。该方法并不需要在 CC 数据上重新拟合模型, 且其渐近最优性建立在全部的响应模式之上。

"有效模型尺寸" 可以为在不同候选模型的建模样本不同的情况下为模型选择提供工具, 这种情况在现有文献中鲜有解决方案。此外, 类似的思路还被用来构建广义线性模型平均中对 KL (Kullback-Leibler) 损失渐近无偏的最优权重选择标准 (Yuan et al., 2024)。

本章的基本设定和上一章基本一致, 我们依然考虑 K 个候选模型, 每个模型的构建和拟合方式和上一章完全相同。对于新样本的预测方式也一样: 对于一个新的来自响应模式 $R = 1$ 的样本 $\boldsymbol{x}^* = (x_1^*, \cdots, x_p^*)^\top$, $\mu_1^* =$

$E(Y|\boldsymbol{x}^*, R = 1)$ 的预测值是

$$\hat{\mu}^*(\boldsymbol{w}) = \sum_{k=1}^{K} w_k \boldsymbol{x}_k^{*\top} \hat{\boldsymbol{\beta}}_k = \sum_{k=1}^{K} w_k \boldsymbol{x}_k^{*\top} (\boldsymbol{x}_k^\top \boldsymbol{x}_k)^{-1} \boldsymbol{x}_k^\top \boldsymbol{y}_k,$$

其中 $\boldsymbol{x}_k^* = (x_j^* : j \in \Delta_k)^\top$，权重向量 $\boldsymbol{w} = (w_1, \cdots, w_K)^\top$ 来自

$$\mathcal{H} = \left\{ \boldsymbol{w} \in [0,1]^K : \sum_{k=1}^{K} w_k = 1 \right\}.$$

为了避免烦琐的数学符号, 在这一节中我们只考虑 $R = 1$ 的预测, 用来展示 "有效模型尺寸" 的基本思路。全部响应模式的预测留到下一节介绍。

在这一章里, 我们假设:

(C1) $E(y_i|x_{ij}, j \in \Delta_k, r_i = k) = \mu_{i,k}$ 是 $\{x_{ij}, j \in \Delta_k\}$ 的线性函数;

(C2) $\mathrm{Var}(y_i|x_{ij}, j \in \Delta_k, r_i = k) = \sigma_k^2$ 是一个常数。

直观上讲, 这两个条件为每个候选的线性模型提供了依据。对于这两个条件更进一步的讨论我们放到节 3.3.1 中。

记 $\mu_{i,1} = E(y_i|x_i, r_i = 1)$，$\boldsymbol{\mu}_{T_1} = (\mu_{i,1}, i \in T_1)^\top$。定义损失函数

$$L_n^{(1)}(\boldsymbol{w}) = \sum_{i \in T_1} (\mu_{i,1} - \hat{\mu}_i(\boldsymbol{w}))^2 = \| \boldsymbol{\mu}_{T_1} - \hat{\boldsymbol{\mu}}_{T_1}(\boldsymbol{w}) \|^2, \tag{3.1}$$

其中 $\hat{\mu}_i(\boldsymbol{w})$ 和 $\hat{\boldsymbol{\mu}}_{T_1}(\boldsymbol{w})$ 与式 (2.4) 中是一样的。事实上, 式 (3.1) 和式 (2.4) 的定义是一致的, 只不过在本章里, 我们在 $L_n^{(1)}(\boldsymbol{w})$ 多加了一个上标 "(1)" 来与稍后要用到的 $L_n^{(l)}(\boldsymbol{w})$ 进行区分。

理论上我们可以最小化 $L_n^{(1)}(\boldsymbol{w})$ 来获得最优权重。但是在实践中这是不可能实现的, 因为 $\boldsymbol{\mu}_{T_1}$ 是未知的。我们已知的是 $\boldsymbol{y}_{T_1}$, 因此一个自然的想法是检查 $E_{\boldsymbol{y}}[L_n^{(1)}(\boldsymbol{w})]$ 和 $E_{\boldsymbol{y}}[\|\boldsymbol{y}_{T_1} - \hat{\boldsymbol{\mu}}_{T_1}(\boldsymbol{w})\|^2]$ 之间的区别, 并尝试找到一个 $L_n^{(1)}(\boldsymbol{w})$ 的无偏估计, 这里 $E_{\boldsymbol{y}}$ 是指给定 $\{(x_{ij}, r_i), i = 1, \cdots, n, j \in D_i\}$ 的条件期望。

记 $e_{i,1} = y_i - \mu_{i,1}$，$\boldsymbol{e}_{T_1} = \boldsymbol{y}_{T_1} - \boldsymbol{\mu}_{T_1} = (e_{i,1}, i \in T_1)^\top$。由于 $E_{\boldsymbol{y}}(\boldsymbol{e}_{T_1}) = 0$，$E_{\boldsymbol{y}}(\|\boldsymbol{e}_{T_1}\|^2) = n_1 \sigma_1^2$，且

$$L_n^{(1)}(\boldsymbol{w}) = \|\boldsymbol{y}_{T_1} - \hat{\boldsymbol{\mu}}_{T_1}(\boldsymbol{w})\|^2 + \|\boldsymbol{e}_{T_1}\|^2 + 2\langle \hat{\boldsymbol{\mu}}_{T_1}(\boldsymbol{w}) - \boldsymbol{y}_{T_1}, \boldsymbol{e}_{T_1} \rangle,$$

我们有

$$E_{\boldsymbol{y}}[L_n^{(1)}(\boldsymbol{w})] - E_{\boldsymbol{y}}[\|\boldsymbol{y}_{T_1} - \hat{\boldsymbol{\mu}}_{T_1}(\boldsymbol{w})\|^2] - n_1\sigma_1^2$$

$$= 2E_{\boldsymbol{y}}\langle \hat{\boldsymbol{\mu}}_{T_1}(\boldsymbol{w}) - \boldsymbol{y}_{T_1}, \boldsymbol{e}_{T_1}\rangle$$

$$= 2\sum_{i\in T_1} E_{\boldsymbol{y}}[\{(\hat{\mu}_i(\boldsymbol{w}) - E_{\boldsymbol{y}}\hat{\mu}_i(\boldsymbol{w})) + (E_{\boldsymbol{y}}\hat{\mu}_i(\boldsymbol{w}) - \mu_{i,1}) + (\mu_{i,1} - y_i)\}e_{i,1}]$$

$$= 2\sum_{i\in T_1} E_{\boldsymbol{y}}\{(\hat{\mu}_i(\boldsymbol{w}) - E_{\boldsymbol{y}}\hat{\mu}_i(\boldsymbol{w}))e_{i,1}\} - 2n_1\sigma_1^2$$

$$= 2\sum_{k=1}^K w_k \sum_{i\in T_1} \boldsymbol{x}_{i,k}^\top(\boldsymbol{x}_k^\top\boldsymbol{x}_k)^{-1}\boldsymbol{x}_k^\top E_{\boldsymbol{y}}\{(y_i - \mu_{i,1})(\boldsymbol{y}_k - E_{\boldsymbol{y}}(\boldsymbol{y}_k))\} - 2n_1\sigma_1^2$$

$$= 2\sigma_1^2\sum_{k=1}^K w_k \sum_{i\in T_1} \boldsymbol{x}_{i,k}^\top(\boldsymbol{x}_k^\top\boldsymbol{x}_k)^{-1}\boldsymbol{x}_{i,k} - 2n_1\sigma_1^2$$

$$= 2\sigma_1^2\sum_{k=1}^K w_k\mathrm{tr}\left\{\left(\sum_{i\in S_k}\boldsymbol{x}_{i,k}\boldsymbol{x}_{i,k}^\top\right)^{-1}\left(\sum_{i\in T_1}\boldsymbol{x}_{i,k}\boldsymbol{x}_{i,k}^\top\right)\right\} - 2n_1\sigma_1^2。$$

记

$$p_k^* = \mathrm{tr}\left\{\left(\sum_{i\in S_k}\boldsymbol{x}_{i,k}\boldsymbol{x}_{i,k}^\top\right)^{-1}\left(\sum_{i\in T_1}\boldsymbol{x}_{i,k}\boldsymbol{x}_{i,k}^\top\right)\right\}, \tag{3.2}$$

并定义

$$C_n^{(1)}(\boldsymbol{w}) = \|\boldsymbol{y}_{T_1} - \hat{\boldsymbol{\mu}}_{T_1}(\boldsymbol{w})\|^2 + 2\sigma_1^2\sum_{k=1}^K w_k p_k^*,$$

则我们事实上证明了如下的定理。

定理 3.1　我们有

$$E_{\boldsymbol{y}}[C_n^{(1)}(\boldsymbol{w})] = E_{\boldsymbol{y}}[L_n^{(1)}(\boldsymbol{w})] + n_1\sigma_1^2。$$

该定理可以看作是文献 [28](Hansen, 2007) 中的引理 3 在碎片化数据上的延申。

基于上述定理, 我们可以通过如下的方式来选择最优权重

$$\hat{\boldsymbol{w}} = \underset{\boldsymbol{w}\in\mathcal{H}}{\mathrm{argmin}}\left\{\|\boldsymbol{y}_{T_1} - \hat{\boldsymbol{\mu}}_{T_1}(\boldsymbol{w})\|^2 + 2\hat{\sigma}_1^2\sum_{k=1}^K w_k p_k^*\right\}, \tag{3.3}$$

其中 $\hat{\sigma}_1^2 = (n_1 - p_1)^{-1} \sum_{i \in T_1} (y_i - \boldsymbol{x}_i' \hat{\boldsymbol{\beta}}_1)^2$ 是对 σ_1^2 的一个估计。

将 (3.3) 和 MMA (Hansen, 2007) 中的权重选择标准进行比较, 我们可以看到 p_k^* 的作用类似于一般情况下模型平均中的 p_k。因此我们称 p_k^* 为 "有效模型尺寸", 并且把我们提出的这个新方法称为 "有效模型平均" (Effective Mallows Model Averaging, EMMA)。注意到在 p_k^* 的定义中, S_k 是用来拟合候选模型 M_k 的样本集合, T_1 是用来进行权重选择的样本集合。在常规的 MMA 中, $S_k = T_1$ 且 p_k^* 恰好为 p_k。当 S_k 和 T_1 不同时, 我们需要将 p_k 调整为 p_k^*。这个调整看起来很简单, 但它却是得到损失函数的无偏估计的关键, 也是我们能够建立渐近最优性的关键。此外, 有效模型尺寸直接处理了候选模型和权重选择用到的样本不同的问题, 因此我们不需要在 T_1 上重新拟合候选模型。

如果 $n_1^{-1} \sum_{i \in T_1} \boldsymbol{x}_{i,k} \boldsymbol{x}_{i,k}^\top$ 和 $n_k^{-1} \sum_{i \in S_k} \boldsymbol{x}_{i,k} \boldsymbol{x}_{i,k}^\top$ 具有相同的极限, 那么 $p_k^* = O_p(\frac{n_1}{n_k} p_k)$。因此我们可以将权重选择标准 (3.3) 简化为

$$\tilde{w} = \underset{\boldsymbol{w} \in \mathcal{H}}{\arg\min} \left\{ \|\boldsymbol{y}_{T_1} - \hat{\boldsymbol{\mu}}_{T_1}(\boldsymbol{w})\|^2 + 2\hat{\sigma}_1^2 \sum_{k=1}^K w_k \frac{n_1}{n_k} p_k \right\}. \tag{3.4}$$

注记 3.1　模型尺寸 p_k 在很多统计方法中都被看作是衡量模型复杂度的标准, 而且在模型选择的惩罚化方法中得到广泛的应用。但通常考虑的都是不同模型之间用到的是相同的样本的情况。当样本量发生变化时, 如何衡量模型的复杂度? 有效模型尺寸 p_k^* 可以看作是考虑了样本量变化的模型复杂度。注意到 p_k^* 与样本量 n_k 呈反比, 这意味着当样本量增加一倍时, 我们纳入建模的自变量个数可以增加一倍, 并保持模型复杂度不变。这个结论与经典的机器学习理论一致 (Vapnik, 1998): VC 维通常和 $\sqrt{p/n}$ 有关。对模型复杂度的这个认知可以被进一步运用到当候选模型具有不同样本量情况下的模型选择中去。

3.2　基于有效模型尺寸的模型平均: 全部响应模式

在这一节中我们考虑对响应模式 $R = l > 1$ 的预测。也就是说, 对于 $D^* = \Delta_l$, 我们需要估计 $E(Y|D^*) = E(Y|X_j, j \in \Delta_l, R = l)$。对于具有响应

模式 $R = l$ 的样本而言, 只有 $\{X_j, j \in \Delta_l\}$ 这些自变量是可以获得的。因此
理论上最优的预测就是 $E(Y|X_j, j \in \Delta_l, R = l)$。我们的基本想法是去掉那
些不在 Δ_l 中的自变量, 并把上一节中的模型平均方法重复一遍。

为了展示这个想法, 我们考虑对表 3.1 中响应模式 $R = 2$ 的样本进行
预测。对于每个具有响应模式 2 的样本, 仅有 X_1, X_2 和 X_3 是可以获得的,
所以理论上最优的预测应该是 $E(Y|X_1, X_2, X_3, R = 2)$。我们排除掉不在
$\Delta_2 = \{1, 2, 3\}$ 中的自变量, 可以得到如表 3.1 所示的一个新的碎片化数据。

表 3.1   考虑对响应模式 $R = 2$ 进行预测时用到的碎片化数据

样本	Y	X_1	X_2	X_3	R	$R^{(2)}$
1	*	*	*	*	1	1
2	*	*	*	*	1	1
3	*	*	*	*	2	1
4	*	*	*	*	2	1
5					3	2
6	*	*			3	2
7	*	*			3	2
8	*	*	*		4	3
9	*	*	*		4	3
10	*	*	*		4	3

* 表示数据可被观测到

我们记这个新的碎片化数据为 $\mathcal{F}^{(2)}$。相应地, $D_1^{(2)} = D_2^{(2)} = D_3^{(2)} = D_4^{(2)} = \{1, 2, 3\}$, $D_5^{(2)} = D_6^{(2)} = D_7^{(2)} = \{1\}$, $D_8^{(2)} = D_9^{(2)} = D_{10}^{(2)} = \{1, 2\}$, 其中
上标 "(2)" 表示这些记号定义在对响应模式 $R = 2$ 进行预测时用到的碎片化
数据上。数据 $\mathcal{F}^{(2)}$ 总共有 $K^{(2)} = 3$ 个响应模式, $\Delta_1^{(2)} = \{1, 2, 3\}$, $\Delta_2^{(2)} = \{1\}$,
$\Delta_3^{(2)} = \{1, 2\}$。表 3.1 中最后一列展示的是新的响应模式变量 $R^{(2)}$。考虑
$K^{(2)} = 3$ 个候选模型, 第 k 个候选模型拟合在数据 $\{(y_i, x_{ij}), i \in S_k^{(2)}, j \in \Delta_k^{(2)}\}$ 上, 其中 $S_1^{(2)} = \{1, 2, 3, 4\}$, $S_2^{(2)} = \{1, \cdots, 10\}$, $S_3^{(2)} = \{1, 2, 3, 4, 8, 9, 10\}$。
当 3 个候选模型都通过最小二乘估计进行拟合之后, 我们将其运用到 $T_2 = \{3, 4\}$ 上来预测 $E(Y|X_1, X_2, X_3, R = 2)$。最优的模型权重通过 EMMA 方
法来选择。

一般而言, 忽略掉所有不在 Δ_l 中的自变量之后, 我们得到数据 $\mathcal{F}^{(l)} = \{(y_i, x_{ij}, r_i^{(l)}), i = 1, \cdots, n, j \in D_i^{(l)}\}$, 其中 $D_i^{(l)}$ 是样本 i 在 Δ_l 中可以观测到的自变量下标集合, $r_i^{(l)} = k$ 当且仅当 $D_i^{(l)} = \Delta_k^{(l)}$, $\{\Delta_k^{(l)}, k = 1, \cdots, K^{(l)}\}$ 是 $D_i^{(l)}$ 全部 $K^{(l)}$ 个可能的取值。不失一般性, 我们假设 $\Delta_1^{(l)} = \Delta_l$。考虑 $K^{(l)}$ 个候选模型, 第 k 个候选模型 $M_k^{(l)}$ 在数据 $\{(y_i, x_{ij}), i \in S_k^{(l)}, j \in \Delta_k^{(l)}\}$ 上拟合, 其中 $S_k^{(l)} = \{i : D_i^{(l)} \supseteq \Delta_k^{(l)}\}$。记 $\boldsymbol{y}_k^{(l)} = (y_i : i \in S_k^{(l)})'$, $\boldsymbol{x}_k^{(l)} = (x_{ij} : i \in S_k^{(l)}, j \in \Delta_k^{(l)}) \in \mathbb{R}^{n_k^{(l)} \times p_k^{(l)}}$, 其中 $n_k^{(l)} = |S_k^{(l)}|$, $p_k^{(l)} = |\Delta_k^{(l)}|$, 则模型 $M_k^{(l)}$ 的最小二乘估计为

$$\hat{\boldsymbol{\beta}}_k^{(l)} = (\boldsymbol{x}_k^{(l)\top} \boldsymbol{x}_k^{(l)})^{-1} \boldsymbol{x}_k^{(l)\top} \boldsymbol{y}_k^{(l)}。$$

对于一个新的来自响应模式 $R = l$ 的 $\boldsymbol{x}^* = (x_j^*, j \in \Delta_l)^\top$, 我们预测 $E(Y|\boldsymbol{x}^*, R = l)$ 为

$$\hat{\mu}^{*(l)}(\boldsymbol{w}^{(l)}) = \sum_{k=1}^{K^{(l)}} w_k^{(l)} \boldsymbol{x}_k^{*(l)\top} \hat{\boldsymbol{\beta}}_k^{(l)} = \sum_{k=1}^{K^{(l)}} w_k^{(l)} \boldsymbol{x}_k^{*(l)\top} (\boldsymbol{x}_k^{(l)\top} \boldsymbol{x}_k^{(l)})^{-1} \boldsymbol{x}_k^{(l)\top} \boldsymbol{y}_k^{(l)},$$

其中 $\boldsymbol{x}_k^{*(l)} = (x_j^* : j \in \Delta_k^{(l)})^\top$, 权重向量 $\boldsymbol{w}^{(l)} = (w_1^{(l)}, \cdots, w_{K^{(l)}}^{(l)})^\top$ 属于

$$\mathcal{H}^{(l)} = \left\{ \boldsymbol{w}^{(l)} \in [0,1]^{K^{(l)}} : \sum_{k=1}^{K^{(l)}} w_k^{(l)} = 1 \right\}。$$

记 $\boldsymbol{y}_{T_l} = (y_i : i \in T_l)^\top$, $\hat{\boldsymbol{\mu}}_{T_l}(\boldsymbol{w}^{(l)}) = (\hat{\mu}_i^{(l)}(\boldsymbol{w}^{(l)}) : i \in T_l)^\top$, 其中

$$\hat{\mu}_i^{(l)}(\boldsymbol{w}^{(l)}) = \sum_{k=1}^{K^{(l)}} w_k^{(l)} \boldsymbol{x}_{i,k}^{(l)\top} \hat{\boldsymbol{\beta}}_k^{(l)} = \sum_{k=1}^{K^{(l)}} w_k^{(l)} \boldsymbol{x}_{i,k}^{(l)\top} (\boldsymbol{x}_k^{(l)\top} \boldsymbol{x}_k^{(l)})^{-1} \boldsymbol{x}_k^{(l)\top} \boldsymbol{y}_k^{(l)}$$

是在 T_l 上的加权预测值, $\boldsymbol{x}_{i,k}^{(l)} = (x_{ij} : j \in \Delta_k^{(l)})^\top$。定义

$$p_k^{*(l)} = \text{tr}\left\{ \left(\sum_{i \in S_k^{(l)}} \boldsymbol{x}_{i,k}^{(l)} \boldsymbol{x}_{i,k}^{(l)\top} \right)^{-1} \left(\sum_{i \in T_l} \boldsymbol{x}_{i,k}^{(l)} \boldsymbol{x}_{i,k}^{(l)\top} \right) \right\},$$

最优权重为

$$\hat{\boldsymbol{w}}^{(l)} = \operatorname*{argmin}_{\boldsymbol{w}^{(l)} \in \mathcal{H}^{(l)}} \left\{ \|\boldsymbol{y}_{T_l} - \hat{\boldsymbol{\mu}}_{T_l}(\boldsymbol{w}^{(l)})\|^2 + 2\hat{\sigma}_l^2 \sum_{k=1}^{K^{(l)}} w_k^{(l)} p_k^{*(l)} \right\},$$

其中 $\hat{\sigma}_l^2$ 是 $\sigma_l^2 = \text{Var}(y_i|x_{ij}, j \in \Delta_l, r_i = l)$ 的估计。尽管符号看起来很复杂，但实际上整个流程都是上一节的方法在数据 $\mathcal{F}^{(l)}$ 上的重复。因此在实践中的实施代码与上一节几乎是一样的，并不会有什么实施上的困难。

把上述流程对每个 $R = l, l = 1, \cdots, K$ 都重复一遍，我们就得到了对全部响应模式的预测。

3.3 渐近最优性的建立

3.3.1 $R = 1$ 的情况

在这一小节里我们建立 (3.3) 中 $\hat{w}$ 的渐近最优性，也是只考虑 $R = 1$ 的情况。两个关键的条件是 (C1) 和 (C2)。本书在不同的章中都会出现条件 (C1)、(C2) 等。如无特别说明，在某章中提到的条件均指同一章中假设的条件。我们有两种理解条件 (C1) 和 (C2) 的方式。第一种是将整个样本数据看作是 K 个子样本的混合。对于第 k 个子样本中的个体，仅有 Δ_k 中的自变量可以获得，因变量 Y 来自一个基于 $\{X_j, j \in \Delta_k\}$ 和同方差 σ_k^2 的线性模型。在缺失数据的文献中，这种方式被称为 "模式混合模型" (Little et al., 2002)。这种思路非常适用于数据来自多个收集方的情况。第二种是基于缺失数据中 "选择模型" 的方式，也就是将 (Y, X, R) 的联合分布分解为 (Y, X) 的分布和 $R|(Y, X)$ 的条件分布。在这种方式下，如果我们假设以下三个条件 (a1)、(a2) 和 (a3)，则条件 (C1) 和 (C2) 可以得到满足：

(a1) $E(Y|X)$ 是 X 的线性函数，$\text{Var}(Y|X)$ 是一个常数；

(a2) $X = (X^o, X^m)$，其中 X^o 是 X 的一部分且总能被观测到，且 $P(R = k|Y, X)$ 仅仅依赖于 X^o；

(a3) $E(X_{\Delta_k^c}|X_{\Delta_k})$ 是 X_{Δ_k} 的线性函数，$\text{Var}(X_{\Delta_k^c}|X_{\Delta_k})$ 是一个常数，其中 $X_{\Delta_k} = \{X_j, j \in \Delta_k\}$，$X_{\Delta_k^c} = \{X_j, j \notin \Delta_k\}$。

在上一章的定理 2.1 中我们假设了类似的条件。条件 (a2) 表明缺失机制属于随机缺失 MAR (Little et al., 2014)。当 X 服从正态分布时，条件 (a3) 成立，但它比正态分布的假设要更弱，因为条件线性和同方差的要求仅需要对一组组的自变量满足就行。注意到如果我们仅需建立本节中的定理，条

件 (C1) 仅需对 $k = 1$ 成立就行, 它的目的是为了保证 $\hat{\sigma}_1^2$ 是 σ_1^2 的一个相合估计。但在下一节中, 我们需要它对所有的 k 均成立。

令 $e_{i,k} = y_i - \mu_{i,k}$, 则 $E_y(e_{i,k}) = 0$, $E_y(e_{i,k}^2) = \sigma_k^2$。定义 $R_n^{(1)}(\boldsymbol{w}) = E_y[L_n^{(1)}(\boldsymbol{w})]$, 其中 $L_n^{(1)}(\boldsymbol{w})$ 定义于式 (3.1)。令 $\xi_n^{(1)} = \inf_{\boldsymbol{w} \in \mathcal{H}} R_n^{(1)}(\boldsymbol{w})$。记 $\boldsymbol{w}_{k,0}$ 为一个 $K \times 1$ 维的向量, 其中第 k 个元素为 1, 其他为 0。记 $\boldsymbol{x}_{1,k} = (x_{ij} : i \in T_1, j \in \Delta_k) \in \mathbb{R}^{n_1 \times p_k}$, $\boldsymbol{P}_k = \boldsymbol{x}_{1,k}(\boldsymbol{x}_k^\top \boldsymbol{x}_k)^{-1} \boldsymbol{x}_k^\top \boldsymbol{\Pi}_k$, 其中 $\boldsymbol{\Pi}_k$ 是一个 $n_k \times n$ 维的投影阵, 它所有的元素均为 0 或 1, 且使得 $\boldsymbol{\Pi}_k \boldsymbol{y} = \boldsymbol{y}_k$。记 $\Sigma = \mathrm{diag}\{\sigma_1^2 \mathbf{1}_{|T_1|}^\top, \cdots, \sigma_K^2 \mathbf{1}_{|T_K|}^\top\}$。当 n 趋于无穷大时, 我们假设 p_k 和 $|T_k|$ 可以发散, 因此 $n_k \geqslant p_k$ 也可以发散。自变量 x_i 和响应模式变量 r_i 被认为是随机的。

定理 3.2　假设条件 (C1) 和 (C2) 成立, 并进一步假设:

(C3) $E_y\{(e_{i,k})^4\} \leqslant \nu < \infty$ a.s., $i = 1, \cdots, n$, 其中 ν 是一个正常数;

(C4) $0 < \sigma_0^2 \leqslant \min_k \sigma_k^2$, 其中 σ_0 是一个正常数;

(C5) $\mathrm{tr}(\boldsymbol{P}_m' \boldsymbol{P}_s \boldsymbol{\Sigma}) \geqslant 0$ a.s., $m, s \in \{1, \cdots, K\}$;

(C6) $K^2 (\xi_n^{(1)})^{-1} \to_p 0$;

(C7) $\max_k p_k^* / \xi_n^{(1)} = O_p(1)$,

则有

$$\frac{L_n^{(1)}(\hat{\boldsymbol{w}})}{\inf_{\boldsymbol{w} \in \mathcal{H}} L_n^{(1)}(\boldsymbol{w})} \to_p 1,$$

其中 $L_n^{(1)}(\boldsymbol{w})$ 定义于式 (3.1), $\hat{\boldsymbol{w}}$ 定义于式 (3.3)。

定理中的条件在模型平均领域中都比较常见。条件 (C3) 和 (C4) 很普通。条件 (C5) 实际上意味着 $\mathrm{Cov}_y(P_m \boldsymbol{y}, P_s \boldsymbol{y}) \geqslant 0$, 也就是说, 从两个不同候选模型得到的预测值不能是负相关的。在传统的模型平均中, 所有的数据都是可观测到的, 为此这个条件总是满足的。在碎片化数据下, 这个条件要求不能有太过奇怪的候选模型。条件 (C6) 表明 $\xi_n^{(1)} \to_p \infty$。Wan et al. (2010), Zhang (2021) 以及下面的注记 3.2 对这个条件提供了更多的讨论。需要条件 (C7) 是因为我们的结论建立在一个估计值 $\hat{\sigma}_1^2$ 上。注意到 $\xi_n^{(1)} \to_p \infty$ 且 p_k^* 通常符合 $\frac{n_1}{n_k} p_k \leqslant p$, 条件 (C7) 比较容易得到满足, 只要 p 不要发散得太快从而使得 $p/\xi_n^{(1)} = O_p(1)$ 即可。

注记 3.2　在条件 (C1) 和 (C2) 下，第一个候选模型 M_1 是预测 $\boldsymbol{\mu}_{T_1}$ 的正确的模型。另一方面，$\xi_n^{(1)} \to_p \infty$ 通常要求所有的候选模型均是错误的。为此条件 (C6) 和条件 (C1)、(C2) 是矛盾的吗？事实上不是的。就算对于一个正确的候选模型，只要其包含的自变量个数趋于无穷大，$\xi_n^{(1)}$ 依然可以是发散的。事实上，在一个候选模型是正确的，而其他候选模型均为欠拟合，且在候选模型嵌套的情况下，类似于文献 [20](Fang et al., 2023b) 中的证明，我们可以证明使得 $L_n^{(1)}(\boldsymbol{w})$ 最优的权重将会集中在正确模型上。当候选模型不嵌套时，文献 [22](Fang et al., 2020) 也证明了 $L_n^{(1)}(\boldsymbol{w})$ 的最小值在正确模型上取得的概率趋于 1。另一方面，对于正确的候选模型，$\boldsymbol{w} = \boldsymbol{w}_{1,0}$，容易计算得到 $R_n^{(1)}(\boldsymbol{w}_{1,0}) = p\sigma_1^2$。当 p 发散时，$R_n^{(1)}(\boldsymbol{w}_{1,0})$ 也发散。尽管文献 [20](Fang et al., 2023b) 和文献 [22](Fang et al., 2020) 中的结论需要一些技术条件，但它们均表明 "所有的候选模型均是错误的" 并不是 $\xi_n^{(1)} \to_p \infty$ 的必要条件。

定理 3.2 的证明：　令 $\boldsymbol{P}(\boldsymbol{w}) = \sum_{k=1}^{K} w_k \boldsymbol{P}_k$，则 $\hat{\boldsymbol{\mu}}_{T_1}(\boldsymbol{w}) = \sum_{k=1}^{K} w_k \boldsymbol{x}_{1,k}$ $(\boldsymbol{x}_k^\top \boldsymbol{x}_k)^{-1} \boldsymbol{x}_k^\top \boldsymbol{\Pi}_k \boldsymbol{y} = \sum_{k=1}^{K} w_k \boldsymbol{P}_k \boldsymbol{y} = \boldsymbol{P}(\boldsymbol{w}) \boldsymbol{y} = \boldsymbol{P}(\boldsymbol{w})(\boldsymbol{\mu} + \boldsymbol{e})$，其中 $\boldsymbol{\mu} = (\mu_1, \cdots, \mu_n)^\top$，$\mu_i = \mu_{i,k}$，$i \in T_k$，$\boldsymbol{e} = (e_1, \cdots, e_n)^\top = \boldsymbol{y} - \boldsymbol{\mu}$。注意到对于 $i \in T_k$，$e_i = e_{i,k}$，则我们有 $E_{\boldsymbol{y}}(\boldsymbol{e}) = 0$。在条件 (C2) 下，我们有 $\mathrm{Var}_{\boldsymbol{y}}(\boldsymbol{e}) = \boldsymbol{\Sigma}$，则

$$
\begin{aligned}
L_n^{(1)}(\boldsymbol{w}) &= \|\boldsymbol{\mu}_{T_1} - \boldsymbol{P}(\boldsymbol{w})(\boldsymbol{\mu} + \boldsymbol{e})\|^2 \\
&= \|\boldsymbol{\mu}_{T_1} - \boldsymbol{P}(\boldsymbol{w})\boldsymbol{\mu}\|^2 + \|\boldsymbol{P}(\boldsymbol{w})\boldsymbol{e}\|^2 - 2\langle \boldsymbol{\mu}_{T_1} - \boldsymbol{P}(\boldsymbol{w})\boldsymbol{\mu}, \boldsymbol{P}(\boldsymbol{w})\boldsymbol{e} \rangle, \\
R_n^{(1)}(\boldsymbol{w}) &= \|\boldsymbol{\mu}_{T_1} - \boldsymbol{P}(\boldsymbol{w})\boldsymbol{\mu}\|^2 + E_{\boldsymbol{y}}\|\boldsymbol{P}(\boldsymbol{w})\boldsymbol{e}\|^2 \\
&= \|\boldsymbol{\mu}_{T_1} - \boldsymbol{P}(\boldsymbol{w})\boldsymbol{\mu}\|^2 + \mathrm{tr}(\boldsymbol{P}(\boldsymbol{w})^\top \boldsymbol{P}(\boldsymbol{w})\boldsymbol{\Sigma}),
\end{aligned}
$$

且

$$
\begin{aligned}
C_n^{(1)}(\boldsymbol{w}) &= \|\boldsymbol{y}_{T_1} - \hat{\boldsymbol{\mu}}_{T_1}(\boldsymbol{w})\|^2 + 2\sigma_1^2 \sum_{k=1}^{K} w_k p_k^* \\
&= L_n^{(1)}(\boldsymbol{w}) + \|\boldsymbol{e}_{T_1}\|^2 + 2\langle \boldsymbol{e}_{T_1}, \boldsymbol{\mu}_{T_1} - \hat{\boldsymbol{\mu}}_{T_1}(\boldsymbol{w}) \rangle + 2\sigma_1^2 \sum_{k=1}^{K} w_k p_k^* \\
&= L_n^{(1)}(\boldsymbol{w}) + \|\boldsymbol{e}_{T_1}\|^2 + 2\langle \boldsymbol{e}_{T_1}, \boldsymbol{\mu}_{T_1} - \boldsymbol{P}(\boldsymbol{w})\boldsymbol{\mu} \rangle + \\
&\quad 2\left(\sigma_1^2 \sum_{k=1}^{K} w_k p_k^* - \langle \boldsymbol{e}_{T_1}, \boldsymbol{P}(\boldsymbol{w})\boldsymbol{e} \rangle \right).
\end{aligned}
$$

为了证明定理, 我们仅需要证明:

(i)
$$\sup_{\boldsymbol{w}\in\mathcal{H}} \frac{|\langle \boldsymbol{e}_{T_1}, \boldsymbol{\mu}_{T_1} - \boldsymbol{P}(\boldsymbol{w})\boldsymbol{\mu}\rangle|}{R_n^{(1)}(\boldsymbol{w})} \to_p 0; \tag{3.5}$$

(ii)
$$\sup_{\boldsymbol{w}\in\mathcal{H}} |<\boldsymbol{\mu}_{T_1} - \boldsymbol{P}(\boldsymbol{w})\boldsymbol{\mu}, \boldsymbol{P}(\boldsymbol{w})\boldsymbol{e}>| / R_n^{(1)}(\boldsymbol{w}) \to_p 0; \tag{3.6}$$

(iii)
$$\sup_{\boldsymbol{w}\in\mathcal{H}} \left| \sigma_1^2 \sum_{k=1}^K w_k p_k^* - \boldsymbol{e}_{T_1}^\top \boldsymbol{P}(\boldsymbol{w})\boldsymbol{e} \right| / R_n^{(1)}(\boldsymbol{w}) \to_p 0; \tag{3.7}$$

(iv)
$$\sup_{\boldsymbol{w}\in\mathcal{H}} \left| \mathrm{tr}(\boldsymbol{P}(\boldsymbol{w})^\top \boldsymbol{P}(\boldsymbol{w})\boldsymbol{\Sigma}) - \|\boldsymbol{P}(\boldsymbol{w})\boldsymbol{e}\|^2 \right| / R_n^{(1)}(\boldsymbol{w}) \to_p 0; \tag{3.8}$$

(v)
$$\sup_{\boldsymbol{w}\in\mathcal{H}} \frac{|(\hat{\sigma}_1^2 - \sigma_1^2) \sum_{k=1}^K w_k p_k^*|}{R_n^{(1)}(\boldsymbol{w})} \to_p 0_\circ \tag{3.9}$$

式 (3.5) ∼ 式 (3.8) 的证明主要沿着 Zhang (2021) 的思路, 当然需要针对碎片化数据进行一些调整。这里我们省略具体的证明细节, 但是指出一些有区别的地方: 首先, 我们假设自变量是随机的, 而 Zhang (2021) 假设自变量是非随机的; 其次, 由于我们用来拟合候选模型的数据和用来做变量选择的数据是不同的, 这会导致很多矩阵运算上的困难, 很多 Zhang (2021) 的方法中显而易见成立的关于矩阵的结果现在需要进行证明; 再次, 我们的证明牵涉不同的 σ_k^2, 但 Zhang (2021) 假设同方差。

最后我们证明式 (3.9)。根据条件 (C7) 以及 $|\hat{\sigma}_1^2 - \sigma_1^2| = o_p(1)$, 得 (3.9) 成立。这就完成了定理 3.2 的证明。

3.3.2　全部响应模式的情况

本节建立所有响应模式的渐近最优性结果。为了达到此目的, 首先考虑响应模式 $R = l$ 的预测的渐近最优性。记 $\boldsymbol{\mu}_{T_l} = (\mu_{i,l}, i \in T_l)^\top$, 其中 $\mu_{i,l}$ 的定义见条件 (C1)。定义

$$L_n^{(l)}(\boldsymbol{w}^{(l)}) = \|\boldsymbol{\mu}_{T_l} - \hat{\boldsymbol{\mu}}_{T_l}(\boldsymbol{w}^{(l)})\|^2,$$

这是基于数据 $\mathcal{F}^{(l)}$ 的定义, 且与 $L_n^{(1)}(\boldsymbol{w})$ 的定义类似。

记 $e_{i,k}^{(l)} = y_i - E(y_i | x_{ij}, j \in \Delta_k^{(l)}, r_i^{(l)} = k)$。令 $E_{\boldsymbol{y}^{(l)}}$ 为基于数据 $\{(x_{ij}, r_i^{(l)}), i = 1, \cdots, n, j \in D_i^{(l)}\}$ 的条件期望。

定义 $R_n^{(l)}(\boldsymbol{w}^{(l)}) = E_{\boldsymbol{y}^{(l)}}[L_n^{(l)}(\boldsymbol{w}^{(l)})]$。令 $\xi_n^{(l)} = \inf_{\boldsymbol{w}^{(l)} \in \mathcal{H}_n^{(l)}} R_n^{(l)}(\boldsymbol{w}^{(l)})$。基于数据 $\mathcal{F}^{(l)}$ 的 $\boldsymbol{P}_k^{(l)}$ 和 $\boldsymbol{\Sigma}^{(l)}$ 的定义与 $\boldsymbol{P}_k$ 和 $\boldsymbol{\Sigma}$ 的定义类似。

条件 (C1) 和 (C2) 保证了 $\hat{\sigma}_l^2$ 是 σ_l^2 的一个相合估计量。此外, 本章也需要类似于 (C2) 到 (C7) 的假设条件, 如下:

(C2*) $\mathrm{Var}(y_i | x_{ij}, j \in \Delta_k^{(l)}, r_i^{(l)} = k) = {\sigma_k^{(l)}}^2$ 为常数;

(C3*) $E_{\boldsymbol{y}^{(l)}}\{(e_{i,k}^{(l)})^4\} \leqslant \nu^{(l)} < \infty$ 对于 $i = 1, \cdots, n$ 几乎处处成立, 其中 $\nu^{(l)}$ 是一个取值为正的常数;

(C4*) $0 < {\sigma_0^{(l)}}^2 \leqslant \min_k {\sigma_k^{(l)}}^2$, 其中 $\sigma_0^{(l)}$ 是一个取值为正的常数;

(C5*) $\mathrm{tr}(\boldsymbol{P}_m^{(l)'} \boldsymbol{P}_s^{(l)} \boldsymbol{\Sigma}^{(l)}) \geqslant 0$ 对于 $m, s \in \{1, \cdots, K^{(l)}\}$ 几乎处处成立;

(C6*) $(K^{(l)})^2 (\xi_n^{(l)})^{-1} \to_p 0$;

(C7*) $\max_k p_k^{*(l)} / \xi_n^{(l)} = O_p(1)$。

如果假设: 上一节中讨论的 (a1), (a2), (a3) 这三个条件成立, 且 (a3) 对于 $\Delta_k^{(l)}$ 和 $\Delta_k^{(l)^c}$ 也成立, 则条件 (C2*) 和 (C2) 也是成立的, 其中 $\boldsymbol{X}_{\Delta_k^{(l)}} = \{X_j, j \in \Delta_k^{(l)}\}$, $\boldsymbol{X}_{\Delta_k^{(l)^c}} = \{X_j, j \notin \Delta_k^{(l)}\}$。条件 (C3*) 到 (C7*) 的解释与 (C3) 到 (C7) 类似。

在这些条件下, 可以证明

$$\frac{L_n^{(l)}(\hat{\boldsymbol{w}}^{(l)})}{\inf_{\boldsymbol{w}^{(l)} \in \mathcal{H}_n^{(l)}} L_n^{(l)}(\boldsymbol{w}^{(l)})} \to_p 1。 \tag{3.10}$$

证明与定理 3.2 类似。

记 $\boldsymbol{w}^{(1)} = \boldsymbol{w}$, $\mathcal{H}_n^{(1)} = \mathcal{H}_n$, 令 $\boldsymbol{w} = (w^{(1)}, \cdots, w^{(K)})$, 整体的损失函数定义为

$$L_n(\boldsymbol{w}) = \sum_{l=1}^{K} L_n^{(l)}(\boldsymbol{w}^{(l)}) = \sum_{l=1}^{K} \|\boldsymbol{\mu}_{Tl} - \hat{\boldsymbol{\mu}}_{Tl}(\boldsymbol{w}^{(l)})\|^2。$$

然后根据定理 3.2 和式 (3.10), 可以得到所提 EMMA 的整体的渐近最优性如下:

定理 3.3　假设条件 (C1)~(C7) 和 (C2*)~(C7*) 成立, 如果当 n 趋于无穷时 K 是有界的, 则

$$\frac{L_n(\hat{\boldsymbol{w}})}{\inf_{\boldsymbol{w}^{(l)} \in \mathcal{H}_n^{(l)}, l=1, \cdots, K} L_n(\boldsymbol{w})} \to_p 1,$$

其中 $\hat{\boldsymbol{w}} = (\hat{\boldsymbol{w}}^{(1)}, \cdots, \hat{\boldsymbol{w}}^{(K)})$, $\hat{\boldsymbol{w}}^{(1)} = \hat{\boldsymbol{w}}$。

定理 3.3 的证明: 根据定理 3.2 的证明, 我们可以证明式 (3.10), 则 $L_n^{(l)}(\hat{\boldsymbol{w}}^{(l)}) = \inf_{\boldsymbol{w}^{(l)} \in \mathcal{H}^{(l)}} L_n^{(l)}(\boldsymbol{w}^{(l)})(1 + o_p(1))$, 因此

$$
\begin{aligned}
\frac{L_n(\hat{\boldsymbol{w}})}{\inf_{\boldsymbol{w}^{(l)} \in \mathcal{H}^{(l)}, l=1,\cdots,K} L_n(\boldsymbol{w})} &= \frac{\sum_{l=1}^{K} L_n^{(l)}(\hat{\boldsymbol{w}}^{(l)})}{\sum_{l=1}^{K} \inf_{\boldsymbol{w}^{(l)} \in \mathcal{H}^{(l)}} L_n^{(l)}(\boldsymbol{w}^{(l)})} \\
&= \frac{\sum_{l=1}^{K} \inf_{\boldsymbol{w}^{(l)} \in \mathcal{H}^{(l)}} L_n^{(l)}(\boldsymbol{w}^{(l)})(1 + o_p(1))}{\sum_{l=1}^{K} \inf_{\boldsymbol{w}^{(l)} \in \mathcal{H}^{(l)}} L_n^{(l)}(\boldsymbol{w}^{(l)})} \\
&= 1 + \sum_{l=1}^{K} \frac{\inf_{\boldsymbol{w}^{(l)} \in \mathcal{H}^{(l)}} L_n^{(l)}(\boldsymbol{w}^{(l)}) o_p(1)}{\sum_{l=1}^{K} \inf_{\boldsymbol{w}^{(l)} \in \mathcal{H}^{(l)}} L_n^{(l)}(\boldsymbol{w}^{(l)})} \circ \quad (3.11)
\end{aligned}
$$

注意到式 (3.11) 中第二项的绝对值被下式所控制:

$$
\begin{aligned}
\sum_{l=1}^{K} \frac{\inf_{\boldsymbol{w}^{(l)} \in \mathcal{H}^{(l)}} L_n^{(l)}(\boldsymbol{w}^{(l)}) |o_p(1)|}{\sum_{l=1}^{K} \inf_{\boldsymbol{w}^{(l)} \in \mathcal{H}^{(l)}} L_n^{(l)}(\boldsymbol{w}^{(l)})} &\leqslant \sum_{l=1}^{K} \frac{\inf_{\boldsymbol{w}^{(l)} \in \mathcal{H}^{(l)}} L_n^{(l)}(\boldsymbol{w}^{(l)}) |o_p(1)|}{\inf_{\boldsymbol{w}^{(l)} \in \mathcal{H}^{(l)}} L_n^{(l)}(\boldsymbol{w}^{(l)})} \\
&= \sum_{l=1}^{K} |o_p(1)| \circ
\end{aligned}
$$

由于在这个定理中假设 K 是有界的, 我们完成了定理 3.3 的证明。

3.4　数值模拟和实际数据分析

3.4.1　数值模拟

本节通过数值模拟来比较 EMMA 方法与下列模型平均和缺失数据领域的几种方法在有限样本情况下的表现效果:

(1) AC: 基于所有可观测到的数据拟合的线性回归模型。具体来讲, 对于响应模式为 $R = k$ 的个体, 基于数据 $\{(y_i, x_{ij}), i \in S_k, j \in \Delta_k\}$ 来拟合线性模型, 这在实际应用中是比较常见的方法。

(2) SAIC & SBIC: 平滑 AIC 和平滑 BIC (Buckland et al., 1997)。对于 $R = 1$ 的响应模式, 和 EMMA 类似, 基于数据 $\{(y_i, x_{ij}), i \in S_k, j \in \Delta_k\}$ 来拟合模型 M_k。模型 M_k 上的权重定义为

$$\hat{w}_k^{\mathrm{AIC}} = \frac{e^{-\frac{1}{2}\mathrm{AIC}_k}}{\sum_{k=1}^K e^{-\frac{1}{2}\mathrm{AIC}_k}} \quad \text{和} \quad \hat{w}_k^{\mathrm{BIC}} = \frac{e^{-\frac{1}{2}\mathrm{BIC}_k}}{\sum_{k=1}^K e^{-\frac{1}{2}\mathrm{BIC}_k}},$$

其中 $\mathrm{AIC}_k = n_k \log \tilde{\sigma}_k^2 + 2p_k$, $\mathrm{BIC}_k = n_k \log \tilde{\sigma}_k^2 + \log(n_k)p_k$, $\tilde{\sigma}_k^2 = (n_k - p_k)^{-1}(\boldsymbol{y}_k - \boldsymbol{x}_k\hat{\boldsymbol{\beta}_k})^\top(\boldsymbol{y}_k - \boldsymbol{x}_k\hat{\boldsymbol{\beta}_k})$。对于其他响应模式的预测同上述过程。

(3) JBES: 我们在上一章中描述的方法 (Fang et al., 2019)。

(4) MMA: 模型平均方法, 权重由 MMA (Hansen, 2007) 来决定。

(5) Zhang 的方法: 缺失值由 0 插补的模型平均方法 (Zhang, 2013)。

(6) FR-FI: 针对块状缺失数据利用因子模型插补的方法 (Zhang et al., 2020)。

(7) Imp-MA-1 和 Imp-MA-2: 先用插补方法, 然后对插补之后的数据进行模型平均 (Schomaker et al., 2010; Dardanoni et al., 2011)。

训练集产生如下: 模型为 $y_i = \sum_{j=1}^p \beta_j x_{ij} + e_i$, 样本量取 $n = 400, 800$, $p = 13$, $\boldsymbol{\beta} = (1, 1, \cdots, 1)$, $(1, 1/2, \cdots, 1/p)$, $(1/p, \cdots, 1/2, 1)$, 其中 $x_{i1} = 1$, $(x_{i2}, \cdots, x_{ip})$ 产生于期望方差分别为 $E(x_{ij}) = 1$, $\mathrm{Var}(x_{ij}) = 1$ 的多元正态分布, 且协方差矩阵为 $j_1 \neq j_2$, $\mathrm{Cov}(x_{ij_1}, x_{ij_2}) = \rho$, $\rho = 0.3, 0.6$ 或 0.9。误差项 $e_i \sim N(0, \sigma^2)$, σ^2 满足 $R^2 = \mathrm{Var}(x_i^\top \beta)/\{\mathrm{Var}(x_i^\top \beta) + \sigma^2\} = 0.1, 0.2, \cdots$, 或 0.9。对于响应模式考虑两种不同的情形:

情形 1

除截距项之外 12 个协变量被分成 4 组。第 s 组包含协变量 $X_{3(s-1)+2}$ 到 X_{3s+1}, $s = 1, 2, 3, 4$。第一组的协变量总是可观测得到的, 第 $s(s = 2, 3, 4)$ 组当 $X_s < 0.8$ 是可以观测到的, 从而可以得到 $K = 8$。在此设定下, 对于 $\rho = 0.3, 0.6$ 和 0.9, CC (S_1) 数据的百分比分为 12.3%, 18% 和 33.3%。

情形 2

除截距项之外协变量被分为 3 组。第 s 组包含协变量 $X_{4(s-1)+2}$ 到 X_{4s+1}, $s = 1, 2, 3$。当 $X_{4(s-1)+2} < 0.6$ 时, 第 s 组的协变量是可观测得到的。从而也有 $K = 8$。对于 $\rho = 0.3, 0.6$ 和 0.9, CC (S_1) 数据的百分比分别是 8%, 15.3% 和 24.2%。注意到在这种情况下缺失数据机制是不可忽略的, 且条件 (C1)、(C2) 和 (C2*) 事实上是不成立的。考虑这种情形是为了说明所提方法对于缺失机制 (假设 a2) 的稳健性。

考虑所有响应模式的预测。为了评估每种情形下所有方法的效果, 对于每种情形, 本章按照产生训练数据集的步骤生成样本量大小为 10 000 的测试集。尽管在每次模拟中都是重新产生训练集, 但是测试集数据只生成一次且保持不变。

模拟次数为 500 次。在每次模拟中利用训练集和所考虑的方法来拟合候选模型, 并用它们来预测测试集。本节用 MSE 来评估每种方法的表现好坏, 即预测值与真实值之间的均方误差。

图 3.1～ 图 3.6 给出了不同模拟设定下每种情形所有方法的 MSE 的中位数。由于 SAIC 和 SBIC 的效果非常接近, 本章在图中只给出 SAIC 的结果。由于图 3.3～ 图 3.6 中 Zhang 的方法和 Imp-MA-1 方法的 MSEs 太大, 没有在图上显示出来。总体来说, 所提的方法 EMMA 效果要优于其他方法。主要结论如下:

(1)AC 和 SAIC 方法表现效果要比 EMMA 差。在许多情形下, 两种方法的效果非常相似, 这表明在没有考虑不同的样本量时, SAIC 与 SBIC 往往选择样本量小的大模型 (基于 CC 数据的模型 M_1)。

(2) 在情形 1 下, 所提方法 EMMA 表现效果与 JBES 非常相近, 且在大多数设定下二者的 MSE 都优于其他方法, 这是符合预期的, 因为在这种情形下, EMMA 和 JBES 都有渐近最优性。在情形 2 下, 所提方法要优于 JBES 和其他方法, 这说明缺失机制设定违反理论中所要求的条件时, EMMA 相比较于 JBES 有较好的稳定性。

(3) 在大多数设定下, EMMA 方法优于 MMA, 这表明 "有效的模型大小" p_k^* 在获得较好的表现效果方面有重要的作用, 忽略候选模型样本和权重选择时样本的差异, 将会造成较大的预测误差。

(4) 在情形 1 下, Zhang 的方法一般情况下表现得并不是很好。有一些例外, 如在不可观测的协变量的回归系数较小并且协变量之间的相关性比较大的情形下, 会表现好一些。在情形 2 下, 它的效果较差, 这是可以理解的, 因为这种方法对不可忽略的缺失数据用 0 插补是不合理的。

(5) 一般情况下, 其他插补方法如 FR-FI、Imp-MA-1 和 Imp-MA-2 要比 EMMA 表现效果差, 在情形 2 下, Imp-MA-1 表现更差。

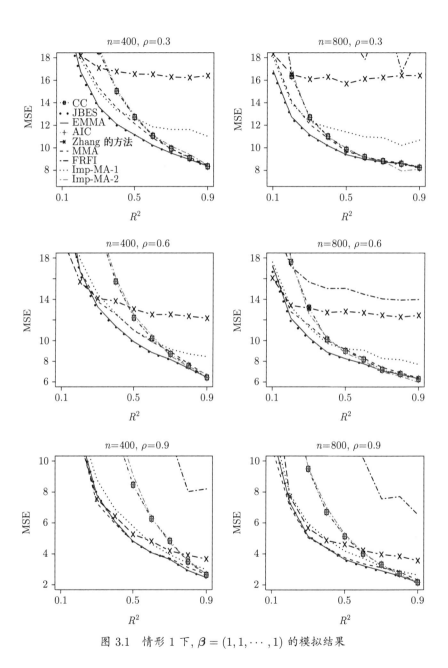

图 3.1　情形 1 下, $\boldsymbol{\beta} = (1, 1, \cdots, 1)$ 的模拟结果

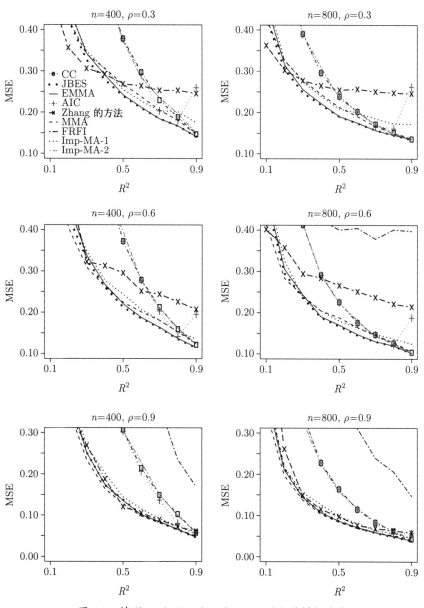

图 3.2　情形 1 下, $\boldsymbol{\beta} = (1, 1/2, \cdots, 1/p)$ 的模拟结果

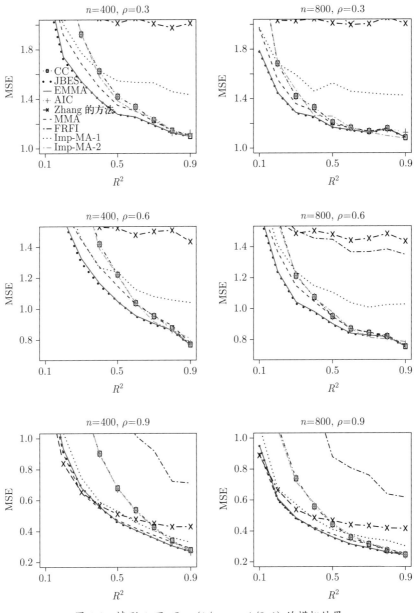

图 3.3 情形 1 下, $\boldsymbol{\beta} = (1/p, \cdots, 1/2, 1)$ 的模拟结果

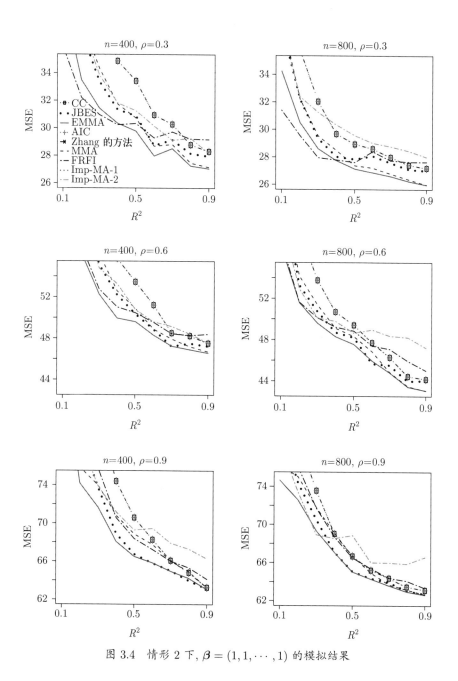

图 3.4　情形 2 下, $\boldsymbol{\beta} = (1, 1, \cdots, 1)$ 的模拟结果

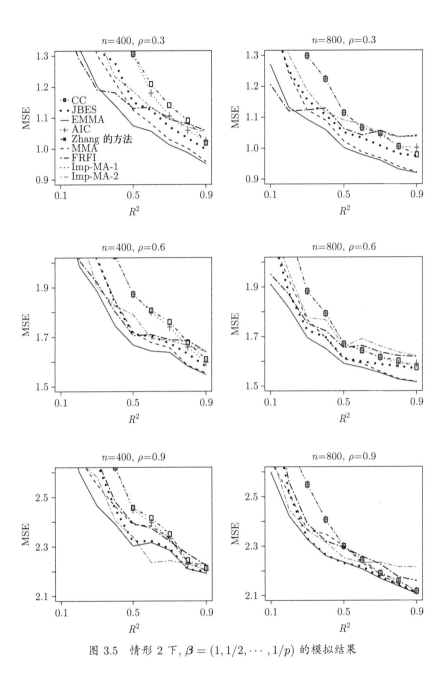

图 3.5 情形 2 下, $\boldsymbol{\beta} = (1, 1/2, \cdots, 1/p)$ 的模拟结果

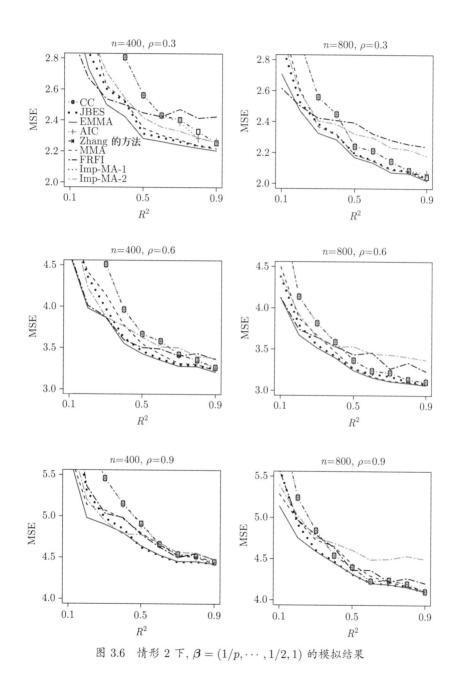

图 3.6　情形 2 下, $\boldsymbol{\beta} = (1/p, \cdots, 1/2, 1)$ 的模拟结果

3.4.2　对互联网贷款数据的分析

本节进一步使用所提方法来分析节 1.2 中关于互联网贷款的碎片化数据。此数据来自国内一家领先的财富管理电子社区。为了评估每一位贷款人的偿还能力, 需要基于来自 5 个数据源的 25 个自变量 (因为包含截距项, 所以 $p = 26$) 来预测申请人的收入。这五个数据源分别为: 信用卡信息, 线上购物, 电话, 用户年龄, 职业和欺诈记录。样本大小为 $n = 1384$, 响应变量 Y 定义为收入的对数。由于信用卡信息是贷款人在申请时需要提供的, 为此能够完全观测得到, 而来自其他源的有关申请人的协变量数据仅仅只有部分能被观测得到。共有 $K = 10$ 个响应模式。

为了比较在模拟中考虑的 10 种方法的预测效果, 从每个响应模式中随机抽取 60% 的申请人数据, 并把它们用作模拟拟合的训练数据, 然后用余下的申请人数据作为测试集来评估效果。对于 8 种方法, 利用训练数据集来拟合模型, 然后将它应用于测试数据集, 并计算测试集预测的 MSE。重复此过程 200 次。

本节考虑了所有响应模式的预测。对于可观测到的协变量集合为 $D^* \neq$ {信用卡, 购物, 手机, 职业, 欺诈} 的个体的预测, 所提方法忽略了用于建模和预测的不在 D^* 中的协变量。更多细节可以在节 2.4.2 中找到。

图 3.7 给出了 10 种方法 200 次重复试验的 MSE 的箱线图, EMMA 的表现最好。注意来自 "信用卡" 的自变量总是可观测到的, 这使得假设 (a2) 有可能成立, 此结果与情形 1 下的模拟结论非常相似。

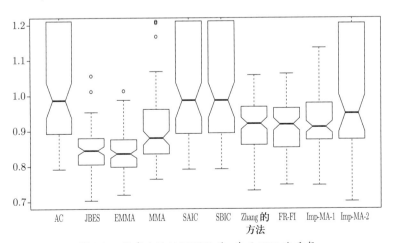

图 3.7　所有方法的预测误差: 基于 200 次重复

第 4 章

多源碎片化数据下广义线性模型的模型平均方法

4.1 候选模型的建立及权重选择

第 2、3 章介绍了两种基于模型平均的碎片化数据的建模和预测方法,它们都是基于线性模型, 只适用于连续型的因变量 Y。但在现实问题中, 很多关心的因变量是离散型的。因此这一章我们将基于模型平均的碎片化数据分析方法推广到广义线性模型。候选模型所用到的自变量和样本的确定和前两章相同, 但每个候选模型从线性模型变成广义线性模型。最优权重由最小化 CC 数据上的 KL 损失来决定。我们建立了所选权重的渐近最优性, 并通过数值模拟以及一个关于阿兹海默的实际数据分析来展示所提方法的有效性。

与前两章类似, 我们依然考虑一个碎片化数据 $\{(y_i, x_{ij}, r_i), i = 1, \cdots, n, j \in D_i\}$。不同的是, 我们假设 $Y|\boldsymbol{X}$ 服从一个指数分布

$$f(Y|\boldsymbol{X}) = \exp\left\{\frac{Y\theta(\boldsymbol{X}) - b(\theta(\boldsymbol{X}))}{\phi} + c(Y, \phi)\right\}, \tag{4.1}$$

其中 $b(\cdot), c(\cdot, \cdot)$ 是已知函数,ϕ 是已知常数, 但 $\theta(\cdot)$ 未知。对于具有可观测变量集 $D^* = \Delta_l, l \in \{1, \cdots, K\}$ 的新样本, 我们需要估计 $\theta(D^*)$。为避免数学表达过于复杂, 我们依然主要关注 $D^* = D$, 也就是 $R = 1$ 的情况。

考虑到建模用到的自变量个数和样本量之间的妥协, 我们依然可以得到一系列的候选模型。具体而言, 第 k 个候选的广义线性模型 M_k 建立在数据 $\{(y_i, x_{ij}), i \in S_k, j \in \Delta_k\}$ 上, $k = 1, \cdots, K$, 其中 S_k 和 Δ_k 的定义与前两章相同。记 $\boldsymbol{y} = (y_1, \cdots, y_n)^\top$, $\boldsymbol{x}_i = (x_{i1}, \cdots, x_{ip})^\top$。此外, 记模型 M_k 的设计矩阵为 $\boldsymbol{X}_k = (x_{ij} : i \in S_k, j \in \Delta_k) \in \mathbb{R}^{n_k \times p_k}$, 其中 $n_k = |S_k|$, $p_k = |\Delta_k|$。我们假设 $n_1 \geqslant p$。由于 $n_k \geqslant n_1$ 且 $p_k \leqslant p$, 因此 $n_k \geqslant p_k$。

候选模型 M_k 可以表示为

$$f(y_i|\theta_i^{(k)}, \phi) = \exp\left\{\frac{y_i\theta_i^{(k)} - b(\theta_i^{(k)})}{\phi} + c(y_i, \phi)\right\}, \quad i \in S_k, \qquad (4.2)$$

其中 $\theta_i^{(k)}$ 是 $\boldsymbol{\theta}_{(k)} = (\theta_i^{(k)}, i \in S_k)^\top$ 的第 i 个元素, 且 $\boldsymbol{\theta}_{(k)} = \boldsymbol{X}_k\boldsymbol{\beta}_{(k)}$。记 $\boldsymbol{\beta}_{(k)}$ 的极大似然估计为 $\hat{\boldsymbol{\beta}}_{(k)}$。注意, 我们并不假设真实模型 (4.1) 中的 $\theta(\boldsymbol{X})$ 一定是 $\boldsymbol{X}$ 的线性函数, 因此所有的候选模型都可能是错误的。

对于一个新的样本 $\boldsymbol{x}^* = (x_1^*, \cdots, x_p^*)^\top$, $\theta(\boldsymbol{x}^*)$ 的预测值为

$$\hat{\theta}^*(\boldsymbol{w}) = \sum_{k=1}^K w_k \boldsymbol{x}_k^{*\top}\hat{\boldsymbol{\beta}}_{(k)} = \boldsymbol{x}^{*\top}\hat{\boldsymbol{\beta}}(\boldsymbol{w}),$$

其中 $\boldsymbol{x}_k^* = (x_j^* : j \in \Delta_k)^\top$, $\hat{\boldsymbol{\beta}}(\boldsymbol{w}) = \sum_{k=1}^K w_k\boldsymbol{\Pi}_k^\top\hat{\boldsymbol{\beta}}_{(k)}$, $\boldsymbol{\Pi}_k$ 是一个 $p_k \times p$ 维的投影矩阵, 它的每个元素均为 0 或 1, 且满足 $\boldsymbol{x}_k^* = \boldsymbol{\Pi}_k\boldsymbol{x}^*$, 权重向量 $\boldsymbol{w} = (w_1, \cdots, w_K)^\top$ 属于

$$\mathcal{H} = \left\{\boldsymbol{w} \in [0,1]^K : \sum_{k=1}^K w_k = 1\right\}。$$

令 $\boldsymbol{\theta}\{\hat{\boldsymbol{\beta}}(\boldsymbol{w})\} = (\theta_1\{\hat{\boldsymbol{\beta}}(\boldsymbol{w})\}, \cdots, \theta_{n_1}\{\hat{\boldsymbol{\beta}}(\boldsymbol{w})\})^\top = \boldsymbol{X}_1\hat{\boldsymbol{\beta}}(\boldsymbol{w})$ 是 $\boldsymbol{\theta}_{(1)}$ 的加权估计值。我们的权重选择标准是 KL 损失 (Zhang et al., 2016)。具体而言, 记 $\boldsymbol{\theta}_{(1)}$ 的真值为 $\boldsymbol{\theta}_0 = (\theta_{0_1}, \cdots, \theta_{0_{n_1}})^\top$, $\boldsymbol{y}^* = (y_1^*, \cdots, y_{n_1}^*)^\top$ 是来自分布 $f(\cdot|\boldsymbol{\theta}_0, \phi)$ 的另一组样本且与 $\boldsymbol{y}$ 独立, 则 $\theta\{\hat{\boldsymbol{\beta}}(\boldsymbol{w})\}$ 的 KL 损失是

$$\begin{aligned}
\mathrm{KL}(\boldsymbol{w}) &= 2\sum_{i \in S_1} E_{\boldsymbol{y}^*}\left\{\log\{f(y_i^*|\theta_{0i}, \phi)\} - \log(f[y_i^*|\theta_i\{\hat{\boldsymbol{\beta}}(\boldsymbol{w})\}, \phi])\right\}\\
&= 2\phi^{-1}B\{\hat{\boldsymbol{\beta}}(\boldsymbol{w})\} - 2\phi^{-1}\boldsymbol{\mu}_{S_1}^\top\boldsymbol{\theta}\{\hat{\boldsymbol{\beta}}(\boldsymbol{w})\} - 2\phi^{-1}B_0 + 2\phi^{-1}\boldsymbol{\mu}_{S_1}^\top\boldsymbol{\theta}_0\\
&= 2J(\boldsymbol{w}) - 2\phi^{-1}B_0 + 2\phi^{-1}\boldsymbol{\mu}_{S_1}^\top\boldsymbol{\theta}_0, \qquad (4.3)
\end{aligned}$$

其中 $B_0 = \sum_{i \in S_1} b(\theta_{0i})$, $B\{\hat{\boldsymbol{\beta}}(\boldsymbol{w})\} = \sum_{i \in S_1} b[\theta_i\{\hat{\boldsymbol{\beta}}(\boldsymbol{w})\}]$, $\boldsymbol{\mu}_{S_1} = (\mu_{S_1,1}, \cdots, \mu_{S_1,n_1})^\top = (E(y_i|i \in S_1), i = 1, \cdots, n_1)^\top$, 且

$$\begin{aligned}
J(\boldsymbol{w}) &= \phi^{-1}B\{\hat{\boldsymbol{\beta}}(\boldsymbol{w})\} - \phi^{-1}\mu_{S_1}^\top\boldsymbol{\theta}\{\hat{\boldsymbol{\beta}}(\boldsymbol{w})\}\\
&= \phi^{-1}\left\{\sum_{i \in S_1} b[\theta_i\{\hat{\boldsymbol{\beta}}(\boldsymbol{w})\}] - \sum_{i \in S_1}\mu_{S_1,i}\theta_i\{\hat{\boldsymbol{\beta}}(\boldsymbol{w})\}\right\}。
\end{aligned}$$

理论上讲我们可以通过最小化 $J(\boldsymbol{w})$ 来得到最优的 $\boldsymbol{w}$。但在实践当中这是不可行的, 因为 $\boldsymbol{\mu}_{S_1}$ 是未知的。因此我们将 $\boldsymbol{\mu}_{S_1}$ 替换成已知的 $\boldsymbol{y}_{S_1} = (y_i, i \in S_1)^\top$, 并在 $J(\boldsymbol{w})$ 上加一个惩罚项来防止过拟合。这样就得到了如下的权重选择标准:

$$\mathcal{G}(\boldsymbol{w}) = 2\phi^{-1} \left\{ \sum_{i \in S_1} b[\theta_i\{\hat{\boldsymbol{\beta}}(\boldsymbol{w})\}] - \sum_{i \in S_1} y_i \theta_i\{\hat{\boldsymbol{\beta}}(\boldsymbol{w})\} \right\} + \lambda_n \sum_{k=1}^K w_k p_k,$$

其中 $\lambda_n \sum_{k=1}^K w_k p_k$ 为惩罚项, λ_n 是一个调优参数, 通常取值为 2 或 $\log(n_1)$, p_k 是第 k 个候选模型中自变量的个数。最优权重定义为

$$\hat{\boldsymbol{w}} = \underset{\boldsymbol{w} \in \mathcal{H}}{\operatorname{argmin}} \, \mathcal{G}(\boldsymbol{w}). \tag{4.4}$$

注记 4.1　本质上讲, 我们的思路是在所有可能利用的数据上进行候选模型的拟合, 而在 CC 数据上选择最优的权重, 这和第 2 章中的思路类似。一个重要区别是, 在选择权重时我们不需要在 CC 数据上重新拟合候选模型。文献中也有方法用 0 来插补缺失的数据, 并在插补后的全部样本上利用 KL 损失来进行权重选择 (Liu et al., 2020)。但这个方法在数值实验中表现不佳。

注记 4.2　在逻辑回归中, $\phi = 1$, $b(\theta) = \log(1 + e^\theta)$。令 $\theta_i\{\hat{\boldsymbol{\beta}}(\boldsymbol{w})\} = \log \frac{\hat{p}_i(\boldsymbol{w})}{1 - \hat{p}_i(\boldsymbol{w})}$, 则

$$\begin{aligned}
J(\boldsymbol{w}) &= \sum_{i \in S_1} \log\left[1 + e^{\theta_i\{\hat{\boldsymbol{\beta}}(\boldsymbol{w})\}}\right] - \sum_{i \in S_1} \boldsymbol{\mu}_{S_1,i} \theta_i\{\hat{\boldsymbol{\beta}}(\boldsymbol{w})\} \\
&= -\sum_{i \in S_1} \log\{1 - \hat{p}_i(\boldsymbol{w})\} - \sum_{i \in S_1} \mu_{S_1,i} \log \frac{\hat{p}_i(\boldsymbol{w})}{1 - \hat{p}_i(\boldsymbol{w})} \\
&= -\sum_{i \in S_1} \left[\boldsymbol{\mu}_{S_1,i} \log \hat{p}_i(\boldsymbol{w}) + (1 - \boldsymbol{\mu}_{S_1,i}) \log\{1 - \hat{p}_i(\boldsymbol{w})\}\right] \tag{4.5}
\end{aligned}$$

且

$$\mathcal{G}(\boldsymbol{w}) = -2 \sum_{i \in S_1} \left[y_i \log \hat{p}_i(\boldsymbol{w}) + (1 - y_i) \log\{1 - \hat{p}_i(\boldsymbol{w})\}\right] + \lambda_n \sum_{k=1}^K w_k p_k。$$

4.2 渐近最优性的建立

令 $\boldsymbol{\beta}_{(k)}^*$ 是使得真实模型和第 k 个候选模型 (4.2) 的 KL 损失最小的参数。根据 White (1982) 的定理 3.2, 在一定的常规条件下, 我们有

$$\hat{\boldsymbol{\beta}}_{(k)} - \boldsymbol{\beta}_{(k)}^* = O_p(n_k^{-1/2}) = O_p(n_1^{-1/2})。 \tag{4.6}$$

令 $\boldsymbol{\epsilon}_{S_1} = (\epsilon_{S_1,1}, \cdots, \epsilon_{S_1,n_1})^\top = (y_1, \cdots, y_{n_1})^\top - \boldsymbol{\mu}_{S_1}, \bar{\sigma}^2 = \max_{i \in S_1} \mathrm{Var}(\epsilon_{S_1,i})$, $\boldsymbol{\beta}^*(\boldsymbol{w}) = \sum_{k=1}^K w_k \Pi_k^\top \boldsymbol{\beta}_{(k)}^*$, $\mathrm{KL}^*(\boldsymbol{w}) = 2\phi^{-1}B\{\boldsymbol{\beta}^*(\boldsymbol{w})\} - 2\phi^{-1}B_0 - 2\phi^{-1}\boldsymbol{\mu}_{S_1}^\top[\boldsymbol{\theta}\{\boldsymbol{\beta}^*(\boldsymbol{w})\} - \boldsymbol{\theta}_0]$, 且 $\xi_n = \inf_{\boldsymbol{w} \in \mathcal{H}} \mathrm{KL}^*(\boldsymbol{w})$。假设下面的条件:

(C1) $\| \boldsymbol{X}_1^\top \boldsymbol{\mu}_{S_1} \| = O(n_1), \| \boldsymbol{X}_1^\top \boldsymbol{\epsilon}_{S_1} \| = O_p(n_1^{1/2})$, 且

$$\partial B(\boldsymbol{\beta})/\partial \boldsymbol{\beta}^\top |_{\boldsymbol{\beta} = \tilde{\boldsymbol{\beta}}(\boldsymbol{w})} \| = O_p(n_1)$$

对所有的 $\boldsymbol{w} \in \mathcal{H}_n$, 以及位于 $\hat{\boldsymbol{\beta}}(\boldsymbol{w})$ 和 $\boldsymbol{\beta}^*(\boldsymbol{w})$ 之间的 $\tilde{\boldsymbol{\beta}}(w)$ 均一致成立;

(C2) $n_1^{-1}\bar{\sigma}^2 \| \boldsymbol{\theta}(\Pi_k^\top \boldsymbol{\beta}_{(k)}^*) \|^2 = O(1)$ 对于所有的 $k \in \{1, \cdots, K\}$ 一致成立;

(C3) $n_1 \xi_n^{-2} = o(1)$。

下面的定理建立了模型平均估计量 $\boldsymbol{\theta}\{\hat{\boldsymbol{\beta}}(\hat{\boldsymbol{w}})\}$ 的渐近最优性。

定理 4.1 假设式 (4.6) 和条件 (C1)~(C3) 成立, 且 $n_1^{-1/2}\lambda_n = O(1)$, 则我们有

$$\frac{\mathrm{KL}(\hat{\boldsymbol{w}})}{\inf_{\boldsymbol{w} \in \mathcal{H}} \mathrm{KL}(\boldsymbol{w})} \to_p 1,$$

其中 $\mathrm{KL}(\boldsymbol{w})$ 定义于式 (4.3), $\hat{\boldsymbol{w}}$ 定义于式 (4.4)。

条件 (C1)~(C3) 与文献 [100](Zhang et al., 2016) 中的条件 (C.1)~(C.3) 类似。一个小区别是我们是 $O(n_1)$ 而不是 $O(n)$。由于我们是用 CC 数据来选择最优权重的, 因此这个区别是很自然的。条件 (C3) 要求 ξ_n 的发散速度要比 $n_1^{1/2}$ 更快, 这个和文献 [101](Zhang et al., 2014) 中条件 (A7) 中的第三部分相同, 它同时也能被文献 [1](Ando et al., 2014) 中的条件 (7) 和 (8) 所推导出来。条件 (C3) 要比 $\xi_n \to \infty$ 强。注意到当 $\lambda_n = 2$ 和 $\lambda_n = \log(n_1)$ 时, 定理 4.1 均成立。在后面的两节中我们同时考虑这两个调优参数。

定理 4.1 的证明： 记 $\tilde{\mathcal{G}}(\boldsymbol{w}) = \mathcal{G}(\boldsymbol{w}) - 2\phi^{-1}B_0 + 2\phi^{-1}\boldsymbol{\mu}_{S_1}^{\top}\boldsymbol{\theta}_0$, 显然有 $\hat{\boldsymbol{w}} = \text{argmin}_{w\in\mathcal{H}}\tilde{\mathcal{G}}(\boldsymbol{w})$。根据文献 [80](Wan et al., 2010) 中定理 1 的证明, 我们仅需证明：

$$(\text{i}) \qquad \sup_{\boldsymbol{w}\in\mathcal{H}} \frac{|\text{KL}(\boldsymbol{w}) - \text{KL}^*(\boldsymbol{w})|}{\text{KL}^*(\boldsymbol{w})} \to_p 0, \qquad (4.7)$$

和

$$(\text{ii}) \qquad \sup_{\boldsymbol{w}\in\mathcal{H}} \frac{|\tilde{\mathcal{G}}(\boldsymbol{w}) - \text{KL}^*(\boldsymbol{w})|}{\text{KL}^*(\boldsymbol{w})} \to_p 0。 \qquad (4.8)$$

根据式 (4.6), 我们知道

$$\hat{\boldsymbol{\beta}}(\boldsymbol{w}) - \boldsymbol{\beta}^*(\boldsymbol{w}) = \sum_{k=1}^{K} w_k \Pi_k^{\top}(\hat{\boldsymbol{\beta}}_{(k)} - \boldsymbol{\beta}_{(k)}^*) = O_p(n_1^{-1/2}) \qquad (4.9)$$

对于 $\boldsymbol{w}\in\mathcal{H}$ 一致成立。根据式 (4.9), 条件 (C1) 和泰勒展开, 对于 $\boldsymbol{w}\in\mathcal{H}$, 我们一致有

$$|B\{\hat{\boldsymbol{\beta}}(\boldsymbol{w})\} - B\{\boldsymbol{\beta}^*(\boldsymbol{w})\}| \leqslant \parallel \frac{\partial B(\boldsymbol{\beta})}{\partial \boldsymbol{\beta}^{\top}}|_{\boldsymbol{\beta}=\tilde{\boldsymbol{\beta}}(\boldsymbol{w})} \parallel \parallel \hat{\boldsymbol{\beta}}(\boldsymbol{w}) - \boldsymbol{\beta}^*(\boldsymbol{w}) \parallel = O_p(n_1^{1/2}),$$

$$\boldsymbol{\mu}_{S_1}^{\top}[\boldsymbol{\theta}\{\hat{\boldsymbol{\beta}}(\boldsymbol{w})\} - \boldsymbol{\theta}\{\boldsymbol{\beta}^*(\boldsymbol{w})\}] \leqslant \parallel \boldsymbol{\mu}_{S_1}^{\top}\boldsymbol{X}_1 \parallel \parallel \hat{\boldsymbol{\beta}}(\boldsymbol{w}) - \boldsymbol{\beta}^*(\boldsymbol{w}) \parallel = O_p(n_1^{1/2}),$$

和

$$\boldsymbol{\epsilon}_{S_1}^{\top}[\boldsymbol{\theta}\{\hat{\boldsymbol{\beta}}(\boldsymbol{w})\} - \boldsymbol{\theta}\{\boldsymbol{\beta}^*(\boldsymbol{w})\}] \leqslant \parallel \boldsymbol{\epsilon}_{S_1}^{\top}\boldsymbol{X}_1 \parallel \parallel \hat{\boldsymbol{\beta}}(\boldsymbol{w}) - \boldsymbol{\beta}^*(\boldsymbol{w}) \parallel = O_p(1),$$

其中 $\tilde{\boldsymbol{\beta}}(\boldsymbol{w})$ 是位于 $\hat{\boldsymbol{\beta}}(\boldsymbol{w})$ 和 $\boldsymbol{\beta}^*(\boldsymbol{w})$ 之间的一个向量。此外, 根据中心极限定理和条件 (C2), 对于 $\boldsymbol{w}\in\mathcal{H}$, 我们一致有

$$\boldsymbol{\epsilon}_{S_1}^{\top}\boldsymbol{\theta}\{\boldsymbol{\beta}^*(\boldsymbol{w})\} = \sum_{k=1}^{K} w_k \boldsymbol{\epsilon}_{S_1}^{\top}\boldsymbol{\theta}(\Pi_k^{\top}\boldsymbol{\beta}_{(k)}^*) = O_p(n_1^{1/2})。$$

因此我们有

$$\sup_{\boldsymbol{w}\in\mathcal{H}} |\text{KL}(\boldsymbol{w}) - \text{KL}^*(\boldsymbol{w})|$$

$$\leqslant 2\phi^{-1} \sup_{\boldsymbol{w}\in\mathcal{H}} |B\{\hat{\boldsymbol{\beta}}(\boldsymbol{w})\} - B\{\boldsymbol{\beta}^*(\boldsymbol{w})\}| + 2\phi^{-1} \sup_{\boldsymbol{w}\in\mathcal{H}} |\boldsymbol{\mu}_{S_1}^{\top}[\boldsymbol{\theta}\{\hat{\boldsymbol{\beta}}(\boldsymbol{w})\} - \boldsymbol{\theta}\{\boldsymbol{\beta}^*(\boldsymbol{w})\}]|$$

$$= O_p(n_1^{1/2}) \qquad (4.10)$$

且

$$\sup_{\boldsymbol{w} \in \mathcal{H}} |\tilde{\mathcal{G}}(\boldsymbol{w}) - \mathrm{KL}^*(\boldsymbol{w})|$$

$$\leqslant 2\phi^{-1} \sup_{\boldsymbol{w} \in \mathcal{H}} |B\{\hat{\boldsymbol{\beta}}(\boldsymbol{w})\} - B\{\boldsymbol{\beta}^*(\boldsymbol{w})\}| +$$

$$2\phi^{-1} \sup_{\boldsymbol{w} \in \mathcal{H}} |\boldsymbol{y}_{S_1}^{\top} \boldsymbol{\theta}\{\hat{\boldsymbol{\beta}}(\boldsymbol{w})\} - \boldsymbol{\mu}_{S_1}^{\top} \boldsymbol{\theta}\{\boldsymbol{\beta}^*(\boldsymbol{w})\}| + \lambda_n \sum_{k=1}^{K} w_k p_k$$

$$\leqslant 2\phi^{-1} \sup_{\boldsymbol{w} \in \mathcal{H}} |B\{\hat{\boldsymbol{\beta}}(\boldsymbol{w})\} - B\{\boldsymbol{\beta}^*(\boldsymbol{w})\}| +$$

$$2\phi^{-1} \sup_{\boldsymbol{w} \in \mathcal{H}} |\boldsymbol{\mu}_{S_1}^{\top} [\boldsymbol{\theta}\{\hat{\boldsymbol{\beta}}(\boldsymbol{w})\} - \boldsymbol{\theta}\{\boldsymbol{\beta}^*(\boldsymbol{w})\}]| + 2\phi^{-1} \sup_{\boldsymbol{w} \in \mathcal{H}} |\boldsymbol{\epsilon}_{S_1}^{\top} \boldsymbol{\theta}\{\boldsymbol{\beta}^*(\boldsymbol{w})\}| +$$

$$2\phi^{-1} \sup_{\boldsymbol{w} \in \mathcal{H}} |\boldsymbol{\epsilon}_{S_1}^{\top} [\boldsymbol{\theta}\{\hat{\boldsymbol{\beta}}(\boldsymbol{w})\} - \boldsymbol{\theta}\{\boldsymbol{\beta}^*(\boldsymbol{w})\}]| + \lambda_n \sum_{k=1}^{K} w_k p_k$$

$$= O_p(n_1^{1/2}) + \lambda_n \sum_{k=1}^{K} w_k p_k \text{。} \tag{4.11}$$

根据式 (4.10) 和式 (4.11), $n_1 \xi_n^{-2} = o(1)$ 以及 $n_1^{-1/2} \lambda_n = O(1)$, 我们可以得到式 (4.7) 和式 (4.8)。这就完成了定理 4.1 的证明。

4.3   数值模拟

在这一节里我们通过数值模拟来比较下面几种方法:

(1) CC: 在 CC 数据上拟合广义线性模型。

(2) SAIC & SBIC: 基于 SAIC 和 SBIC 指标 (Buckland et al., 1997) 来决定候选模型权重。

(3) IMP: 用 0 来插补的方法 (Liu et al., 2020)。我们用 IMP1 和 IMP2 来分别表示 $\lambda_n = 2$ 和 $\log(n_1)$ 的情况。

(4) GLASSO: 在 CC 数据上采用 Group Lasso 方法来选择若干组自变量, 然后利用观测到这些自变量的样本来进行建模。

(5) OPT: 我们提出的方法。我们用 OPT1 和 OPT2 来分别表示 $\lambda_n = 2$ 和 $\log(n_1)$ 的情况。

数据生成方式如下: 一个二元的 y_i 从二项分布 $B(1, p_i)$ 中生成, 其中

$$p_i = \exp\left(\sum_{j=1}^{p} \beta_j x_{ij}\right) \bigg/ \left\{1 + \exp\left(\sum_{j=1}^{p} \beta_j x_{ij}\right)\right\}, \quad i = 1, \cdots, n,$$

$p = 14$, $\boldsymbol{\beta} = 0.4 \times (1, 1/2, \cdots, 1/p), 0.1 \times (1, 1, \cdots, 1)$ 或 $0.2 \times (1/p, \cdots, 1/2, 1)$, $x_{i1} = 1$, $(x_{i2}, \cdots, x_{ip})$ 从一个多元正态分布生成, $E(x_{ij}) = 1$, $\mathrm{Var}(x_{ij}) = 1$, $\mathrm{Cov}(x_{ij_1}, x_{ij_2}) = \rho$, $j_1 \neq j_2$, $\rho = 0.3, 0.6$ 或 0.9, 样本量 $n = 400$ 或 800。

为了模拟所有的候选模型均欠拟合的情况, 所有的候选模型均不包含最后一个自变量。剩下的 12 个自变量 (截距项除外) 被分成 3 组。第 s 组包含 $X_{4(s-1)+2}$ 到 X_{4s+1}, $s = 1, 2, 3$。第 s 组的自变量能被观测到当且仅当 $X_{4(s-1)+2} < 1$。这样我们得到 $K = 8$ 种不同的响应模式。当 $\rho = 0.3, 0.6$ 和 0.9 时, CC 数据的比例分别约为 19%, 25.5% 和 38.8%。我们考虑 $D^* = D$, 并用 (4.5) 中定义的 KL 损失 (除以 n_1) 来衡量各个方法的表现。模拟重复次数为 200。图 4.1 到图 4.3 展示了在不同情况下各个方法的 KL 损失的箱线图。主要的结论如下:

(1) SAIC, SBIC 和 CC 方法的表现比我们提出的 OPT1 和 OPT2 方法要差很多。在大部分情况下, 这三种方法之间的表现比较接近, 表明 SAIC 和 SBIC 倾向于选择自变量较多的候选模型 (基于 CC 数据的 M_1)。

(2) 采用 0 进行插补的 IMP1 和 MP2 方法通常情况下比 OPT1 和 OPT2 的表现要差。一些例外的情况是当 n 和 ρ 都很小的时候 (例如图 4.1 中的第一个小图), 在这些情况下用 0 进行插补对最终的预测影响不大。

(3) GLASSO 的表现也比我们提出的方法要差。模型选择的方法在候选模型均错误时的表现不佳。

(4) 我们提出的方法 OPT1 在多数情况下的表现都是最好的。

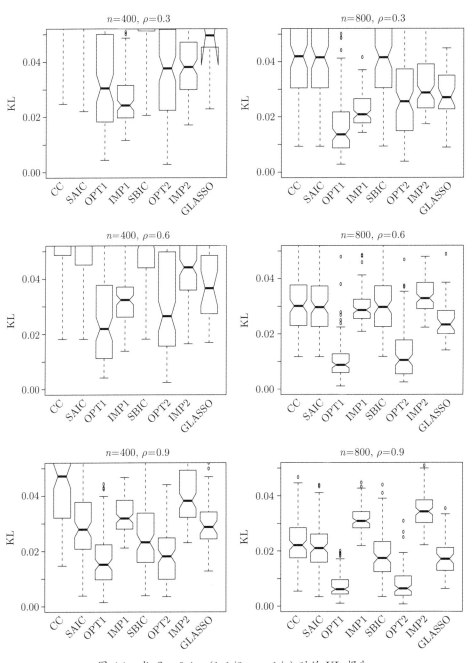

图 4.1   当 $\boldsymbol{\beta} = 0.4 \times (1, 1/2, \cdots, 1/p)$ 时的 KL 损失

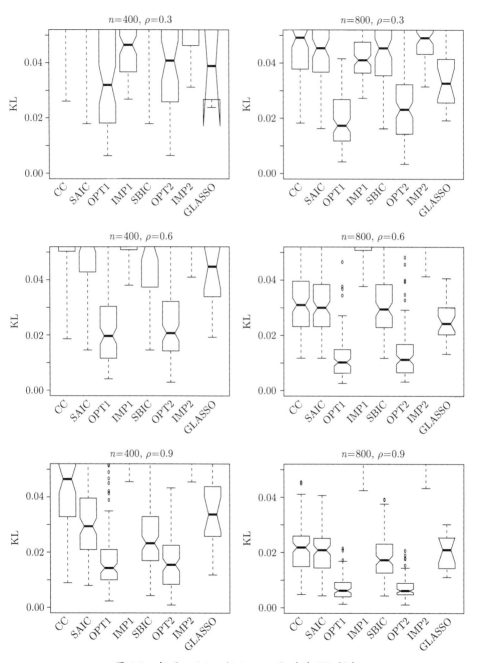

图 4.2 当 $\boldsymbol{\beta} = 0.1 \times (1, 1, \cdots, 1)$ 时的 KL 损失

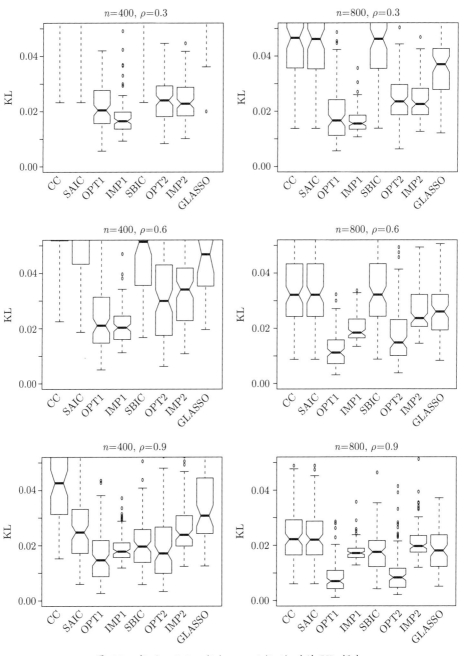

图 4.3 当 $\boldsymbol{\beta} = 0.2 \times (1/p, \cdots, 1/2, 1)$ 时的 KL 损失

4.4　关于阿兹海默数据的分析

我们对节 1.2 中的第二个例子关于阿兹海默的数据 ADNI 进行分析。该数据有个 4 数据来源: CSF、PET、MRI 和 GENE; 分别包含 3、241、341 和 49386 个自变量。总样本量为 $n = 1170$, 共有 $K = 8$ 个响应模式, 具体参见表 1.2。MMSE 是通过测试得到每个样本的认知能力, 低于 28 分的 MMSE 通常被认为是认知能力有缺陷。因此我们定义因变量如下: 若 MMSE 低于 28 分, 则 $Y = 1$, 否则 $Y = 0$。

在这个高维数据中, 很多自变量都是冗余的。因此我们首先通过计算 MMSE 和每个自变量之间的相关系数来筛选出部分重要的自变量。具体而言, CSF 的 3 个自变量全部保留, 对于 PET、MRI 和 GENE, 我们保留在各自来源中相关系数最高的 10 个自变量。

为了比较各种方法的表现, 我们从每个响应模式中随机选取 75% 的样本并将它们放在一起作为训练集, 剩下的数据作为测试集。每个方法均在训练集上拟合并在测试集上做出预测。KL 损失依然被用来作为模型预测的评价指标。用 KL 损失而不是用分类误判率来评价预测的好坏, 是因为在阿兹海默的数据分析实践中, 我们更为关心的是患阿兹海默的概率大小。重复上述过程 100 次。

在实际数据分析中, 我们不仅仅只考虑 $D^* = D$ 的预测。对于 $D^* \neq$ {CSF, PET, MRI, GENE}, 我们的方法是忽略不在 D^* 中的自变量。例如, 当 $D^* = $ {PET, MRI, GENE} 时, 我们忽略 CSF 中的自变量, 然后考虑 5 个候选模型。节 2.4.2 给出了这一策略更为详细的讨论。

图 4.4 展示了 100 次重复后各种方法的 KL 损失的箱线图。IMP1 和 IMP2 方法的箱线图没有出现在图中, 这是因为它们的 KL 损失太大, 超出了纵轴的范围。我们提出的方法 OPT1 和 OPT2 表现得最好。

如图 4-4 所示, IMP1 和 IMP2 的 KL 损失过大, 超出了纵轴范围。

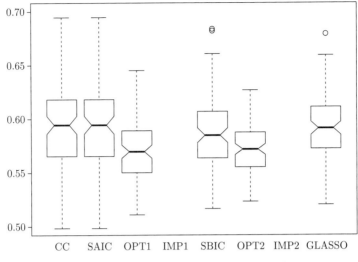

图 4.4   ADNI 数据中各个方法的 KL 损失

第 5 章

基于生成对抗网络的碎片化数据插补和预测

5.1 FragmGAN 的数据插补方法和理论

在第 2、3、4 章中我们主要介绍了基于模型平均方法的碎片化数据的建模和预测。模型涉及线性模型和广义线性模型。这些方法在预测方面体现出了较为优越的表现。但是它们都依赖于对模型的假设,能够处理的数据类型不够灵活,而且不能对碎片化数据进行插补。而在实践当中,很多时候我们希望对缺失的数据进行插补。在这一章中,我们介绍一种基于生成对抗网络 (GAN) 的数据插补和标签 (因变量) 预测框架 FragmGAN,它可以灵活处理各种数据类型。在随机缺失的假设下,我们证明插补的数据分布与真实数据分布是一致的,且该结论并不依赖于任何对数据的模型假设。同时,我们还将以往工作 GAIN (Yoon et al., 2018) 的理论结果进行了扩展。FragmGAN 同时使用生成器和判别器联动训练预测器,这种联动机制在大量实验中表现出显著的预测性能优势。

这一节中我们先考虑自变量数据的插补问题。设 $\boldsymbol{X} = (X_1, \cdots, X_d)^\top$ 为感兴趣数据集的 d 维数据变量, 其取值可以为连续值, 也可以为离散值, 其中 d 是自变量的个数, 而不是数据来源的数量, 因为每个数据源可能有多个自变量。

定义掩码变量 $\boldsymbol{M} = (M_1, \cdots, M_d)^\top \in \{0,1\}^d$, $i = 1, \cdots, d$, 其中 $M_i = 1$ 意味着 X_i 被观测到; 而 $M_i = 0$ 表示 X_i 未被观测到, 是缺失的。所以, 可以将观测到的数据 $\tilde{\boldsymbol{X}}$ 描述为

$$\tilde{\boldsymbol{X}} = \boldsymbol{M} \odot \boldsymbol{X} = (M_1 X_1, \cdots, M_d X_d)^\top,$$

其中 $\odot$ 代表两个矩阵对应位置的元素进行乘积运算。

假设数据集中有 K 种可能的响应模式, 进而定义 $\boldsymbol{W} = (W_1, \cdots, W_K)^\top$ 为模式向量。若样本属于第 k 种响应模式, 则 $W_k = 1$, 否则 $W_k = 0$, 其中 $k = 1, \cdots, K$。我们假设响应模式是固定的, 每个数据样本只可能属于一种响应模式, 因此有 $\sum_{k=1}^{K} W_k = 1$。

在碎片化数据的设置中, 由于只有 K 个不同的响应模式, 因此 $\boldsymbol{M}$ 仅可以取 K 个不同的值, 而不是 2^d 个。而且响应模式的数目 K 通常远远小于 2^d。$\boldsymbol{M}$ 到 $\boldsymbol{W}$ 之间存在一个一一映射。在节 2.2 中介绍的两个例子中, 互联网贷款数据集的响应模式 K 为 10, ADNI 数据集的响应模式 K 为 8。

我们对数据进行插补的思路来自利用生成对抗网络对一般性缺失数据进行插补的方法 GAIN (Yoon et al., 2018)。基本想法是训练一个生成器来对缺失的数据进行插补, 同时训练一个判别器来判断一个数据是真实的还是插补出来的。通过生成器和判别器的对抗来实现可以 "以假乱真" 的数据生成 (插补)。我们所提方法 FragmGAN 与 GAIN 的主要区别在于我们利用了碎片化数据中响应模式有限这个特性, 对最终的目标函数进行调整, 从而得到更为优良的理论和实践结果。下面我们分别来介绍 FragmGAN 的生成器和判别器的构建。

5.1.1 生成器

设 $\boldsymbol{Z} = (Z_1, \cdots, Z_d)^\top$ 是一个独立于其他所有变量的 d 维度噪声向量, 它通常是从正态分布中采样得到。生成器 G 的工作流程如下: 首先采样随机噪声 $\boldsymbol{Z}$, 然后将数据 $\tilde{\boldsymbol{X}} = \boldsymbol{M} \odot \boldsymbol{X}$ 以及模式向量 $\boldsymbol{W}$ 一起输入到生成器 G 中, 输出为

$$\bar{\boldsymbol{X}} = G(\boldsymbol{M} \odot \boldsymbol{X}, (1 - \boldsymbol{M}) \odot \boldsymbol{Z}, \boldsymbol{W}),$$

其中生成器 G 由多层神经网络构成, 是一个 $\mathbb{R}^d \times \mathbb{R}^d \times \{0,1\}^K$ 到 $\mathbb{R}^d$ 的函数。$\bar{\boldsymbol{X}}$ 是生成器 G 生成的数据向量, 但我们只对缺失的变量感兴趣, 原有观测到的并不缺失的变量不需要生成器 G 去生成和插补。因此为了保证原有观测到的变量不变, 我们对生成器 G 生成后的数据向量 $\bar{\boldsymbol{X}}$ 进行一个处理, 得到了插补后的完整数据向量为

$$\hat{\boldsymbol{X}} = \boldsymbol{M} \odot \tilde{\boldsymbol{X}} + (1 - \boldsymbol{M}) \odot \bar{\boldsymbol{X}} = \boldsymbol{M} \odot \boldsymbol{X} + (1 - \boldsymbol{M}) \odot \bar{\boldsymbol{X}}。$$

生成器 G 生成数据的最终目标是确保 $\hat{\boldsymbol{X}}$ 与 $\boldsymbol{X}$ 有相同分布, 即 $p(\hat{\boldsymbol{X}}) = p(\boldsymbol{X})$。生成器 G 中的输入包含噪声 $\boldsymbol{Z}$, 其目的是为该框架引入随机性, 但我们的目标只是想为未观测到的缺失变量引入随机性。为了保证其维度与目标分布匹配, 生成器 G 引入的随机噪声为 $(1 - \boldsymbol{M}) \odot \boldsymbol{Z}$, 而不是简单的 $\boldsymbol{Z}$。

$\boldsymbol{Z}$ 的随机性使我们的方法成为一种随机插补的方法, 而不是固定插补方法。虽然在本文中我们关注的是单次的缺失数据插补, 但是我们可以进行多重插补来捕捉插补值的不确定性 (Rubin, 2004; van Buuren et al., 2011)。

5.1.2　判别器

判别器 D 的任务是判别出 $\hat{\boldsymbol{X}}$ 的哪一部分是来自生成器 G 生成的, 哪一部分是原始观测到的。在原始的 GAIN (Yoon et al., 2018) 中, 判别器 D 试图区分 $\hat{\boldsymbol{X}}$ 的每个元素是真实的 (观测到的) 还是虚假的 (插补的)。当数据的维度 d 较大时, 这是一个十分困难的任务。因此, GAIN 需要一种额外的 "提示" 机制来解决模型可识别性问题, 该机制将除了一个元素以外的 $\boldsymbol{M}$ 输入到 D 中 (对 D 进行提示), 确保生成器 G 生成的数据的分布收敛于真实数据的分布。

在碎片化数据设置中, 数据缺失模式有限, 每个样本应该恰好属于 K 个响应模式之一。通过利用这个结构信息, 我们的判别器 D 只需要找出 $\hat{\boldsymbol{X}}$ 属于哪个响应模式, 而不需要判别 $\hat{\boldsymbol{X}}$ 的每一个部分是来自生成器 G 插补的或是原始被观测到的。因此判别器 D 是一个 $\mathbb{R}^d$ 到 $[0,1]^K$ 的函数, 而不是 GAIN 中 $\mathbb{R}^d$ 到 $[0,1]^d$ 的函数, 即

$$\hat{\boldsymbol{W}} = D(\hat{\boldsymbol{X}}) = (\hat{W}_1, \cdots, \hat{W}_K)^\top$$

是一个对 $\boldsymbol{W}$ 预测的概率向量, 其中 $\hat{W}_k$ 是预测 $\hat{\boldsymbol{X}}$ 属于第 k 个响应模式的概率, 因此有 $\sum_{k=1}^{K} \hat{W}_k = 1$。

我们训练判别器 D, 以最大化正确预测 $\boldsymbol{W}$ 的概率。另一方面, 对生成器 G 进行对抗训练, 使得 D 正确预测 $\boldsymbol{W}$ 的概率最小。最终目标函数定义

为负的交叉熵损失, 即

$$V(G, D) = E_{(\hat{\boldsymbol{X}}, \boldsymbol{W})} \left[\sum_{k=1}^{K} W_k \log D_k(\hat{\boldsymbol{X}}) \right], \tag{5.1}$$

其中 $D_k(\hat{\boldsymbol{X}})$ 就是 $\hat{W}_k$。虽然目标函数中没有显式的生成器 G, 但注意到目标函数通过 $\hat{\boldsymbol{X}}$ 依赖于生成器 G。由此这个极小极大问题为:

$$\min_{G} \max_{D} V(G, D)。 \tag{5.2}$$

我们的缺失数据插补方法与 GAIN 的关键区别是, 通过考虑响应模式, 我们使得判别器 D 判别的功能不同, 并且使用了一个不同的目标函数。下面我们证明, 即使没有使用提示机制, 通过碎片化数据的这种设置仍可以确保模型是可识别的, 且保证生成器 G 生成的分布收敛于数据的真实分布。

5.1.3 理论保障

以往大多数基于 GAN 的插补方法的理论结果, 包括 GAIN (Yoon et al., 2018)、MisGAN (Li et al., 2019) 和 HexaGAN (Hwang et al., 2019) 都是在 MCAR (完全随机缺失) 假设下建立的。这意味着数据缺失的概率不依赖于任何变量。这是一个非常受限制的假设, 在现实世界中很少能得到满足。我们的理论结果将建立在 MAR (随机缺失) 的假设下。

假设数据 $\boldsymbol{X}$ 可以分解为 $(\boldsymbol{X}^o, \boldsymbol{X}^m)$, 其中 $\boldsymbol{X}^o$ 是 $\boldsymbol{X}$ 的始终可观测的子向量, $\boldsymbol{X}^m$ 可能缺失。数据缺失的机制被 (Little et al., 2002) 描述为三种类型:

(1) MCAR (完全随机缺失): $\boldsymbol{M}$ 与 $\boldsymbol{X}$ 独立;

(2) MAR (随机缺失): $p(\boldsymbol{M}|\boldsymbol{X}) = p(\boldsymbol{M}|\boldsymbol{X}^o)$, 或者等价于, 给定 $\boldsymbol{X}^o$ 时, $\boldsymbol{M}$ 条件独立于 $\boldsymbol{X}^m$;

(3) MNAR (非随机缺失): $p(\boldsymbol{M}|\boldsymbol{X})$ 依赖于 $\boldsymbol{X}^m$。

对于一个随机向量 $\boldsymbol{X}$ 而言, MAR 的定义存在一些模糊性。定义 MAR 的另一种方法是 $p(\boldsymbol{M}|\boldsymbol{X}) = p(\boldsymbol{M}|\{X_i \text{ s.t. } M_i = 1, i = 1, \cdots, d\})$。然而, 由于 $\boldsymbol{M}$ 出现在方程的两边, 除非存在一个始终可见的子向量 $\boldsymbol{X}^o$, 使得

$p(\boldsymbol{M}|\boldsymbol{X}) = p(\boldsymbol{M}|\boldsymbol{X}^o)$, 否则不可能生成一组满足该方程的独立同分布的样本。这就是为什么我们使用上述这样一个 MAR 定义的原因。

插补后完整的数据向量 $\hat{\boldsymbol{X}}$ 可以相应地分解为 $(\hat{\boldsymbol{X}}^o, \hat{\boldsymbol{X}}^m)$。注意到 $\hat{\boldsymbol{X}}^o = \boldsymbol{X}^o$, 所以

$$p(\hat{\boldsymbol{X}}) = p(\hat{\boldsymbol{X}}^o)p(\hat{\boldsymbol{X}}^m|\hat{\boldsymbol{X}}^o) = p(\boldsymbol{X}^o)p(\hat{\boldsymbol{X}}^m|\boldsymbol{X}^o).$$

为了验证极大极小问题 (5.2) 的解满足 $p(\hat{\boldsymbol{X}}) = p(\boldsymbol{X})$, 我们只需证明 $p(\hat{\boldsymbol{X}}^m|\boldsymbol{X}^o) = p(\boldsymbol{X}^m|\boldsymbol{X}^o)$。为此, 我们首先提出一个引理。

引理 5.1　记 $\hat{\boldsymbol{x}}$ 为 $\hat{\boldsymbol{X}}$ 的一个样本, 使得 $p(\hat{\boldsymbol{x}}) > 0$。对于一个固定的生成器 G 而言, 极大极小问题 (5.2) 的最优判别器 $D^*(\hat{\boldsymbol{x}})$ 的第 k 个分量为

$$D_k^*(\hat{\boldsymbol{x}}) = p(\boldsymbol{W} = \boldsymbol{w}_k^0|\hat{\boldsymbol{x}}),$$

$k = 1, \cdots, K$, 其中 $\boldsymbol{w}_k^0 = (0, \cdots, 1, \cdots, 0)^\top$ 是一个 K 维的向量, 并且只有第 k 维元素为 1, 其他维度为 0。而 $\boldsymbol{W} = \boldsymbol{w}_k^0$ 意味着这个样本属于第 k 个响应模式。

引理 5.1 的证明:　令 $\pi_k = P(\boldsymbol{W} = \boldsymbol{w}_k^0)$, 则

$$V(G, D) = E_{(\hat{\boldsymbol{x}}, \boldsymbol{w})}\left[\sum_{k=1}^K \boldsymbol{W}_k \log D_k(\hat{\boldsymbol{X}})\right]$$

$$= \sum_{k=1}^K P(\boldsymbol{W} = \boldsymbol{w}_k^0)\int_{\hat{\boldsymbol{x}}} p(\hat{\boldsymbol{x}} \mid \boldsymbol{W} = \boldsymbol{w}_k^0)\log D_k(\hat{\boldsymbol{x}})\mathrm{d}\hat{\boldsymbol{x}}$$

$$= \int_{\hat{\boldsymbol{x}}}\left[\sum_{k=1}^K \pi_k p(\hat{\boldsymbol{x}} \mid \boldsymbol{W} = \boldsymbol{w}_k^0)\log D_k(\hat{\boldsymbol{x}})\right]\mathrm{d}\hat{\boldsymbol{x}}. \tag{5.3}$$

注意到 $\sum_{k=1}^K D_k(\hat{\boldsymbol{x}}) = 1$。而在 $\sum_{k=1}^K x_k = 1$ 的前提下, 当 $x_k = \frac{c_k}{\sum_{k=1}^K c_k}$ 时, $\sum_{k=1}^K c_k \log x_k$ 取最大值。因此对于 $\hat{\boldsymbol{x}}$ 与 $p(\hat{\boldsymbol{x}}) > 0$, 当

$$D_k(\hat{\boldsymbol{x}}) = \frac{\pi_k p(\hat{\boldsymbol{x}}|\boldsymbol{W} = \boldsymbol{w}_k^0)}{\sum_{k=1}^K \pi_k p(\hat{\boldsymbol{x}}|\boldsymbol{W} = \boldsymbol{w}_k^0)} = p(\boldsymbol{W} = \boldsymbol{w}_k^0|\hat{\boldsymbol{x}}) := D_k^*(\hat{\boldsymbol{x}})$$

时, 式 (5.3) 取最大值 (此时固定住生成器 G)。证毕。

我们将 D^* 代入, 重写式 (5.1), 得到最小化 G 的目标函数

$$C(G) = V(D^*, G)$$

$$= E_{(\hat{\boldsymbol{x}}, \boldsymbol{W})}\left[\sum_{k=1}^{K} \boldsymbol{W}_k \log p(\boldsymbol{W} = \boldsymbol{w}_k^0 \mid \hat{\boldsymbol{x}})\right]. \tag{5.4}$$

定理 5.1 对于每一个 $k \in \{1, \cdots, K\}$ 以及 $\hat{\boldsymbol{x}} = (\boldsymbol{x}^o, \hat{\boldsymbol{x}}^m)$ 满足 $p(\hat{\boldsymbol{x}}) > 0$ 和 $p(\boldsymbol{x}^o | \boldsymbol{W} = \boldsymbol{w}_k^0) > 0$, $C(G)$ 达到全局最小值, 当且仅当

$$p(\hat{\boldsymbol{x}}^m | x^o, \boldsymbol{W} = \boldsymbol{w}_k^0) = p(\hat{\boldsymbol{x}}^m | x^o). \tag{5.5}$$

定理 5.1 的证明:

$$C(G) = V(D^*, G)$$

$$= E_{(\hat{\boldsymbol{X}}, \boldsymbol{W})}\left[\sum_{k=1}^{K} W_k \log p(\boldsymbol{W} = \boldsymbol{w}_k^0 | \hat{\boldsymbol{X}})\right]$$

$$= \sum_{k=1}^{K} \pi_k \int_{\hat{\boldsymbol{x}}} p(\hat{\boldsymbol{x}} | \boldsymbol{W} = \boldsymbol{w}_k^0) \log p(\boldsymbol{W} = \boldsymbol{w}_k^0 | \hat{\boldsymbol{x}}) \mathrm{d}\hat{\boldsymbol{x}}$$

$$= \sum_{k=1}^{K} \pi_k \int_{\hat{\boldsymbol{x}}} p(\hat{\boldsymbol{x}} | \boldsymbol{W} = \boldsymbol{w}_k^0) \log \frac{p(\hat{\boldsymbol{x}} | \boldsymbol{W} = \boldsymbol{w}_k^0) \pi_k}{p(\hat{\boldsymbol{x}})} \mathrm{d}\hat{\boldsymbol{x}}$$

$$= \sum_{k=1}^{K} \pi_k \int_{\hat{\boldsymbol{x}}} p(\hat{\boldsymbol{x}} | \boldsymbol{W} = \boldsymbol{w}_k^0) \log \frac{p(\hat{\boldsymbol{x}} | \boldsymbol{W} = \boldsymbol{w}_k^0)}{p(\hat{\boldsymbol{x}})} \mathrm{d}\hat{\boldsymbol{x}} +$$

$$\sum_{k=1}^{K} \pi_k \int_{\hat{\boldsymbol{x}}} p(\hat{\boldsymbol{x}} | \boldsymbol{W} = \boldsymbol{w}_k^0) \log \pi_k \mathrm{d}\hat{\boldsymbol{x}}$$

$$\propto \sum_{k=1}^{K} \pi_k \int_{\hat{\boldsymbol{x}}} p(\hat{\boldsymbol{x}}^m | \boldsymbol{x}^o, \boldsymbol{W} = \boldsymbol{w}_k^0) p(\boldsymbol{x}^o | \boldsymbol{W} = \boldsymbol{w}_k^0) \times$$

$$\log \frac{p(\hat{\boldsymbol{x}}^m | \boldsymbol{x}^o, \boldsymbol{W} = \boldsymbol{w}_k^0) p(\boldsymbol{x}^o | \boldsymbol{W} = \boldsymbol{w}_k^0)}{p(\hat{\boldsymbol{x}}^m | \boldsymbol{x}^o) p(\boldsymbol{x}^o)} \mathrm{d}\hat{\boldsymbol{x}} \tag{5.6}$$

$$= \sum_{k=1}^{K} \pi_k \int_{\boldsymbol{x}^o} p(\boldsymbol{x}^o | \boldsymbol{W} = \boldsymbol{w}_k^0) \left[\int_{\hat{\boldsymbol{x}}^m} p(\hat{\boldsymbol{x}}_m | \boldsymbol{x}^o, \boldsymbol{W} = \boldsymbol{w}_k^0) \times\right.$$

$$\left. \log \frac{p(\hat{\boldsymbol{x}}^m | \boldsymbol{x}^o, \boldsymbol{W} = \boldsymbol{w}_k^0)}{p(\hat{\boldsymbol{x}}^m | \boldsymbol{x}^o)} \mathrm{d}\hat{\boldsymbol{x}}^m\right] \mathrm{d}\boldsymbol{x}^o +$$

$$\sum_{k=1}^{K} \pi_k \int_{\boldsymbol{x}^o} p(\boldsymbol{x}^o | \boldsymbol{W} = \boldsymbol{w}_k^0) \left[\int_{\hat{\boldsymbol{x}}^m} p(\hat{\boldsymbol{x}}_m | \boldsymbol{x}^o, \boldsymbol{W} = \boldsymbol{w}_k^0) \times\right.$$

$$\left. \log \frac{p(\boldsymbol{x}^o | \boldsymbol{W} = \boldsymbol{w}_k^0)}{p(\boldsymbol{x}^o)} \mathrm{d}\hat{\boldsymbol{x}}^m\right] \mathrm{d}\boldsymbol{x}^o, \tag{5.7}$$

其中 "$\propto$" 表示忽略与 G 无关的项, 式 (5.6) 成立的原因在于 $\int_{\hat{x}} p(\hat{x}|\boldsymbol{W} = \boldsymbol{w}_k^0)\mathrm{d}\hat{x} = 1$ 是一个常数, 并且 $\hat{x} = (\boldsymbol{x}^o, \hat{\boldsymbol{x}}^m)$. 注意到 $\log \frac{p(\boldsymbol{x}^o|\boldsymbol{W}=\boldsymbol{w}_k^0)}{p(\boldsymbol{x}^o)}$ 与 $\hat{\boldsymbol{x}}^m$ 无关, 并且 $\int_{\hat{\boldsymbol{x}}^m} p(\hat{\boldsymbol{x}}_m|\boldsymbol{x}^o, \boldsymbol{W} = \boldsymbol{w}_k^0)\mathrm{d}\hat{\boldsymbol{x}}^m = 1$, 所以式 (5.7) 中第二项与 G 无关。根据式 (5.7), 我们有

$$C(G) \propto \sum_{k=1}^{K} \pi_k \int_{\boldsymbol{x}^o} p(\boldsymbol{x}^o|\boldsymbol{W} = \boldsymbol{w}_k^0)\mathrm{KL}\Big(p(\hat{\boldsymbol{x}}^m|\boldsymbol{x}^o, \boldsymbol{W} = \boldsymbol{w}_k^0)||p(\hat{\boldsymbol{x}}^m|\boldsymbol{x}^o)\Big)\mathrm{d}\boldsymbol{x}^o,$$

其中 $\mathrm{KL}(\cdot||\cdot)$ 代表 KL 散度。对每一个 $k \in \{1, \cdots, K\}$, 和对于几乎每一个使得 $p(\hat{\boldsymbol{x}}) > 0$ 以及 $p(\boldsymbol{x}^o|\boldsymbol{W} = \boldsymbol{w}_k^0) > 0$ 的 $\boldsymbol{x}$, 当 $p(\hat{\boldsymbol{x}}^m|\boldsymbol{x}^o, \boldsymbol{W} = \boldsymbol{w}_k^0) = p(\hat{\boldsymbol{x}}^m|\boldsymbol{x}^o)$ 时, 它可以取得最小值。这就完成了证明。

值得注意的是, 引理 5.1 和定理 5.1 并不依赖于 MAR 假设, 即使在 MNAR 下, 它们通常也是正确的。

定理 5.1 告诉我们, 最优的生成器 G 将生成这样的数据: 给定 $\boldsymbol{X}^o$ 的情况下, $\hat{\boldsymbol{X}}^m$ 在不同响应模式下的条件分布是相同的。但是它依旧没有保证 $p(\hat{\boldsymbol{X}}^m|\boldsymbol{X}^o) = p(\boldsymbol{X}^m|\boldsymbol{X}^o)$。

为了进一步探讨, 我们假设第一种响应模式是所有变量都被观察到的情况, 即对所有 $i \in \{1, \cdots, d\}$, $M_i = 1$。给定 $\boldsymbol{W} = \boldsymbol{w}_1^0$ 时, 没有缺失变量, 我们有 $\hat{\boldsymbol{X}}^m = \boldsymbol{X}^m$。所以接着 (5.5), 有

$$p(\hat{\boldsymbol{X}}^m|\boldsymbol{X}^o) = p(\hat{\boldsymbol{X}}^m|\boldsymbol{X}^o, \boldsymbol{W} = \boldsymbol{w}_1^0) = p(\boldsymbol{X}^m|\boldsymbol{X}^o, \boldsymbol{W} = \boldsymbol{w}_1^0). \tag{5.8}$$

在 MAR 条件假设下, 给定 $\boldsymbol{X}^o$, 条件 $\boldsymbol{M}$ 独立于 $\boldsymbol{X}^m$。因为在 $\boldsymbol{M}$ 与 $\boldsymbol{W}$ 之间存在一个一一映射, 所以 $\boldsymbol{W}$ 也是独立于 $\boldsymbol{X}^m$ 的条件。因此有

$$p(\boldsymbol{X}^m|\boldsymbol{X}^o, \boldsymbol{W} = \boldsymbol{w}_1^0) = p(\boldsymbol{X}^m|\boldsymbol{X}^o). \tag{5.9}$$

结合 (5.8) 和 (5.9), 事实上证明了如下定理, 为我们提出的插补方法提供了理论保证。

定理 5.2　在 MAR 条件假设下, 满足式 (5.5) 的分布是唯一的且满足

$$p(\hat{\boldsymbol{x}}^m|\boldsymbol{x}^o) = p(\boldsymbol{x}^m|\boldsymbol{x}^o),$$

所以 $\hat{\boldsymbol{X}}$ 的分布与 $\boldsymbol{X}$ 的分布是一样的。

这个定理告诉我们最优解是唯一存在的, 而且恰好是我们需要的那个。与 GAIN 相比, 我们的理论结果不需要假设提示机制的存在。而 GAIN 需要提示机制来保证最优解的唯一性。一个直观的解释是: 我们的方法考虑了碎片化数据的特性, 因此判别器仅需判断数据是属于 K 种响应模式中的哪一种。而 GAIN 需要判断 d 维数据上的每一个维度是真还是假。注意到我们的理论结果仅要求 K 是个固定的常数, 因此理论上讲它也可以达到 2^d。但当 K 较大时, FragmGAN 的表现相比较 GAIN 而言不见得有明显的优势。

我们的理论结果建立在 MAR 的假设下, 原始的 GAIN 的理论结果建立在 MCAR 的假设下。然而我们发现, 带提示机制的 GAIN 的理论结果在 MAR 的情况下依然成立。在后面的节 5.4 中将对此给出证明。

5.2 插补和预测的统一框架

包括 GAIN 在内的许多现有的方法都认为标签预测是一个数据插补后的问题, 也就是说, 他们首先插补数据, 然后开发一个预测模型, 就好像数据是完全观测到的; 数据插补完后, 再使用新的预测器进行标签预测。将数据插补与标签预测两个任务分割开来, 然而数据插补与标签预测之间的脱节很可能会损害标签预测的准确性。在本节中, 我们提出了一个数据插补与标签预测的统一框架, 将数据插补和标签预测两个任务结合在一起, 其核心思想是利用生成器 G 和判别器 D 在训练过程中捕获数据分布的额外信息给预测器 P 一些引导, 使用生成器 G 和判别器 D 来联动训练预测器 P, 达到提升标签预测效果的目的。

预测器

设 Y 为我们感兴趣的 q 维标签, 它可以是连续变量, 也可以是分类变量。与半监督学习不同的是, 我们假设标签 Y 对于所有的训练样本都是可用的, 即每个样本的 X 可能存在数据缺失的情况, 但不会存在数据标签 Y 缺失的情况。那么我们建立的预测器 P 就是一个从 $\mathbb{R}^d$ 到 $\mathbb{R}^q$ 的函数, 与生成器 G 和判别器 D 一样, 都是由多层神经网络所组成的, 其中预测器 P 对 Y 的预测值为: $\hat{Y} = P(\hat{X})$。

为了评估预测器 P 完成标签预测任务的预测性能, 我们定义一个损失函数 $L(\boldsymbol{Y}, P(\hat{\boldsymbol{X}}))$, 其中 L 是从 $\mathbb{R}^q \times \mathbb{R}^q$ 到 $\mathbb{R}$ 的一个函数. L 的显式形式取决于 $\boldsymbol{Y}$ 的数据类型, 可以非常灵活. 例如, 如果 $\boldsymbol{Y}$ 是连续的, 那么我们可以使用:

$$L(\boldsymbol{Y}, P(\hat{\boldsymbol{X}})) = \|\boldsymbol{Y} - P(\hat{\boldsymbol{X}})\|^2.$$

如果 $\boldsymbol{Y} \in \{0, 1\}$ 是一个二分类变量, 那么我们可以使用交叉熵函数来作为目标损失函数:

$$L(\boldsymbol{Y}, P(\hat{\boldsymbol{X}})) = -\boldsymbol{Y} \log P(\hat{\boldsymbol{X}}) - (1 - \boldsymbol{Y}) \log(1 - P(\hat{\boldsymbol{X}})).$$

为了将生成器 G、判别器 D 和预测器 P 一起进行联动训练, 我们定义新的关联目标函数:

$$U(G, D, P) = \gamma V(G, D) + (1 - \gamma) E_{(\boldsymbol{Y}, \hat{\boldsymbol{X}})} L(\boldsymbol{Y}, P(\hat{\boldsymbol{X}})), \tag{5.10}$$

其中 $V(G, D)$ 来自 (5.1), 而 $\gamma \in [0, 1]$ 是一个 "调整因子". 通过控制 γ 的数值大小, 我们就能够控制数据插补与标签预测两个任务的相对重要性.

注意到: (5.10) 的第二项不包含判别器 D, 所以判别器 D 的目标依旧是最大化 $V(G, D)$; (5.10) 的第一部分不包含预测器 P, 所以预测器 P 的目标是最小化损失函数 $E_{(\boldsymbol{Y}, \hat{\boldsymbol{X}})} L(\boldsymbol{Y}, P(\hat{\boldsymbol{X}}))$; (5.10) 的两部分都包含生成器 G, 但幸运的是它们对生成器 G 而言都需要最小化. 因此, 本文给出了 FragmGAN 最终的最小最大优化问题为

$$\min_{P} \min_{G} \max_{D} U(G, D, P).$$

目标函数中 γ 的选择是非常灵活的. 如果用户只是对数据插补任务感兴趣, 那么他可以取 $\gamma = 1$, $U(G, D, P)$ 就被简化为 $V(G, D)$, 不对预测器 P 的参数进行更新. 如果用户主要对标签预测任务感兴趣, 那么他可以使用交叉验证过程来选择一个合适的 γ, 或者简单地取 $\gamma = 0.5$, 这在后续实验中效果表现不错. 注意 $\gamma = 0$ 不是一个好的选择, 此时 FragmGAN 完全退化成了一个无数据插补功能的预测器 P, 这会导致过拟合. 总而言之, 如果用户同时关心数据插补和标签预测, 那么他可以根据两个任务的相对重要性来决定 γ 的大小.

算法 5.1: FragmGAN 的伪代码

repeat

  (1) 判别器 D 的优化。

    随机抽取 k_D 个样本 $\{(\tilde{\boldsymbol{x}}(j)),\boldsymbol{m}(j),\boldsymbol{w}(j)\}_{j=1}^{k_D}$

    随机抽取 k_D 个随机噪声 $\{\boldsymbol{z}(j)\}_{j=1}^{k_D}$

    for $j=1$ to k_D

        $\bar{\boldsymbol{x}}(j) \leftarrow G(\tilde{\boldsymbol{x}}(j),(1-\boldsymbol{m}(j))\odot\boldsymbol{z}(j),\boldsymbol{w}(j))$

        $\hat{\boldsymbol{x}}(j) \leftarrow \boldsymbol{m}(j)\odot\tilde{\boldsymbol{x}}(j)+(1-\boldsymbol{m}(j))\odot\bar{\boldsymbol{x}}(j)$

        生成提示变量 $\boldsymbol{h}(j)$

    end for

    用随机梯度上升升级 D: $\nabla_D \sum_{j=1}^{k_D}\sum_{k=1}^{K} w_k(j)\log D_k(\hat{\boldsymbol{x}}(j),\boldsymbol{h}(j))$

  (2) 生成器 G 的优化。

    随机抽取 k_G 个样本 $\{(\tilde{\boldsymbol{x}}(j)),\boldsymbol{m}(j),\boldsymbol{w}(j),\boldsymbol{y}(j)\}_{j=1}^{k_G}$

    随机抽取 k_G 个随机噪声 $\{\boldsymbol{z}(j)\}_{j=1}^{k_G}$

    生成提示变量 $\{\boldsymbol{h}(j)\}_{j=1}^{k_G}$

    用随机梯度下降升级 $G(D$ 和 P 固定):

    $\nabla_G \sum_{j=1}^{k_G}\gamma[\sum_{k=1}^{K} w_k(j)\log D_k(\hat{\boldsymbol{x}}(j),\boldsymbol{h}(j))$

        $+\mathcal{L}_M(\boldsymbol{m}(j),\tilde{\boldsymbol{x}}(j),\bar{\boldsymbol{x}}(j))]+(1-\gamma)L(\boldsymbol{y}(j),P(\hat{\boldsymbol{x}}(j)))$

  (3) 预测器 P 的优化。

    随机抽取 k_P 个样本 $\{(\tilde{\boldsymbol{x}}(j)),\boldsymbol{m}(j),\boldsymbol{w}(j),\boldsymbol{y}(j)\}_{j=1}^{k_P}$

    随机抽取 k_P 个随机噪声 $\{\boldsymbol{z}(j)\}_{j=1}^{k_P}$

    for $j=1$ to k_P

        $\bar{\boldsymbol{x}}(j) \leftarrow G(\tilde{\boldsymbol{x}}(j),(1-\boldsymbol{m}(j))\odot\boldsymbol{z}(j),\boldsymbol{w}(j))$

        $\hat{\boldsymbol{x}}(j) \leftarrow \boldsymbol{m}(j)\odot\tilde{\boldsymbol{x}}(j)+(1-\boldsymbol{m}(j))\odot\bar{\boldsymbol{x}}(j)$

    end for

    用随机梯度下降升级 $P(G$ 固定): $\nabla_P \sum_{j=1}^{k_P} L(\boldsymbol{y}(j),P(\hat{\boldsymbol{x}}(j)))$

until 训练误差收敛

我们在算法 5.1 中给出实现 FragmGAN 的伪代码过程。具体而言:

(1) 首先初始化神经网络判别器 D, 生成器 G 与预测器 P 的网络架构以及神经网络参数, 然后从数据集 $\tilde{\boldsymbol{X}}$, 掩码矩阵 $\boldsymbol{M}$, 响应模式 $\boldsymbol{W}$ 中随机抽取 k_D 个样本 $\{(\tilde{\boldsymbol{x}}(j)), \boldsymbol{m}(j), \boldsymbol{w}(j)\}_{j=1}^{k_D}$, 从高斯分布中采样 k_D 个随机噪声 $\{\boldsymbol{z}(j)\}_{j=1}^{k_D}$, 之后将样本输入给生成器 G, 得到插补后的 $\bar{\boldsymbol{x}}(j)$, 再将 $\bar{\boldsymbol{x}}(j)$ 与提示向量一起输入给判别器 D, 依据相应的损失函数进行梯度更新。

(2) 重新从数据集 $\tilde{\boldsymbol{X}}$, 掩码矩阵 $\boldsymbol{M}$, 响应模式 $\boldsymbol{W}$ 中随机抽取 k_G 个样本 $\{(\tilde{\boldsymbol{x}}(j)), \boldsymbol{m}(j), \boldsymbol{w}(j), \boldsymbol{y}(j)\}_{j=1}^{k_G}$, 从高斯分布中采样 k_G 个随机噪声 $\{\boldsymbol{z}(j)\}_{j=1}^{k_G}$, 之后将样本输入给生成器 G, 固定判别器 D 与预测器 P 的参数, 依据对应的损失函数对生成器 G 的参数进行更新。

(3) 重新从数据集 $\tilde{\boldsymbol{X}}$, 掩码矩阵 $\boldsymbol{M}$, 响应模式 $\boldsymbol{W}$ 中随机抽取 k_P 个样本 $\{(\tilde{\boldsymbol{x}}(j)), \boldsymbol{m}(j), \boldsymbol{w}(j), \boldsymbol{y}(j)\}_{j=1}^{k_P}$, 从高斯分布中采样 k_P 个随机噪声 $\{\boldsymbol{z}(j)\}_{j=1}^{k_P}$。之后将样本输入给生成器 G, 得到插补后的 $\bar{\boldsymbol{x}}(j)$, 将 $\bar{\boldsymbol{x}}(j)$ 输入给预测器 P, 进行标签预测, 此时固定住生成器 G 的参数, 依据对应的损失函数对预测器 P 的参数进行更新。

下面对整个算法的设计进行几点说明。

首先, 虽然我们的理论结果不需要提示机制, 但提示机制在后续实验效果上仍然是有用的。因此, 我们在实验中也使用了提示机制 (Yoon et al., 2018)。在下一节数值实验中, 我们将考察是否加入提示机制对实验效果的影响。

其次, 生成器 G 为观测到的变量生成数据, 这些数据也可以用来检查生成性能。因此我们定义了一个额外的损失函数: $\mathcal{L}_M : \{0,1\}^d \times \mathbb{R}^d \times \mathbb{R}^d \to \mathbb{R}$, 其定义为 $\alpha \sum_{i=1}^d M_i L_M(\tilde{X}_i, \overline{X}_i)$, 我们将其加入 $V(G, D)$ 是为了更好地训练生成器 G。而 $L_M : \mathbb{R} \times \mathbb{R} \to \mathbb{R}$ 是一个用户指定的损失函数, 它的具体形式取决于变量 X_i 的数值类型, 通常意义上我们选择 MSE 损失函数。除此之外, 整个算法结果对超参数 α 的选择不敏感。实际上, 只要 α 相对较大即可 (在实验中 $\alpha = 10$), 它的主要作用是强制在 $M_i = 1$ 的位置上 $\overline{X}_i = X_i$, 即保证生成器 G 生成插补的数据变量尽可能与观测到的数据变量保持一致。

最后, 当 $\gamma = 1$ 时, 算法 5.1 实际上是先实现 (5.2) 后进行数据标签预测, 也就是将数据插补和标签预测这两个任务分隔开来执行。

5.3　数值实验

5.3.1　UCI 数据的分析结果

在本节中, 我们将检验 FragmGAN 在多个数据集上的数据插补和标签预测性能。首先, 我们考虑在 GAIN 中使用的五个 UCI 数据集 (Breast, Spam, Letter, Credit 和 News)。表 5.1 给出了 UCI 数据的样本数、连续变量数、离散变量数以及总变量数。由于原始数据集没有任何缺失值, 我们通过变量组随机删除部分数据, 使其变得碎片化。除非另有说明, 否则数据缺失率为 20%。通过设计删除策略, 可以将数据缺失模式设置为 MCAR 或 MAR。对于这组数据集, 因为真实的数据值是已知的, 我们可以检查数据插补和标签预测两个任务的性能。

表 5.1　UCI 数据集的基本信息

数据集	样本数	连续变量数	离散变量数	总变量数
Breast	569	30	0	30
Spam	4 601	57	0	57
Letter	20 000	0	16	16
Credit	30 000	14	9	23
News	39 797	44	14	58

我们对比的方法包括 GAIN、MICE、MissForest、矩阵补全 (Matrix)、自动编码器 (AE)、期望最大化 (EM) 和 MisGAN。

在所有的实验中, FragmGAN、GAIN 和 AE 中的生成器、判别器和预测器都是由神经网络构成的, 其网络深度都设置为 3。生成器和判别器的每层隐含节点数分别为 $2d$、d 和 d。预测器每层隐含节点数分别为 d、$d/2$ 和 1。除了输出层激活函数使用 Sigmoid 函数外, 其余层的激活函数是 ReLU 函数。训练批大小 k_G、k_D 和 k_P 均为 64。在 $\mathcal{L}_M$ 中的 α 为 10。参数更新方法都是使用 Adam 算法, 其中 Adam 算法参数使用 PyTorch 中默认参数。

对于每个数据集, 我们根据响应模式将其随机分成一个训练集 (80%) 和一个测试集 (20%)。所有的方法都被拟合到训练集中, 然后应用到测试集中。在测试集上评估了插补和预测性能。我们重复这个实验 10 次, 并报告评估标准的平均值和标准差 (RMSE 或 AUC)。在每个表 (见表 5.2 ~ 表 5.4) 中, 每个数据集的最佳结果都用粗体标记。

首先我们考虑插补性能。表 5.2 报告了各种方法在 UCI 数据集上数据插补误差的 RMSE。因为这里的焦点是数据插补任务, 因此对于 FragmGAN, 我们取 $\gamma = 1$。对于 FragmGAN 和 GAIN, 我们都考虑有或没有提示机制的两个版本。在 MCAR 缺失条件下, FragmGAN 优于其他所有方法。除 FragmGAN 以外, GAIN 方法表现次之。同时 FragmGAN 和 GAIN 的性能都比没有提示机制的对应版本好, 这表明提示机制在实际应用中确实有帮助。这是符合预期的, 因为提示机制为判别器 D 提供了有用的信息。请注意, 这里的结果不能直接与 GAIN 在论文 (Yoon et al., 2018) 中的结果进行比较, 因为这里我们考虑的是具有特定响应模式的碎片化数据, 而 GAIN 中缺失的数据完全是随机生成的。当去除提示机制后, FragmGAN 依旧优于 GAIN。在 MAR 缺失条件下, 在 Breast 与 Letter 数据集上, FragmGAN 表现不是最优, 次于 MissForest, 其可能原因在于这两个数据集相对简单, 导致划分后树模型能够更好地分辨哪些是缺失变量, 但是 FragmGAN 在其他数据集上依旧优于其他方法。并且 FragmGAN 在所有所有数据集都优于 GAIN。

为了检验不同缺失率下的插补性能, 我们以 Credit 数据集为基础, 生成缺失率为 10~80% 的缺失数据。图 5.1 给出了不同缺失率下插补误差的 RMSE。随着数据缺失率越来越大, 所有方法插补性能表现都是越来越差。这是符合直觉的, 缺失数据越多, 模型需要填补的数据也越多, 当缺失数据程度过高时, 模型难以捕捉原始数据的真实分布, 导致插补性能降低。我们可以看到 FragmGAN 一直表现最好。同样, 在有提示机制的情况下, FragmGAN 和 GAIN 的性能都比它们对应的版本更好。无论有无提示机制, FragmGAN 在两个版本中的表现都优于 GAIN。

表 5.2　UCI 数据集在 MCAR 和 MAR 下插补误差的 RMSE(均值 ± 标准差)

算法	Breast	Spam	Letter	Credit	News
			MCAR, 缺失率 =20%		
FragmGAN	**0.0599 ± 0.0021**	**0.0537 ± 0.0014**	**0.1251 ± 0.0026**	**0.1781 ± 0.0057**	**0.1484 ± 0.0008**
FragmGAN no hint	0.0715 ± 0.0022	0.0545 ± 0.0007	0.1313 ± 0.0078	0.1833 ± 0.0020	0.1595 ± 0.0049
GAIN	0.0658 ± 0.0030	0.0544 ± 0.0005	0.1295 ± 0.0032	0.1814 ± 0.0033	0.1580 ± 0.0063
GAIN no hint	0.0736 ± 0.0036	0.0574 ± 0.0004	0.1338 ± 0.0058	0.1899 ± 0.0056	0.1606 ± 0.0051
MICE	0.0872 ± 0.0019	0.0715 ± 0.0011	0.1611 ± 0.0045	0.1875 ± 0.0051	0.2152 ± 0.0095
MissForest	0.0608 ± 0.0012	0.0594 ± 0.0003	0.1371 ± 0.0012	0.2033 ± 0.0080	0.1932 ± 0.0049
Matrix	0.1148 ± 0.0021	0.0562 ± 0.0012	0.1530 ± 0.0035	0.2449 ± 0.0033	0.2291 ± 0.0061
AE	0.0727 ± 0.0011	0.0620 ± 0.0007	0.1361 ± 0.0020	0.2137 ± 0.0026	0.1963 ± 0.0004
EM	0.0754 ± 0.0027	0.0680 ± 0.0002	0.1679 ± 0.0005	0.2312 ± 0.0008	0.2687 ± 0.0003
MisGAN	0.0707 ± 0.0016	0.0582 ± 0.0004	0.1347 ± 0.0020	0.1913 ± 0.0008	0.1746 ± 0.0034
			MAR, 缺失率 =20%		
FragmGAN	0.0667 ± 0.0084	**0.0512 ± 0.0007**	0.1364 ± 0.0072	**0.1844 ± 0.0029**	**0.1630 ± 0.0043**
FragmGAN no hint	0.0730 ± 0.0063	0.0519 ± 0.0007	0.1495 ± 0.0052	0.1966 ± 0.0046	0.1737 ± 0.0060
GAIN	0.0671 ± 0.0092	0.0526 ± 0.0008	0.1457 ± 0.0084	0.1909 ± 0.0040	0.1690 ± 0.0047
GAIN no hint	0.0756 ± 0.0099	0.0526 ± 0.0010	0.1505 ± 0.0055	0.1901 ± 0.0040	0.1747 ± 0.0097
MICE	0.0931 ± 0.0060	0.0705 ± 0.0008	0.1531 ± 0.0059	0.2487 ± 0.0078	0.2159 ± 0.0096
MissForest	**0.0625 ± 0.0003**	0.0576 ± 0.0004	**0.1331 ± 0.0059**	0.2626 ± 0.0025	0.1977 ± 0.0086
Matrix	0.1146 ± 0.0031	0.0556 ± 0.0008	0.1488 ± 0.0048	0.2268 ± 0.0056	0.2337 ± 0.0086
AE	0.0843 ± 0.0038	0.0618 ± 0.0017	0.1427 ± 0.0018	0.2110 ± 0.0024	0.2048 ± 0.0008
EM	0.0869 ± 0.0016	0.0678 ± 0.0030	0.1784 ± 0.0050	0.2412 ± 0.0006	0.2659 ± 0.0010
MisGAN	0.0713 ± 0.0014	0.0577 ± 0.0007	0.1428 ± 0.0037	0.2014 ± 0.0046	0.1883 ± 0.0035

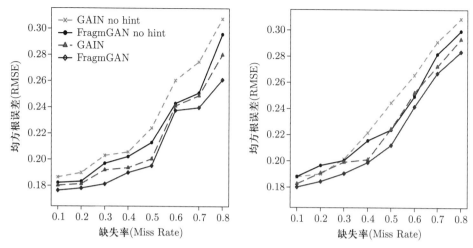

图 5.1　不同缺失率下插补误差的均方根误差, 左边为 MCAR, 右边是 MAR

接下来我们考虑预测性能。表 5.3 报告了在 UCI 数据集中预测性能的 AUC。这里不考虑数据集 Letter, 因为它不是一个二分类问题。我们的实验方法包括 FragmGAN 和 GAIN, 都是带预测机制的版本。FragmGAN 的调整因子 γ 取 1 或 0.5。注意, 当 $\gamma = 1$ 时, FragmGAN 首先插补数据, 然后做出预测, 就好像数据是完全观察到的; 当 $\gamma = 0.5$ 时, 同时考虑数据插补和标签预测。

实验结果表明, FragmGAN 在 $\gamma = 0.5$ 的所有情况下都优于其他方法, 这说明训练生成器和预测器的联动机制能够如预期的那样提高预测性能。需要注意的是, 虽然 $\gamma = 1$ 时的 FragmGAN 的性能比 $\gamma = 0.5$ 时的 FragmGAN 的性能要差, 但它的性能仍然比其他所有方法都要好。除去 FragmGAN 的两个方法外, GAIN 预测性能表现最优。不管是 MCAR 条件下, 还是 MAR 条件下, Matrix 预测性能表现都是最差的。整体而言, 基于神经网络的方法 FragmGAN、GAIN、AE、MisGAN 以及 MissForest 整体标签预测性能表现都不错。

表 5.3 UCI 数据集的预测性能 AUC (均值 ± 标准差)

算法	Breast	Spam	Credit	News
		MCAR, 缺失率 =20%		
FragmGAN $\gamma = 0.5$	**0.9932 ± 0.0035**	**0.9534 ± 0.0029**	**0.7643 ± 0.0034**	**0.9709 ± 0.0020**
FragmGAN $\gamma = 1$	0.9920 ± 0.0056	0.9528 ± 0.0030	0.7557 ± 0.0021	0.9620 ± 0.0017
GAIN	0.9912 ± 0.0055	0.9513 ± 0.0037	0.7521 ± 0.0022	0.9607 ± 0.0026
MICE	0.9809 ± 0.0045	0.9444 ± 0.0032	0.7492 ± 0.0038	0.9294 ± 0.0021
MissForest	0.9892 ± 0.0060	0.9466 ± 0.0069	0.7495 ± 0.0026	0.9409 ± 0.0029
Matrix	0.9827 ± 0.0062	0.9021 ± 0.0057	0.7273 ± 0.0074	0.8438 ± 0.0054
AE	0.9850 ± 0.0078	0.9392 ± 0.0053	0.7463 ± 0.0044	0.9211 ± 0.0025
EM	0.9853 ± 0.0029	0.9172 ± 0.0059	0.7418 ± 0.0068	0.8754 ± 0.0028
MisGAN	0.9858 ± 0.0025	0.9485 ± 0.0042	0.7488 ± 0.0017	0.9505 ± 0.0012
		MAR, 缺失率 =20%		
FragmGAN $\gamma = 0.5$	**0.9936 ± 0.0056**	**0.9530 ± 0.0034**	**0.7622 ± 0.0027**	**0.9696 ± 0.0024**
FragmGAN $\gamma = 1$	0.9928 ± 0.0045	0.9521 ± 0.0029	0.7518 ± 0.0015	0.9598 ± 0.0017
GAIN	0.9914 ± 0.0040	0.9511 ± 0.0032	0.7505 ± 0.0021	0.9592 ± 0.0023
MICE	0.9878 ± 0.0063	0.9375 ± 0.0036	0.7366 ± 0.0033	0.9325 ± 0.0040
MissForest	0.9839 ± 0.0035	0.9519 ± 0.0042	0.7355 ± 0.0026	0.9405 ± 0.0026
Matrix	0.9815 ± 0.0083	0.9033 ± 0.0045	0.7342 ± 0.0028	0.8596 ± 0.0036
AE	0.9895 ± 0.0056	0.9347 ± 0.0041	0.7485 ± 0.0056	0.9291 ± 0.0041
EM	0.9892 ± 0.0064	0.9134 ± 0.0036	0.7427 ± 0.0063	0.8828 ± 0.0061
MisGAN	0.9863 ± 0.0023	0.9499 ± 0.0050	0.7483 ± 0.0021	0.9492 ± 0.0020

5.3.2　互联网贷款和阿兹海默数据的分析结果

这一节中我们考虑在第一章介绍的两个例子: 互联网贷款数据集和 ADNI 数据集。两个数据集的数据缺失率分别为 46.6% 和 22.3%。由于这两个数据缺失的值是未知的, 所以我们只能检查在这两个数据集的标签预测性能。除了上一节中的方法外, 我们还额外考虑了两种统计方法: 模型平均 (Fang et al., 2019) 和 FR-FI(Zhang et al., 2020)。

对于互联网贷款数据而言, 我们用 $\log(income)$ 来作为因变量 Y。对于 ADNI 数据, 原始的因变量 Y 是 MMSE, 取值范围是 0 到 30, 用来衡量病人的认知能力。我们考虑两种标签: ①使用归一化之后的 MMSE; ②使用一个二元的 Y: 如果 MMSE 低于 28 分, 那么 $Y = 1$, 否则 $Y = 0$。对于连续型的标签, 我们用测试集上的 RMSE 来衡量预测表现; 对于二分类的标签, 我们用测试集上的 AUC 来衡量预测表现。

表 5.4 展示了各种方法的预测表现, 其中模型平均 (Model Averaging) 和 FR-FI 方法不适用于二分类的标签。实验结果表明, 交叉验证选择 γ_{cv}

表 5.4　互联网贷款数据集与 ADNI 数据集的预测性能 (均值 ± 标准差)

算法	Internet Loan (RMSE)	ADNI (RMSE)	ADNI (AUC)
FragmGAN γ_{cv}	**0.8865 ± 0.0015**	**0.0851 ± 0.0019**	**0.7823 ± 0.0026**
$\gamma = 1$	0.9267 ± 0.0036	0.0897 ± 0.0022	0.7701 ± 0.0036
$\gamma = 0.75$	0.9151 ± 0.0029	0.0883 ± 0.0023	0.7721 ± 0.0028
$\gamma = 0.5$	0.8928 ± 0.0026	0.0871 ± 0.0020	0.7773 ± 0.0023
$\gamma = 0.25$	0.9286 ± 0.0044	0.0895 ± 0.0028	0.7719 ± 0.0018
GAIN	0.9246 ± 0.0034	0.0921 ± 0.0014	0.7622 ± 0.0028
MICE	0.9934 ± 0.0036	0.1034 ± 0.0029	0.6587 ± 0.0029
MissForest	0.9982 ± 0.0041	0.1124 ± 0.0019	0.7583 ± 0.0022
Matrix	0.9913 ± 0.0039	0.1134 ± 0.0016	0.7343 ± 0.0018
AE	0.9884 ± 0.0035	0.0994 ± 0.0017	0.7400 ± 0.0036
EM	0.9896 ± 0.0034	0.1042 ± 0.0023	0.7020 ± 0.0048
MisGAN	0.9889 ± 0.0021	0.0997 ± 0.0024	0.7384 ± 0.0026
Model Averaging	0.9831 ± 0.0071	0.1000 ± 0.0095	不适用
FR-FI	1.0560 ± 0.0112	0.1057 ± 0.0087	不适用

的 FragmGAN 方法在三种情况下都优于其他所有方法, 说明交叉验证是选择 γ 的一个好方法。当 $\gamma = 0.5$ 的 FragmGAN 总是表现第二好。注意到 γ 控制了标签预测数据输入的相对重要性。当 γ 从 1 减小到 0.25 时, 预测性能先增大后减小。这一结果证实了我们所提出的两点: 第一, 训练生成器和预测器的联动机制可以提高预测性能; 第二, 接近于 0 的小 γ 将导致过拟合和破坏测试数据的标签预测性能。基于结果, 我们认为, 如果用户由于计算负担而不愿意应用交叉验证来选择最好的 γ, 那么 $\gamma = 0.5$ 是一个合理的选择。

根据理论探索和实验结果, 我们为 FragmGAN 在实践中的实施提供几点建议:

(1) 尽管理论结果不需要提示机制, 但使用提示机制在实践中还是有帮助的。

(2) 如果在分析中没有标签, 或者你只对数据插补感兴趣, 就使用 $\gamma = 1$。

(3) 如果你对标签预测感兴趣, 就使用交叉验证来选择最好的 γ 或者简单地使用 $\gamma = 0.5$。

5.4 对 GAIN 的理论结果的拓展

前面提到, 尽管原始的 GAIN 只证明了 MCAR 下的理论结果, 但我们发现带提示机制的 GAIN 的理论结果在 MAR 的情况下依然成立。这一节中我们给出证明。

我们首先把 GAIN 中的公式用我们的符号重新表述一下。数据 $\boldsymbol{X} = (\boldsymbol{X}^o, \boldsymbol{X}^m) \in \mathbb{R}^d$, $\dim(\boldsymbol{X}^o) = d^o$, $\dim(\boldsymbol{X}^m) = d^m$ 且 $d^o + d^m = d$。记 $\boldsymbol{M} \in \{0,1\}^{d^m}$ 为 $\boldsymbol{X}^m$ 的响应指示变量。我们假设 $\boldsymbol{X}^m$ 是随机缺失的, 也就是说, $p(\boldsymbol{M}|\boldsymbol{X}) = p(\boldsymbol{M}|\boldsymbol{X}^o)$。令 $\boldsymbol{Z} = (Z_1, \cdots, Z_{d^m})$ 为一个 d^m 维度的噪声变量。记

$$\bar{\boldsymbol{X}}^m = G(\boldsymbol{X}^o, \boldsymbol{M} \odot \boldsymbol{X}^m, (1 - \boldsymbol{M}) \odot \boldsymbol{Z}, \boldsymbol{M}) \in \mathbb{R}^{d^m},$$

$$\hat{\boldsymbol{X}}^m = \boldsymbol{M} \odot \boldsymbol{X}^m + (1 - \boldsymbol{M}) \odot \bar{\boldsymbol{X}}^m \in \mathbb{R}^{d^m},$$

且 $\hat{\boldsymbol{X}} = (\boldsymbol{X}^o, \hat{\boldsymbol{X}}^m) \in \mathbb{R}^d$ 是插补后的完整数据。令 $\boldsymbol{H} \in \mathbb{R}^{d^m}$ 是提示向量。

判别器 D 是一个从 $\mathbb{R}^d \times \mathbb{R}^{d^m}$ 到 $[0,1]^{d^m}$ 的函数, 使得

$$\hat{\boldsymbol{M}} = D(\hat{\boldsymbol{X}}, \boldsymbol{H}) = (\hat{M}_1, \cdots, \hat{M}_{d_m})$$

是对 $\boldsymbol{M}$ 的预测。最小最大优化问题为:

$$\min_G \max_D V(G, D)$$
$$= \min_G \max_D \boldsymbol{E}_{(\hat{\boldsymbol{X}}, \boldsymbol{M}, \boldsymbol{H})} \left[\boldsymbol{M}^T \log D(\hat{\boldsymbol{X}}, \boldsymbol{H}) + (1 - \boldsymbol{M})^T \log(1 - D(\hat{\boldsymbol{X}}, \boldsymbol{H})) \right],$$
$$(5.11)$$

其中 log 是对每个元素分别取对数的操作。

GAIN 中引理 5.1 的证明并不依赖于 $\boldsymbol{X}$ 的分解, 因此其结论依然成立, 即给定 G 的情况下, 最优的 D 是

$$D_i^*(\hat{\boldsymbol{x}}, \boldsymbol{h}) = p(M_i = 1 | \hat{\boldsymbol{x}}, \boldsymbol{h}), i \in \{1, \cdots, d^m\}。$$

记 $\mathcal{H}_t^i = \{\boldsymbol{h} : p(\boldsymbol{h} | m_i = t) > 0\}$, $t \in \{0, 1\}$, $i \in \{1, \cdots, d^m\}$。将 $D^* = (D_1^*, \cdots, D_{d^m}^*)$ 代入 (5.11) 中的 $V(G, D)$, 我们得到 G 的目标函数 (最小化):

$$C(G) = E_{(\hat{\boldsymbol{X}}, \boldsymbol{M}, \boldsymbol{H})} \left[\sum_{i: M_i = 1} \log p(m_i = 1 | \hat{\boldsymbol{X}}, \boldsymbol{H}) + \sum_{i: M_i = 0} \log p(m_i = 0 | \hat{\boldsymbol{X}}, \boldsymbol{H}) \right]$$

$$= \int_{\hat{\boldsymbol{x}}} \int_{\boldsymbol{h}} \sum_{i=1}^{d^m} [p(\hat{\boldsymbol{x}}, \boldsymbol{h}, m_i = 1) \log p(m_i = 1 | \hat{\boldsymbol{x}}, \boldsymbol{h}) +$$

$$p(\hat{\boldsymbol{x}}, \boldsymbol{h}, m_i = 0) \log p(m_i = 0 | \hat{\boldsymbol{x}}, \boldsymbol{h})] \mathrm{d}\boldsymbol{h}\mathrm{d}\hat{\boldsymbol{x}}$$

$$= \sum_{i=1}^{d_m} \sum_{t \in \{0,1\}} \int_{\mathcal{H}_t^i} \int_{\hat{\boldsymbol{x}}} p(\hat{\boldsymbol{x}}, \boldsymbol{h}, m_i = t) \log p(m_i = t | \hat{\boldsymbol{x}}, \boldsymbol{h}) \mathrm{d}\boldsymbol{h}\mathrm{d}\hat{\boldsymbol{x}}$$

$$= \sum_{i=1}^{d_m} \sum_{t \in \{0,1\}} \int_{\mathcal{H}_t^i} \int_{\hat{\boldsymbol{x}}} p(\hat{\boldsymbol{x}}, \boldsymbol{h}, m_i = t) \log \frac{p(\hat{\boldsymbol{x}}, m_i = t | \boldsymbol{h})}{p(\hat{\boldsymbol{x}} | \boldsymbol{h})} \mathrm{d}\boldsymbol{h}\mathrm{d}\hat{\boldsymbol{x}}$$

$$= \sum_{i=1}^{d_m} \sum_{t \in \{0,1\}} \int_{\mathcal{H}_t^i} \int_{\hat{\boldsymbol{x}}} p(\hat{\boldsymbol{x}}, \boldsymbol{h}, m_i = t) \log \frac{p(\hat{\boldsymbol{x}}, m_i = t | \boldsymbol{h}) p(m_i = t | \boldsymbol{h})}{p(\hat{\boldsymbol{x}} | \boldsymbol{h}) p(m_i = t | \boldsymbol{h})} \mathrm{d}\boldsymbol{h}\mathrm{d}\hat{\boldsymbol{x}}$$

$$= \sum_{i=1}^{d_m} \sum_{t \in \{0,1\}} \int_{\mathcal{H}_t^i} \int_{\hat{\boldsymbol{x}}} p(\hat{\boldsymbol{x}}, \boldsymbol{h}, m_i = t) \log \frac{p(\hat{\boldsymbol{x}} | \boldsymbol{h}, m_i = t) p(m_i = t | \boldsymbol{h})}{p(\hat{\boldsymbol{x}} | \boldsymbol{h})} \mathrm{d}\boldsymbol{h}\mathrm{d}\hat{\boldsymbol{x}}$$

$$= \sum_{i=1}^{d_m} \sum_{t \in \{0,1\}} \int_{\mathcal{H}_t^i} \int_{\hat{\boldsymbol{x}}} p(\hat{\boldsymbol{x}}, \boldsymbol{h}, m_i = t) \log \frac{p(\hat{\boldsymbol{x}}|\boldsymbol{h}, m_i = t)}{p(\hat{\boldsymbol{x}}|\boldsymbol{h})} \mathrm{d}\boldsymbol{h}\mathrm{d}\hat{\boldsymbol{x}}+$$

$$\sum_{i=1}^{d_m} \sum_{t \in \{0,1\}} \int_{\mathcal{H}_t^i} \int_{\hat{\boldsymbol{x}}} p(\hat{\boldsymbol{x}}, \boldsymbol{h}, m_i = t) \log p(m_i = t|\boldsymbol{h}) \mathrm{d}\boldsymbol{h}\mathrm{d}\hat{\boldsymbol{x}}_{\circ} \tag{5.12}$$

注意 $\log p(m_i = t|\boldsymbol{h})$ 和 $\int_{\hat{\boldsymbol{x}}} p(\hat{\boldsymbol{x}}, \boldsymbol{h}, m_i = t)\mathrm{d}\hat{\boldsymbol{x}} = p(\boldsymbol{h}, m_i = t)$ 与 $\hat{\boldsymbol{x}}$ 无关。因此式 (5.12) 中的第二项与 G 无关, 因此我们有

$$C(G) \propto \sum_{i=1}^{d_m} \sum_{t \in \{0,1\}} \int_{\mathcal{H}_t^i} \int_{\hat{\boldsymbol{x}}} p(\hat{\boldsymbol{x}}, \boldsymbol{h}, m_i = t) \log \frac{p(\hat{\boldsymbol{x}}|\boldsymbol{h}, m_i = t)}{p(\hat{\boldsymbol{x}}|\boldsymbol{h})} \mathrm{d}\boldsymbol{h}\mathrm{d}\hat{\boldsymbol{x}}$$

$$= \sum_{i=1}^{d_m} \sum_{t \in \{0,1\}} \int_{\mathcal{H}_t^i} p(\boldsymbol{h}, m_i = t) \left[\int_{\hat{\boldsymbol{x}}} p(\hat{\boldsymbol{x}}|\boldsymbol{h}, m_i = t) \log \frac{p(\hat{\boldsymbol{x}}|\boldsymbol{h}, m_i = t)}{p(\hat{\boldsymbol{x}}|\boldsymbol{h})} \mathrm{d}\hat{\boldsymbol{x}} \right] \mathrm{d}\boldsymbol{h}$$

$$= \sum_{i=1}^{d_m} \sum_{t \in \{0,1\}} \int_{\mathcal{H}_t^i} p(\boldsymbol{h}, m_i = t) \left[\int_{\hat{\boldsymbol{x}}} p(\hat{\boldsymbol{x}}^m|\boldsymbol{x}^o, \boldsymbol{h}, m_i = t)p(\boldsymbol{x}^o|\boldsymbol{h}, m_i = t) \right.$$
$$\left. \log \frac{p(\hat{\boldsymbol{x}}^m|\boldsymbol{x}^o, \boldsymbol{h}, m_i = t)p(\boldsymbol{x}^o|\boldsymbol{h}, m_i = t)}{p(\hat{\boldsymbol{x}}^m|\boldsymbol{x}^o, \boldsymbol{h})p(\boldsymbol{x}^o|\boldsymbol{h})} \mathrm{d}\hat{\boldsymbol{x}} \right] \mathrm{d}\boldsymbol{h}$$

$$= \sum_{i=1}^{d_m} \sum_{t \in \{0,1\}} \int_{\mathcal{H}_t^i} p(\boldsymbol{h}, m_i = t) \int_{\boldsymbol{x}^o} p(\boldsymbol{x}^o|\boldsymbol{h}, m_i = t) \left[\int_{\hat{\boldsymbol{x}}^m} p(\hat{\boldsymbol{x}}^m|\boldsymbol{x}^o, \boldsymbol{h}, m_i = t) \right.$$
$$\left. \log \frac{p(\hat{\boldsymbol{x}}^m|\boldsymbol{x}^o, \boldsymbol{h}, m_i = t)}{p(\hat{\boldsymbol{x}}^m|\boldsymbol{x}^o, \boldsymbol{h})} \mathrm{d}\hat{\boldsymbol{x}}^m \right] \mathrm{d}\boldsymbol{x}^o\mathrm{d}\boldsymbol{h}+$$

$$\sum_{i=1}^{d_m} \sum_{t \in \{0,1\}} \int_{\mathcal{H}_t^i} p(\boldsymbol{h}, m_i = t) \int_{\boldsymbol{x}^o} p(\boldsymbol{x}^o|\boldsymbol{h}, m_i = t) \left[\int_{\hat{\boldsymbol{x}}^m} p(\hat{\boldsymbol{x}}^m|\boldsymbol{x}^o, \boldsymbol{h}, m_i = t) \right.$$
$$\left. \log \frac{p(\boldsymbol{x}^o|\boldsymbol{h}, m_i = t)}{p(\boldsymbol{x}^o|\boldsymbol{h})} \mathrm{d}\hat{\boldsymbol{x}}^m \right] \mathrm{d}\boldsymbol{x}^o\mathrm{d}\boldsymbol{h}$$

$$\propto \sum_{i=1}^{d_m} \sum_{t \in \{0,1\}} \int_{\mathcal{H}_t^i} p(\boldsymbol{h}, m_i = t) \int_{\boldsymbol{x}^o} p(\boldsymbol{x}^o|\boldsymbol{h}, m_i = t) \left[\int_{\hat{\boldsymbol{x}}^m} p(\hat{\boldsymbol{x}}^m|\boldsymbol{x}^o, \boldsymbol{h}, m_i = t) \right.$$
$$\left. \log \frac{p(\hat{\boldsymbol{x}}^m|\boldsymbol{x}^o, \boldsymbol{h}, m_i = t)}{p(\hat{\boldsymbol{x}}^m|\boldsymbol{x}^o, \boldsymbol{h})} \mathrm{d}\hat{\boldsymbol{x}}^m \right] \mathrm{d}\boldsymbol{x}^o\mathrm{d}\boldsymbol{h}$$

$$= \sum_{i=1}^{d_m} \sum_{t \in \{0,1\}} \int_{\mathcal{H}_t^i} p(\boldsymbol{h}, M_i = t) \int_{\boldsymbol{x}^o} p(\boldsymbol{x}^o|\boldsymbol{h}, m_i = t)$$
$$\mathrm{KL}\Big(p(\hat{\boldsymbol{x}}^m|\boldsymbol{x}^o, \boldsymbol{h}, m_i = t) || p(\hat{\boldsymbol{x}}^m|\boldsymbol{x}^o, \boldsymbol{h}) \Big) \mathrm{d}\boldsymbol{x}^o\mathrm{d}\boldsymbol{h},$$

且其取得最小值当且仅当

$$p(\hat{\boldsymbol{x}}^m|\boldsymbol{x}^o, \boldsymbol{h}, m_i = t) = p(\hat{\boldsymbol{x}}^m|\boldsymbol{x}^o, \boldsymbol{h}), \tag{5.13}$$

其中 $t \in \{0, 1\}$ 和 $i \in \{1, \cdots, d^m\}$。

令 $\boldsymbol{B} = (B_1, \cdots, B_{d^m}) \in \{0, 1\}^{d^m}$ 为一个以 $\frac{1}{d^m}$ 为概率, 取值为 $\boldsymbol{b}_i^0$ 的随机变量, 其中 $\boldsymbol{b}_i^0 = (1, \cdots, 1, 0, 1, \cdots, 1)$ 是一个 d_m 维向量, 并且只有第 i 维是 0, $i = 1, \cdots, d^m$。提示向量 $\boldsymbol{H} = \boldsymbol{B} \odot \boldsymbol{M} + 0.5(1 - \boldsymbol{B})$。对于 $t \in \{0, 1\}$, 注意到 $H_i = t$ 意味着 $M_i = t$。而当 $H_i = 0.5$, 它没有告诉任何关于 M_i 的信息。对于这个 $\boldsymbol{H}$, $D_i^*(\hat{\boldsymbol{x}}, \boldsymbol{h}) = t$ 对于 $\boldsymbol{h}$, 使得 $\boldsymbol{h}_i = t$ 和 $t \in \{0, 1\}$。

对于任何 $\boldsymbol{m} = (m_1, \cdots, m_{d^m}) \in \{0, 1\}^{d^m}$ 和 $i \in \{1, \cdots, d^m\}$, 令 $\boldsymbol{m}_0$, $\boldsymbol{m}_1 \in \{0, 1\}^{d^m}$ 为任意两个向量, 使得 $j \neq i$ 时, 它们第 j 维元素与 $\boldsymbol{m}$ 是相同的, 而在第 i 维元素, $\boldsymbol{m}_0$ 和 $\boldsymbol{m}_1$ 分别为 0 和 1。所以如果 $m_i = 0$, 那么 $\boldsymbol{m} = \boldsymbol{m}_0$; 如果 $m_i = 1$, 那么 $\boldsymbol{m} = \boldsymbol{m}_1$。将提示向量 $\boldsymbol{H}$ 的实现定义为 $\boldsymbol{h}$, 使得如果 $j \neq i$, 则有 $h_j = m_j$, 如果 $j = i$, 则有 $h_j = 0.5$。因为 $p(\boldsymbol{h}|m_i = t) > 0$, 根据式 (5.13), 我们有

$$p(\hat{\boldsymbol{x}}^m|\boldsymbol{x}^o, \boldsymbol{h}, m_i = 0) = p(\hat{\boldsymbol{x}}^m|\boldsymbol{x}^o, \boldsymbol{h}, m_i = 1)。 \tag{5.14}$$

注意到

$$p(\hat{\boldsymbol{x}}^m|\boldsymbol{x}^o, \boldsymbol{h}, m_i = t) = p(\hat{\boldsymbol{x}}^m|\boldsymbol{x}^o, \boldsymbol{B} = \boldsymbol{b}_i^0, \boldsymbol{m} = \boldsymbol{m}_t) = p(\hat{\boldsymbol{x}}^m|\boldsymbol{x}^o, \boldsymbol{m} = \boldsymbol{m}_t), \tag{5.15}$$

其中第一个等式成立是因为 $\{\boldsymbol{h}, m_i = t\}$ 等价于 $\{\boldsymbol{B} = \boldsymbol{b}_i^0, \boldsymbol{m} = \boldsymbol{m}_t\}$, 第二个等式成立是因为 $\boldsymbol{B}$ 与其他变量的独立性。结合 (5.14) 与 (5.15), 我们有 $p(\hat{\boldsymbol{x}}^m|\boldsymbol{x}^o, \boldsymbol{m}_0) = p(\hat{\boldsymbol{x}}^m|\boldsymbol{x}^o, \boldsymbol{m}_1)$。

令 $\boldsymbol{1} = (1, \cdots, 1)$。对于 $\{0, 1\}^{d^m}$ 中的任意向量 $\boldsymbol{m}$, 存在一系列向量 $\boldsymbol{m}_1', \cdots, \boldsymbol{m}_L'$, 使得 $\boldsymbol{m}_l'$ 到 $\boldsymbol{m}_{l+1}'$ 只有一个元素不同, 并且 $\boldsymbol{m}_1' = \boldsymbol{m}$ 以及 $\boldsymbol{m}_L' = \boldsymbol{1}$。通过以上论证, 我们有:

$$p(\hat{\boldsymbol{x}}^m|\boldsymbol{x}^o, \boldsymbol{m}) = p(\hat{\boldsymbol{x}}^m|\boldsymbol{x}^o, \boldsymbol{m}_1') = \cdots = p(\hat{\boldsymbol{x}}^m|\boldsymbol{x}^o, \boldsymbol{m}_L') = p(\hat{\boldsymbol{x}}^m|\boldsymbol{x}^o, \boldsymbol{1})。$$

注意到 $p(\hat{\boldsymbol{x}}^m|\boldsymbol{x}^o, \boldsymbol{1}) = p(\boldsymbol{x}^m|\boldsymbol{x}^o, \boldsymbol{1})$, 以及根据 MAR 假设, 我们有 $p(\boldsymbol{x}^m|\boldsymbol{x}^o, \boldsymbol{1}) = $

$p(\boldsymbol{x}^m|\boldsymbol{x}^o)$。因此

$$p(\hat{\boldsymbol{x}}^m|\boldsymbol{x}^o) = \sum_{\boldsymbol{m} \in \{0,1\}^{d_m}} p(\boldsymbol{M} = \boldsymbol{m})p(\hat{\boldsymbol{x}}^m|\boldsymbol{x}^o, \boldsymbol{m})$$

$$= \sum_{\boldsymbol{m} \in \{0,1\}^{d_m}} p(\boldsymbol{M} = \boldsymbol{m})p(\boldsymbol{x}^m|\boldsymbol{x}^o)$$

$$= p(\boldsymbol{x}^m|\boldsymbol{x}^o)。$$

这就意味着 $p(\hat{\boldsymbol{X}}) = p(\boldsymbol{X})$。证毕。

第 6 章

超高维碎片化数据下的特征筛选

6.1 引言

随着数据收集技术的快速发展, 在当前诸如生物信息、医学研究、图像分析、金融投资及社会科学等众多领域中, 超高维数据的采集难度被极大地降低。传统的特征选择方法无法很好地处理超高维数据。因此一种两阶段的方法 (Fan et al., 2008) 被提了出来。在第一阶段中, 利用特征筛选来剔除不重要的自变量, 将特征维度降至一个适中的大小; 在第二阶段中采用如 LASSO (Tibshirani,1996)、SCAD (Fan et al., 2001) 等变量选择的方法进一步降维。在过去二十年间, 很多为回归任务发展的特征筛选方法被提了出来 (Wang, 2009; Fan et al., 2010; Zhu et al., 2011; Li et al., 2012; Fan et al., 2014)。进一步, 特征筛选方法也扩展到了分类任务中。例如, 利用基于 KS 距离的过滤器来解决二分类和多分类任务中超高维特征筛选的问题 (Mai et al., 2013; Mai et al., 2015), 利用经验条件分布来构建均值-方差筛选指数 (Cui et al., 2015), 在多分类线性判别分析中提出两两确定性筛选方法来筛选超高维特征 (Pan et al., 2016)。上述筛选方法都只适用于连续型的特征。对于在分类任务下对离散型特征进行筛选的问题, 文献中提出了基于皮尔逊卡方检验统计量的筛选方法 PC-SIS (Huang et al., 2014)。APC-SIS (Ni et al., 2017) 对 PC-SIS 进行优化, 形成了新的特征筛选方法。同时, 我们还可以采用信息增益 IG-SIS (Ni et al., 2016) 和条件信息增益 (Cheng et al., 2018) 进行特征筛选。

这些特征筛选方法往往是针对可以观测到的完整的数据。然而, 碎片化数据是一种常见现象, 也是一种特殊的缺失数据情形。传统的缺失数据分析工具主要包括参数似然方法、插补及逆概率加权 (Little et al., 2002; Kim et al., 2013)。在超高维自变量下，无论是参数模型，还是非参数模型均会遭受到维度灾难 (Wang et al., 2018)。在缺失数据中，已然发展了一些变量选择的方法，例如模型选择标准 $\text{IC}_{H,Q}$ (Ibrahim et al., 2008)、带惩罚项的似然 (Garcia et al., 2010)、带惩罚项的验证标准 (Fang et al., 2016)。对于高维特征的情况，文献中有一种带惩罚项的成对伪似然方法适用于存在缺失数据的特征选择 (Zhao et al., 2018)。但是这些变量选择方法需要指定具体的模型，或者需要固定长度的特征维度。所以，这些方法并不能直接用于在无模型假定下的超高维特征。由此可见，在缺失数据存在的情形下，无模型假定下的特征筛选方法的发展对超高维数据分析是极为重要的。

针对缺失数据如何筛选特征是极具挑战的任务，关于此仅存少量的研究工作。当响应变量是随机缺失的 (Little et al., 2002)，文献中有一种基于逆概率加权筛选指标的特征筛选方法 (Lai et al., 2017)，还有借助缺失指示变量的信息推导出两种全新的特征筛选方法 (Wang et al., 2018)，来应对响应变量存在缺失的情形。

在响应变量与特征均为分类变量且部分特征存在随机缺失值时，本项工作旨在设计一种无模型假定的特征筛选方法。具体来说，令 $Y \in \{1, 2, \cdots, R\}$ 是一个响应变量，$U_k \in \{1, 2, \cdots, J_{U_k}\}$ 是完全可观测到的分类特征，而 $V_l \in \{1, 2, \cdots, J_{V_l}\}$ 是部分可观测到的分类特征，$k = 1, \cdots, p$ 且 $l = 1, \cdots, q$。特征维度 p 和 q 均可以是非常大的。令 $\boldsymbol{U} = (U_1, \cdots, U_p)$ 和 $\boldsymbol{V} = (V_1, \cdots, V_q)$。存在一个最小集合 $(\boldsymbol{U}, \boldsymbol{V})^{\mathcal{D}}$ 是 $(\boldsymbol{U}, \boldsymbol{V})$ 子集，且满足

$$F(Y|U_1, \cdots, U_p, V_1, \cdots, V_q) = F(Y|(\boldsymbol{U}, \boldsymbol{V})^{\mathcal{D}}),$$

其中 $F(\cdot|\cdot)$ 表示条件分布。在集合 $(\boldsymbol{U}, \boldsymbol{V})^{\mathcal{D}}$ 中的特征被称为活跃特征。在稀疏性的假定下，$\|(\boldsymbol{U}, \boldsymbol{V})^{\mathcal{D}}\|_0 \ll p + q$，其中 $\|A\|_0$ 是集合 A 中元素的个数。对于部分可观测到的特征 V_l，令 δ_l 是其缺失指示器，即如果 V_l 可观测到，那么 $\delta_l = 1$，否则 $\delta_l = 0$。这里假定 V_l 缺失与否依赖于响应变量 Y 及部分可被完全观测到的特征 $\boldsymbol{U}^{\mathcal{M}_l} \subset \{U_1, U_2, \cdots, U_p\}$，即

$$P(\delta_l = 1|Y, U_1, \cdots, U_p, V_1, \cdots, V_q) = P(\delta_l = 1|Y, \boldsymbol{U}^{\mathcal{M}_l}). \quad (6.1)$$

其中，特征子集 $\boldsymbol{U}^{\mathcal{M}_l}$ 的大小 $m_l = \|\mathcal{M}_l\|_0 \ll p$。因为 Y 和 $\boldsymbol{U}^{\mathcal{M}_l}$ 都是完全

可以被观测到的, 所以所假定的缺失机制 (6.1) 是随机缺失 MAR (Little et al., 2002)。注意到关于倾向得分函数 $P(\delta_l = 1|Y, \boldsymbol{U}^{\mathcal{M}_l})$ 并无任何参数型结构的假定。

6.2　方法与理论

6.2.1　"两步"特征筛选过程

我们所提出的特征筛选过程是基于针对分类数据和已有的特征筛选方法, 例如 PC-SIS、APC-SIS 和 IG-SIS。为了简化, 我们采用 APC-SIS 来进行说明。

设 $\{(y_i, u_{i,1}, \cdots, u_{i,p}, v_{i,1}, \cdots, v_{i,q}, \delta_{i,1}, \cdots, \delta_{i,q}), i = 1, \cdots, n\}$ 是来自 $(Y, \boldsymbol{U}, \boldsymbol{V}, \delta_1, \cdots, \delta_q)$ 的样本, 其中 $v_{i,l}$ 可观测到当且仅当 $\delta_{i,l} = 1, 1 \leqslant l \leqslant q$。对于 U_k, 根据 Ni et al. (2017) 调整后的皮尔逊卡方统计量定义为

$$\widehat{\text{APC}}(Y, U_k) = \frac{1}{\ln J_{U_k}} \sum_{r=1}^{R} \sum_{j=1}^{J_{U_k}} \frac{(\hat{\pi}_{r,j}^{U_k} - \hat{p}_r \hat{w}_j^{U_k})^2}{\hat{p}_r \hat{w}_j^{U_k}}, \tag{6.2}$$

其中, $\hat{\pi}_{r,j}^{U_k} = n^{-1} \sum_{i=1}^{n} I(y_i = r, u_{i,k} = j)$, $\hat{p}_r = n^{-1} \sum_{i=1}^{n} I(y_i = r)$, $\hat{w}_j^{U_k} = n^{-1} \sum_{i=1}^{n} I(u_{i,k} = j)$ 及 $I(\cdot)$ 是一个示性函数。在公式 (6.2) 中的调整因子 $\ln J_{U_k}$ 受到决策树 C4.5 算法 (Quinlan, 1992) 中 "分层信息" 的启发。这是为了解决 "无论是否重要, 原始皮尔逊卡方统计量趋于选择类别个数更多的特征" 的问题 (Ni et al., 2017)。$\widehat{\text{APC}}(Y, U_k)$ 是

$$\text{APC}(Y, U_k) = \frac{1}{\ln J_{U_k}} \sum_{r=1}^{R} \sum_{j=1}^{J_{U_k}} \frac{(\pi_{r,j}^{U_k} - p_r w_j^{U_k})^2}{p_r w_j^{U_k}} \tag{6.3}$$

的一个估计量, 其中 $p_r = P(Y = r)$, $w_j^{U_k} = P(U_k = j)$ 和 $\pi_{r,j}^{U_k} = P(Y = r, U_k = j)$。显然, $\text{APC}(Y, U_k) = 0$ 当且仅当 Y 和 U_k 是相互独立的。对于活跃协变量, $\text{APC}(Y, U_k)$ 的取值一般是相对比较大的, 这是公式 (6.2) 可以作为特征筛选统计量的原因。事实上, 现有文献已经证明了在无缺失数据的情形下基于皮尔逊卡方统计量的特征筛选方法有效性 (Huang et al., 2014; Ni et al., 2017)。

类似地, 对于 V_l, 我们同样定义

$$\text{APC}(Y, V_l) = \frac{1}{\ln J_{V_l}} \sum_{r=1}^{R} \sum_{j=1}^{J_{V_l}} \frac{(\pi_{r,j}^{V_l} - p_r w_j^{V_l})^2}{p_r w_j^{V_l}}, \tag{6.4}$$

其中, $w_j^{V_l} = P(V_l = j)$ 和 $\pi_{r,j}^{V_l} = P(Y = r, V_l = j)$。因为自变量 V_l 未能完整地被观测到, 所以在公式 (6.2) 中, $w_j^{V_l}$ 和 $\pi_{r,j}^{V_l}$ 无法直接被估计。一种简单的估计 $\text{APC}(Y, V_l)$ 方法是利用可获得的样本 $\{(y_i, v_{i,l}), i : \delta_{i,l} = 1\}$ 来得到。由此, 这种特征筛选方法记为 APC-SIS-AC。然而, 在随机缺失 (6.1) 的假定下, 该估计量一般不是相合的, 除非有额外的假设条件。例如, 缺失机制是完全随机缺失 (Little et al., 2002)。$\text{APC}(Y, V_l)$ 估计不准确会导致不理想的筛选结果。在模拟实验中, 尤其当特征间存在相关性, 特征筛选方法 APC-SIS-AC 的表现并不理想。

代替这种仅仅利用可获得的样本来直接得到的估计量, 我们尝试去找一个比 $\text{APC}(Y, V_l)$ 更为合适的估计。因为 $w_j^{V_l} = P(V_l = j) = \sum_{r=1}^{R} P(Y = r, V_l = j) = \sum_{r=1}^{R} \pi_{r,j}^{V_l}$, 所以我们仅需要估计 $\pi_{r,j}^{V_l}$。注意到

$$\pi_{r,j}^{V_l} = P(Y = r, V_l = j)$$
$$= \sum_u P(Y = r, \boldsymbol{U}^{\mathcal{M}_l} = u) \cdot P(V_l = j | Y = r, \boldsymbol{U}^{\mathcal{M}_l} = u) \tag{6.5}$$
$$= \sum_u P(Y = r, \boldsymbol{U}^{\mathcal{M}_l} = u) \cdot P(V_l = j | Y = r, \boldsymbol{U}^{\mathcal{M}_l} = u, \delta_l = 1) \tag{6.6}$$
$$= \sum_u \frac{P(Y = r, \boldsymbol{U}^{\mathcal{M}_l} = u) P(V_l = j, Y = r, \boldsymbol{U}^{\mathcal{M}_l} = u, \delta_l = 1)}{P(Y = r, \boldsymbol{U}^{\mathcal{M}_l} = u, \delta_l = 1)}, \tag{6.7}$$

其中, 上述等式中的求和是对 $\boldsymbol{U}^{\mathcal{M}_l}$ 中的所有 u 进行的, 式 (6.5) 满足全概率公式, 式 (6.6) 的成立是因为在条件 (6.1) 下, 给定 $(Y, \boldsymbol{U}^{\mathcal{M}_l})$ 时, 缺失指示器 δ_l 与特征 V_l 相互独立。如果 $\mathcal{M}_l$ 已知, 我们可以基于式 (6.7) 来估计 $\pi_{r,j}^{V_l}$。在实际中, 我们可以在数据 $\{(\delta_{i,l}, u_{i,1}, \cdots, u_{i,p}), i = 1, \cdots, n\}$ 中运用 APC-SIS 来获得 $\hat{\mathcal{M}}_l$。因为 APC-SIS 具有确定性筛选性质 (Ni et al. 2017), 所以 $\hat{\mathcal{M}}_l \supset \mathcal{M}_l$ 以概率 1 收敛。于是, 如果我们用 $\hat{\mathcal{M}}_l$ 替换 $\mathcal{M}_l$, 那式 (6.5) 到式 (6.7) 仍成立。因此, 基于式 (6.7), $\pi_{r,j}^{V_l}$ 可以被估计。

以下我们可以具体介绍 "两步" 筛选过程。

步骤 1: 对数据 $\{(\delta_{i,l}, u_{i,1}, \cdots, u_{i,p}), i = 1, \cdots, n\}$ 运用 APC-SIS 来获得 $\hat{\mathcal{M}}_l$。具体来说, 对于 $(\delta_l, U_k), k = 1, \cdots, p$, 计算调整后的皮尔逊卡方统计量

$$\widehat{\mathrm{APC}}(\delta_l, U_k) = \frac{1}{\ln J_{U_k}} \sum_{r=0}^{1} \sum_{j=1}^{J_{U_k}} \frac{\left(\sum_{i=1}^{n} I(\delta_{i,l} = r, u_{i,k} = j) - \sum_{i=1}^{n} I(\delta_{i,l} = r)\hat{w}_j^{U_k}\right)^2}{n \sum_{i=1}^{n} I(\delta_{i,l} = r)\hat{w}_j^{U_k}},$$

其中在等式 (6.2) 之后定义了 $\hat{w}_j^{U_k}$。通过

$$\hat{\mathcal{M}}_l = \left\{ k : \widehat{\mathrm{APC}}(\delta_l, U_k) > c_{\delta_l} n^{-\tau_{\delta_l}}, 1 \leqslant k \leqslant p \right\}, \tag{6.8}$$

来估计 $\mathcal{M}_l$, 其中 c_{δ_l} 和 τ_{δ_l} 均是预先确定的常数, 且在条件 4 中定义。

步骤 2: 计算等式 (6.2) 中的 $\widehat{\mathrm{APC}}(Y, U_k)$。通过

$$\widehat{\mathrm{APC}}(Y, V_l) = \frac{1}{\ln J_{V_l}} \sum_{r=1}^{R} \sum_{j=1}^{J_{V_l}} \frac{(\hat{\pi}_{r,j}^{V_l} - \hat{p}_r \hat{w}_j^{V_l})^2}{\hat{p}_r \hat{w}_j^{V_l}}$$

来估计 $\mathrm{APC}(Y, V_l)$, 其中

$$\hat{\pi}_{r,j}^{V_l} = \frac{1}{n} \sum_u \frac{\sum_{i=1}^{n} I(y_i = r, u_i^{\hat{\mathcal{M}}_l} = u) \sum_{i=1}^{n} I(v_{i,l} = j, y_i = r, u_i^{\hat{\mathcal{M}}_l} = u, \delta_{i,l} = 1)}{\sum_{i=1}^{n} I(y_i = r, u_i^{\hat{\mathcal{M}}_l} = u, \delta_{i,l} = 1)}, \tag{6.9}$$

在等式 (6.2) 之后已定义了 $\hat{w}_j^{V_l} = \sum_{r=1}^{R} \hat{\pi}_{r,j}^{V_l}$ 和 $\hat{p}_r$。在 $\hat{\pi}_{r,j}^{V_l}$ 中, 对 $U^{\hat{\mathcal{M}}_l}$ 中 u 的所有可能取值进行求和。注意到估计量 $\hat{\pi}_{r,j}^{V_l}$ 是基于等式 (6.7) 得到 的。实际中, 如果 $\hat{\mathcal{M}}_l$ 中的元素个数仍非常大, 那么在等式 (6.9) 的分母中 $\sum_{i=1}^{n} I(y_i = r, u_i^{\hat{\mathcal{M}}_l} = u, \delta_{i,l} = 1)$ 对于某些 u 可能为零。对于这些 u, 我们 建议修改等式 (6.9) 为 $\sum_{i=1}^{n} I(y_i = r, u_i^{\hat{\mathcal{M}}_l} = u)/J_{V_l}$。这个修正仍旧保证了 $\sum_{r=1}^{R} \sum_{j=1}^{J_{V_l}} \hat{\pi}_{r,j}^{V_l} = 1$, 且在随机模拟实验中验证了该修正方案的可行性。

活跃自变量集合估计为

$$(\boldsymbol{U}, \boldsymbol{V})^{\hat{\mathcal{D}}} = \left\{ U_k, V_l : \widehat{\mathrm{APC}}(Y, U_k) > cn^{-\tau}, \widehat{\mathrm{APC}}(Y, V_l) > cn^{-\tau}, 1 \leqslant k \leqslant p, 1 \leqslant l \leqslant q \right\},$$

其中 c 和 τ 是条件 2 中预先设定的常数。

在实际中, 我们用

$$\hat{\mathcal{M}}_l^* = \left\{ k : \widehat{\mathrm{APC}}(\delta_l, U_k) \text{ 是最大的 } d_l \text{ 个之一} \right\} \tag{6.10}$$

替换 $\hat{\mathcal{M}}_l$, 并用

$$(\boldsymbol{U}, \boldsymbol{V})^{\widehat{\mathcal{D}^*}} = \left\{ U_k, V_l : \widehat{\text{APC}}(Y, U_k) \text{ 或 } \widehat{\text{APC}}(Y, V_l) \text{ 是最大的 } d \text{ 个之一} \right\}$$

替换 $(\boldsymbol{U}, \boldsymbol{V})^{\widehat{\mathcal{D}}}$。之后我们进一步讨论如何选择参数 d_l 和 d。

随机缺失也称为可忽略缺失 (Little et al., 2002)。我们所提出的特征筛选过程是针对可忽略缺失和分类的自变量而设计的, 因此我们命名这种无模型假定的特征筛选过程为 IMC-SIS。

6.2.2 确定性筛选性质和一致性

这里我们构建 IMC-SIS 的确定性筛选性质 (Fan et al., 2008)。首先考虑以下条件:

(C1) 对于 $r = 1, \cdots, R, j = 1 \cdots, J_{U_k}, j' = 1, \cdots, J_{V_l}, k = 1, \cdots, p$ 和 $l = 1, \cdots, q$, 存在两个正常数 c_1 和 c_2 满足 $c_1/R \leqslant p_r \leqslant c_2/R, c_1/J \leqslant w_j^{U_k} \leqslant c_2/J$ 及 $c_1/J \leqslant w_{j'}^{V_l} \leqslant c_2/J$, 其中 $J = \max_{1 \leqslant k \leqslant p, 1 \leqslant l \leqslant q} \{J_{U_k}, J_{V_l}\}$。

(C2) 存在两个正常数 $c > 0$ 和 $0 < \tau < 1/2$ 满足

$$\min_{U_k, V_l \in (\boldsymbol{U}, \boldsymbol{V})^{\mathcal{D}}} \{\text{APC}(Y, U_k), \text{APC}(Y, V_l)\} > 2cn^{-\tau}.$$

(C3) 对于 $r = 0, 1$ 和 $l = 1, \cdots, q$, 存在两个正常数 c_3 和 c_4 满足 $0 < c_3 \leqslant P(\delta_l = r) \leqslant c_4 < 1$。

(C4) 对于 $1 \leqslant l \leqslant q$, 存在两个正常数 $c_{\delta_l} > 0$ 和 $0 < \tau_{\delta_l} < 1/2$ 满足

$$\min_{k \in \mathcal{M}_l} \text{APC}(\delta_l, U_k) > \frac{3}{2} c_{\delta_l} n^{-\tau_{\delta_l}},$$

其中 $\text{APC}(\delta_l, U_k) = (\ln J_{U_k})^{-1} \sum_{j=1}^{J_{U_k}} \sum_{r=0}^{1} \{P(\delta_l = r, U_k = j) - P(\delta_l = r) P(U_k = j)\}^2 / P(\delta_l = r) / P(U_k = j)$。

(C5) 存在两个正常数 c_5 和 c_6 满足 $\frac{c_5}{2RJ^{\overline{m}}} \leqslant P(Y = r, U^{\overline{\mathcal{M}_l}} = u, \delta_l = 1) \leqslant \frac{c_6}{2RJ^{\overline{m}}}$, 其中 $\overline{\mathcal{M}_l} = \{k : \text{APC}(\delta_l, U_k) > \frac{1}{2} c_{\delta_l} n^{-\tau_{\delta_l}}, k = 1, \cdots, p\}$ 和 $\overline{m} = \max_{1 \leqslant l \leqslant q} \|U^{\overline{\mathcal{M}_l}}\|_0, r = 1, \cdots, R$ 且 $l = 1, \cdots, q$。

(C6) $R = O(n^\xi)$ 和 $J = O(n^\kappa)$, 其中 $\xi \geqslant 0, \kappa \geqslant 0, 1 - (2\tau + 6\xi + 6\kappa) > 0$, $1 - (2\tau + 10\xi + (6\overline{m} + 6)\kappa) > 0$ 和 $1 - (2\tau_\delta + 6\kappa) > 0$ 且 $\tau_\delta = \max_{1 \leqslant l \leqslant q} \tau_{\delta_l}$。

条件 (C1)～(C5) 是在特征筛选文献中常见的。条件 (C1) 排除了特征或者响应变量的比例不能过小或过大的情况。类似假设也出现在文献 [33]

(Huang et al., 2014), 文献 [60](Ni et al., 2016) 和文献 [63](Ni et al., 2017) 中。条件 (C2) 假定了最小的真实信号不低于 $n^{-\tau}$ 同阶。这个条件是 Fan et al. (2008), Li et al. (2012), Cui et al. (2015) 等的特征筛选文献中的典型条件。条件 (C3) 需要缺失比例是有界的。类似的条件可见于文献 [40](Lai et al., 2017) 和文献 [82](Wang et al., 2018)。条件 (C4) 仅仅是文献 [63](Ni et al., 2017) 中的条件 (C2), 该条件确保了 APC-SIS 在步骤 1 中满足确定性筛选性质。条件 (C5) 确保等式 (6.7) 的分母理论上不为零。如果 $\overline{\mathcal{M}}_l$ 的元素个数比较小, 那么这个条件是很容易就可以满足的。最后, 我们允许响应变量和自变量的类别个数是随着样本量 n 而发散的, 但条件 (C6) 要求了发散率应比 n 慢得多。

定理 6.1　在条件 (C1)$\sim$(C6) 下, 我们有以下结论:

$$P\left((\boldsymbol{U}, \boldsymbol{V})^{\mathcal{D}} \subseteq (\boldsymbol{U}, \boldsymbol{V})^{\hat{\mathcal{D}}}\right)$$

$$\geqslant 1 - O\left(p \exp\left\{-b_1 n^{1-2\tau-6\xi-6\kappa} + (\xi + \kappa)\ln n\right\}\right) -$$

$$O\left(pq \exp\left\{-b_2 n^{1-2\tau_\delta-6\kappa} + (\xi + 2\kappa)\ln n\right\}\right) -$$

$$O\left(q \exp\left\{-b_3 n^{1-2\tau-10\xi-(6\overline{m}+6)\kappa} + (\xi + (\overline{m}+1)\kappa)\ln n\right\}\right), \qquad (6.11)$$

其中, b_1、b_2 和 b_3 均是常数。因此, 如果 $\ln p = O(n^\alpha)$ 和 $\ln q = O(n^\beta)$, 其中 $\alpha < 1 - 2\tau - 6\xi - 6\kappa$, $\beta < 1 - 2\tau - 10\xi - (6\overline{m}+6)\kappa$ 且 $\alpha + \beta < 1 - 2\tau_\delta - 6\kappa$, 那么 IMC-SIS 具有确定性筛选性质。

说明: 不等式 (6.11) 的右侧表明 IMC-SIS 的表现受到三个方面的影响。第一部分解释了 APC-SIS 应用于 p 个完全可以观测到的自变量的表现, 这与 Ni et al. (2017) 提出的定理 1 的结论完全一致。第二部分总结了在步骤 1 中利用 APC-SIS 来给每个随机缺失的自变量 V_l 筛选自变量 U 的效果。第三部分描述了在步骤 2 中筛选 q 个随机缺失自变量的表现。

如果下述条件满足时, 我们可以进一步证明 IMC-SIS 的特征选择一致性。

(C7) 对于不在活跃自变量集合的自变量, 我们有

$$\max_{U_k, V_l \notin (\boldsymbol{U}, \boldsymbol{V})^{\mathcal{D}}} \{\text{APC}(Y, U_k), \text{APC}(Y, V_l)\} \leqslant 2^{-1} c n^{-\tau}, \qquad (6.12)$$

其中, c 和 τ 是在条件 (C2) 中给定的常数。

条件 (C7) 表明了活跃自变量和非活跃自变量之间是可以区分的。类似的条件同样在文献 [33](Huang et al., 2014) 和文献 [8](Cui et al., 2015) 中给出。

定理 6.2　在条件 (C7) 下，如果 $\ln p = O(n^\alpha)$ 和 $\ln q = O(n^\beta)$ 且 $\alpha < 1 - 2\tau - 6\xi - 6\kappa$, $\beta < 1 - 2\tau - 10\xi - (6\overline{m} + 6)\kappa$ 及 $\alpha + \beta < 1 - 2\tau_\delta - 6\kappa$, 那么我们有

$$P\left((\boldsymbol{U}, \boldsymbol{V})^{\mathcal{D}} = (\boldsymbol{U}, \boldsymbol{V})^{\hat{\mathcal{D}}}\right) \to 1, \tag{6.13}$$

即 IMC-SIS 具有变量选择一致性。

6.2.3　超参数的选择

在实际中实现 IMC-SIS, 我们需要选择超参数 d_l 和 d, 这里有两个选择。第一种调参方法是利用 $d \propto [n/\ln n]$ 来选择，其中 $[x]$ 是不大于 x 的最大整数。自文献 [17](Fan et al., 2008) 后，这是一种典型且广泛出现在特征筛选文献中的调参方法。第二种调参方法是由 Huang et al. (2014) 所提出，并由 Ni et al. (2016) 调整的。以步骤 1 中 d_l 为例，我们采用以下方案来选择参数。

方案 1. 从大到小排序特征筛选统计量 $\{\widehat{\mathrm{APC}}(\delta_l, U_k), k = 1, \cdots, p\}$, 并记 $\widehat{\mathrm{APC}}(\delta_l, U_{(k)})$ 为第 k 个特征筛选统计量。

方案 2. 通过

$$d_l = \underset{d_{\min} \leqslant k \leqslant d_{\max}}{\arg\max} \frac{\widehat{\mathrm{APC}}(\delta_l, U_{(k)})}{\widehat{\mathrm{APC}}(\delta_l, U_{(k+1)})} \tag{6.14}$$

来决定 d_l, 其中 $d_{\min}$ 和 $d_{\max}$ 均为预先指定的常数。

我们建议在确定 d_l 时采用第二种方案，而在确定 d 时采用第一种方案，原因如下。第一，在步骤 1 中我们需要控制 $\hat{\mathcal{M}}_l$ 的大小，以便在步骤 2 中估计 $\pi_{r,j}^{V_l}$ 更为容易，所以需要有一个上界 $d_{\max}$。在随机模拟和数据分析中，我们设置 $d_{\min} = 1$ 和 $d_{\max} = 10$。注意到当 k 非常小或者非常大时引入 $d_{\min}$ 和 $d_{\max}$ 是为了避免 $\widehat{\mathrm{APC}}(\delta_l, U_{(k)})/\widehat{\mathrm{APC}}(\delta_l, U_{(k+1)})$ 的不稳定。基于我们的模拟结果，筛选结果对于 $d_{\min}$ 和 $d_{\max}$ 并不是非常敏感的。第二，在步骤 2 中选择适中数量的协方差也是能够被接收的 (例如, $[n/\ln n]$), 这是因为这样才能保留所有活跃自变量。

6.3　随机模拟

6.3.1　分类自变量

我们通过随机模拟实验来探索所提出的 IMC-SIS 方法在有限样本上的表现。这里考虑的所有自变量为分类变量, 与之前所述的内容一致。

对于每一个个体 $i, i = 1, 2, \cdots, n$, 首先生成一个潜在二分类变量 $x_{i,0}$ 满足 $P(x_{i,0} = -1) = P(x_{i,0} = 1) = 0.5$。于是, 对于 $j = 1, \cdots, p+q$, 二分类自变量 $x_{i,j}$ 是通过 $P(x_{i,j} = 1 | x_{i,0} = 1) = P(x_{i,j} = -1 | x_{i,0} = -1) = \varrho$ 而生成的。由此, $x_{i,j}$ 的边际分布为 $P(x_{i,j} = 1) = P(x_{i,j} = -1) = 0.5$。对于 $1 \leqslant j < j' \leqslant p+q$, 在给定 $x_{i,0}$ 时, $x_{i,j}$ 和 $x_{i,j'}$ 是条件独立的。但 $x_{i,j}$ 和 $x_{i,j'}$ 本身却是相关的, 这是因为

$$P(x_{i,j} = 1 | x_{i,j'} = 1) = P(x_{i,j} = -1 | x_{i,j'} = -1) = 1 - 2\varrho + 2\varrho^2 \xlongequal{\text{定义}} \rho。$$

不失一般性, 我们假定前 p 个特征是完全可观测到的, 而剩余 q 个特征是随机缺失的。令 $u_{i,k} = x_{i,k}$ 和 $v_{i,l} = x_{i,l+p}$, 其中 $k = 1, 2, \cdots, p, l = 1, 2, \cdots, q$。接下来, 我们由一个逻辑斯蒂回归模型

$$\ln \frac{P(y_i = 1 | x_i)}{P(y_i = -1 | x_i)} = u_{i,1} - u_{i,2} + v_{i,1} - v_{i,2}$$

来生成响应变量 y_i, 其中 $x_i = (x_{i,1}, x_{i,2}, \cdots, x_{i,p+q})$。这里活跃自变量集合为 $(\boldsymbol{U}, \boldsymbol{V})^{\mathcal{D}} = \{U_1, U_2, V_1, V_2\}$。

我们考虑两种不同的缺失指示器生成方式。

第一种方式中, 在给定 (y_i, u_i) 的条件下, 缺失指示器 $\delta_{i,l}$ 是由一个逻辑斯蒂回归模型而生成的, 即

$$\ln \frac{P(\delta_{i,l} = 1 | y_i, u_i)}{P(\delta_{i,l} = 0 | y_i, u_i)} = \sum_{k=l}^{l+1} I(y_i = u_{i,k}) + \frac{2}{3} \left(y_i + \sum_{k=l}^{l+1} u_{i,k} \right) + 2a, \tag{6.15}$$

其中, a 是一个常数, $u_i = (u_{i,1}, u_{i,2}, \cdots, u_{i,p})$ 且 $u_{i,k} = u_{i,k-p}, k > p$。对于任意 $l = 1, \cdots, q$, 当且仅当 $\delta_{i,l} = 1$, $v_{i,l}$ 是可被观测到的。与缺失有关的自变量集合是 $\boldsymbol{U}^{\mathcal{M}_l} = \{U_l, U_{l+1}\}$, 其中 $U_k = U_{k-p}, k > p$。注意到 $\mathcal{M}_l$ 的元素个数为 2。以下考虑 (ρ, p, q, n) 的六种不同组合。

(S1.1) $\rho = 0.5$, $p = q = 500$, $n = 400$, $a = 0.86, 0.24$, and -0.18;

(S1.2) $\rho = 0.6$, $p = q = 500$, $n = 400$, $a = 0.88, 0.27$, and -0.16;

(S1.3) $\rho = 0.7$, $p = q = 500$, $n = 400$, $a = 0.91, 0.30$, and -0.13;

(S1.4) $\rho = 0.5$, $p = q = 2000$, $n = 600$, $a = 0.86, 0.24$, and -0.18;

(S1.5) $\rho = 0.6$, $p = q = 2000$, $n = 600$, $a = 0.88, 0.27$, and -0.16;

(S1.6) $\rho = 0.7$, $p = q = 2000$, $n = 600$, $a = 0.91, 0.30$, and -0.13。

第二种方式中，在给定 (y_i, u_i) 的条件下，缺失指示器 $\delta_{i,l}$ 由一个逻辑斯蒂回归模型来生成，即

$$\ln \frac{P(\delta_{i,l} = 1 | y_i, u_i)}{P(\delta_{i,l} = 0 | y_i, u_i)} = \frac{1}{h_l} \sum_{k=l}^{l+h_l-1} I(y_i = u_{i,k}) + \frac{1}{1+h_l} \left(y_i + \sum_{k=l}^{l+h_l-1} u_{i,k} \right) + a \cdot h_l,$$

其中，a 是一个常数，$u_i = (u_{i,1}, u_{i,2}, \cdots, u_{i,p})$，$u_{i,k} = u_{i,k-p}, k > p$。如果 l 是奇数，那么 $h_l = 2$，否则 $h_l = 6$。对于任意 $l = 1, \cdots, q$，当且仅当 $\delta_{i,l} = 1$，$v_{i,l}$ 是可被观测到的。与缺失有关的自变量是 $\boldsymbol{U}^{\mathcal{M}_l} = \{U_l, \cdots, U_{l+h_l-1}\}$，其中 $U_k = U_{k-p}, k > p$。注意到 $\mathcal{M}_l$ 的元素个数为 2 或 6。以下考虑 (ρ, p, q, n) 的六种组合。

(S1.7) $\rho = 0.5$, $p = q = 500$, $n = 400$, $a = 0.58, 0.18$, and -0.01;

(S1.8) $\rho = 0.6$, $p = q = 500$, $n = 400$, $a = 0.59, 0.18$, and -0.01;

(S1.9) $\rho = 0.7$, $p = q = 500$, $n = 400$, $a = 0.59, 0.19$, and -0.01;

(S1.10) $\rho = 0.5$, $p = q = 2000$, $n = 600$, $a = 0.58, 0.18$, and -0.01;

(S1.11) $\rho = 0.6$, $p = q = 2000$, $n = 600$, $a = 0.58, 0.18$, and -0.01;

(S1.12) $\rho = 0.7$, $p = q = 2000$, $n = 600$, $a = 0.59, 0.18$, and -0.01。

我们在每种缺失机制下分别考虑 (ρ, p, q, n) 的六种组合。在每种组合中，条件概率 ρ 用于度量自变量之间的相关性，而 a 的不同取值是为了将缺失比例控制在 10%, 25% 或 40% 左右。因此，在 $6 \times 3 \times 2 = 36$ 种不同设置中，把我们所提出的 IMC-SIS 方法与 APC-SIS-AC 进行比较。在 IMC-SIS 的步骤 1 中，我们采用 $d_{\min} = 1$ 和 $d_{\max} = 10$。为了作为基准，我们同样记录了无任何缺失值的情况，并记为 FULL。三种方法的表现由两类指标来进行比较。第一类是最小模型大小 (MMS)，该指标表明包含所有活跃自变量的最小自变量集合的大小。第二类是覆盖率 (CP)，这个指标表示由 $d = [\frac{1}{2}n/\ln n]$ 或 $[n/\ln n]$ 确定的自变量集合是否涵盖每个或所有的活跃自变量。在表 6.1～表 6.4 中，总结了 500 次随机模拟实验的结果，包括 MMS 的 5%、25%、50%, 75% 和 95% 的取值，以及平均覆盖率。

表 6.1　设置为 (S1.1)~(S1.3) 的随机模拟实验结果：$p = q = 500$ 和 $n = 400$

ρ	缺失比例	方法	MMS 5%	25%	50%	75%	95%	$\mathrm{CP}(d = [\frac{1}{2}n/\ln n])$ U_1	U_2	V_1	V_2	All	$\mathrm{CP}(d = [n/\ln n])$ U_1	U_2	V_1	V_2	All
0.5	0	FULL	4.0	4.0	4.0	4.0	4.0	1.00	1.00	1.00	1.00	1.00	1.00	1.00	1.00	1.00	1.00
	10%	APC-SIS-AC	4.0	4.0	4.0	4.0	4.0	1.00	1.00	1.00	1.00	1.00	1.00	1.00	1.00	1.00	1.00
		IMC-SIS	4.0	4.0	4.0	4.0	4.0	1.00	1.00	1.00	1.00	1.00	1.00	1.00	1.00	1.00	1.00
	25%	APC-SIS-AC	4.0	4.0	4.0	4.0	5.0	1.00	1.00	1.00	1.00	1.00	1.00	1.00	1.00	1.00	1.00
		IMC-SIS	4.0	4.0	4.0	4.0	5.0	1.00	1.00	1.00	1.00	1.00	1.00	1.00	1.00	1.00	1.00
	40%	APC-SIS-AC	4.0	4.0	4.0	4.0	8.0	1.00	1.00	1.00	1.00	0.99	1.00	1.00	1.00	1.00	1.00
		IMC-SIS	4.0	4.0	4.0	5.0	9.0	1.00	1.00	1.00	1.00	0.99	1.00	1.00	1.00	1.00	1.00
0.6	0	FULL	4.0	4.0	4.0	4.0	9.0	0.99	1.00	0.99	0.99	0.98	1.00	1.00	1.00	1.00	1.00
	10%	APC-SIS-AC	4.0	4.0	4.0	4.0	15.1	0.99	1.00	0.99	1.00	0.98	1.00	1.00	0.99	1.00	0.99
		IMC-SIS	4.0	4.0	4.0	4.0	14.1	0.99	1.00	0.99	1.00	0.98	1.00	1.00	0.99	1.00	0.99
	25%	APC-SIS-AC	4.0	4.0	4.0	6.0	39.1	0.99	1.00	0.95	1.00	0.94	0.99	1.00	0.98	1.00	0.97
		IMC-SIS	4.0	4.0	4.0	5.0	22.0	0.99	1.00	0.98	0.99	0.97	1.00	1.00	0.99	1.00	0.98
	40%	APC-SIS-AC	4.0	5.0	7.0	19.0	141.1	0.98	1.00	0.86	0.99	0.83	0.99	1.00	0.91	1.00	0.90
		IMC-SIS	4.0	4.0	6.0	11.0	56.0	0.98	0.99	0.96	0.98	0.92	0.99	1.00	0.98	0.99	0.96
0.7	0	FULL	4.0	4.0	4.0	9.0	184.4	0.95	0.96	0.96	0.95	0.86	0.97	0.97	0.98	0.97	0.90
	10%	APC-SIS-AC	4.0	4.0	5.0	18.0	302.7	0.93	0.97	0.90	0.97	0.81	0.95	0.97	0.94	0.98	0.87
		IMC-SIS	4.0	4.0	5.0	11.3	185.3	0.94	0.96	0.94	0.96	0.83	0.96	0.97	0.96	0.97	0.88
	25%	APC-SIS-AC	4.0	8.0	25.0	107.3	460.1	0.86	0.96	0.65	0.98	0.57	0.91	0.97	0.75	0.98	0.68
		IMC-SIS	4.0	4.0	9.0	27.0	248.6	0.91	0.96	0.90	0.95	0.77	0.94	0.97	0.95	0.97	0.86
	40%	APC-SIS-AC	9.0	33.0	112.5	308.8	764.6	0.71	0.88	0.35	0.97	0.26	0.82	0.95	0.46	0.98	0.39
		IMC-SIS	4.0	9.0	21.0	65.0	413.3	0.86	0.94	0.78	0.92	0.61	0.92	0.97	0.85	0.95	0.75

表 6.2　设置为 (S1.4)~(S1.6) 的随机模拟实验结果: $p = q = 2000$ 和 $n = 600$

ρ	缺失比例	方法	MMS					CP ($d = [\frac{1}{2}n/\ln n]$)					CP ($d = [n/\ln n]$)				
			5%	25%	50%	75%	95%	U_1	U_2	V_1	V_2	All	U_1	U_2	V_1	V_2	All
0.5	0	FULL	4.0	4.0	4.0	4.0	4.0	1.00	1.00	1.00	1.00	1.00	1.00	1.00	1.00	1.00	1.00
	10%	APC-SIS-AC	4.0	4.0	4.0	4.0	4.0	1.00	1.00	1.00	1.00	1.00	1.00	1.00	1.00	1.00	1.00
		IMC-SIS	4.0	4.0	4.0	4.0	4.0	1.00	1.00	1.00	1.00	1.00	1.00	1.00	1.00	1.00	1.00
	25%	APC-SIS-AC	4.0	4.0	4.0	4.0	4.0	1.00	1.00	1.00	1.00	1.00	1.00	1.00	1.00	1.00	1.00
		IMC-SIS	4.0	4.0	4.0	4.0	4.0	1.00	1.00	1.00	1.00	1.00	1.00	1.00	1.00	1.00	1.00
	40%	APC-SIS-AC	4.0	4.0	4.0	4.0	5.0	1.00	1.00	1.00	1.00	1.00	1.00	1.00	1.00	1.00	1.00
		IMC-SIS	4.0	4.0	4.0	4.0	5.0	1.00	1.00	1.00	1.00	1.00	1.00	1.00	1.00	1.00	1.00
0.6	0	FULL	4.0	4.0	4.0	4.0	4.0	1.00	1.00	1.00	1.00	1.00	1.00	1.00	1.00	1.00	1.00
	10%	APC-SIS-AC	4.0	4.0	4.0	4.0	5.0	1.00	1.00	1.00	1.00	1.00	1.00	1.00	1.00	1.00	1.00
		IMC-SIS	4.0	4.0	4.0	4.0	4.0	1.00	1.00	1.00	1.00	1.00	1.00	1.00	1.00	1.00	1.00
	25%	APC-SIS-AC	4.0	4.0	4.0	4.0	16.0	0.99	1.00	0.99	1.00	0.98	1.00	1.00	1.00	1.00	1.00
		IMC-SIS	4.0	4.0	4.0	4.0	7.0	0.99	1.00	1.00	1.00	0.99	1.00	1.00	1.00	1.00	1.00
	40%	APC-SIS-AC	4.0	4.0	5.0	11.0	93.0	0.98	1.00	0.91	1.00	0.90	0.99	1.00	0.96	1.00	0.95
		IMC-SIS	4.0	4.0	4.0	5.0	23.1	0.99	1.00	0.99	1.00	0.98	0.99	1.00	0.99	1.00	0.99
0.7	0	FULL	4.0	4.0	4.0	4.0	29.1	0.99	0.99	0.99	0.99	0.97	1.00	0.99	0.99	1.00	0.98
	10%	APC-SIS-AC	4.0	4.0	4.0	7.0	120.1	0.98	0.99	0.95	1.00	0.92	0.98	0.99	0.96	1.00	0.94
		IMC-SIS	4.0	4.0	4.0	5.0	62.1	0.98	0.99	0.98	0.99	0.94	0.99	0.99	0.98	1.00	0.96
	25%	APC-SIS-AC	4.0	5.0	14.0	114.5	897.2	0.92	0.98	0.69	0.99	0.65	0.95	0.99	0.76	0.99	0.73
		IMC-SIS	4.0	4.0	4.0	10.0	132.1	0.97	0.99	0.95	0.98	0.90	0.98	0.99	0.97	0.99	0.93
	40%	APC-SIS-AC	10.0	46.8	190.0	712.8	1939.6	0.78	0.90	0.32	0.98	0.26	0.86	0.95	0.41	0.99	0.39
		IMC-SIS	4.0	5.0	12.0	46.3	361.0	0.92	0.96	0.85	0.97	0.75	0.96	0.99	0.90	0.98	0.85

表 6.3　设置为 (S1.7)~(S1.9) 的随机模拟实验结果：$p = q = 500$ 和 $n = 400$

ρ	缺失比例	方法	MMS					CP $(d = [\frac{1}{2}n/\ln n])$					CP $(d = [n/\ln n])$				
			5%	25%	50%	75%	95%	U_1	U_2	V_1	V_2	All	U_1	U_2	V_1	V_2	All
0.5	0	FULL	4.0	4.0	4.0	4.0	4.0	1.00	1.00	1.00	1.00	1.00	1.00	1.00	1.00	1.00	1.00
	10%	APC-SIS-AC	4.0	4.0	4.0	4.0	4.0	1.00	1.00	1.00	1.00	1.00	1.00	1.00	1.00	1.00	1.00
		IMC-SIS	4.0	4.0	4.0	4.0	4.0	1.00	1.00	1.00	1.00	1.00	1.00	1.00	1.00	1.00	1.00
	25%	APC-SIS-AC	4.0	4.0	4.0	4.0	5.0	1.00	1.00	1.00	1.00	1.00	1.00	1.00	1.00	1.00	1.00
		IMC-SIS	4.0	4.0	4.0	4.0	5.0	1.00	1.00	1.00	1.00	1.00	1.00	1.00	1.00	1.00	1.00
	40%	APC-SIS-AC	4.0	4.0	4.0	4.0	7.0	1.00	1.00	1.00	1.00	1.00	1.00	1.00	1.00	1.00	1.00
		IMC-SIS	4.0	4.0	4.0	4.0	11.0	1.00	1.00	1.00	0.99	0.99	1.00	1.00	1.00	1.00	1.00
0.6	0	FULL	4.0	4.0	4.0	4.0	8.0	1.00	1.00	1.00	1.00	0.99	1.00	1.00	1.00	1.00	1.00
	10%	APC-SIS-AC	4.0	4.0	4.0	4.0	13.1	1.00	1.00	0.99	1.00	0.99	1.00	1.00	1.00	1.00	0.97
		IMC-SIS	4.0	4.0	4.0	4.0	12.0	1.00	1.00	0.99	1.00	0.98	1.00	1.00	1.00	1.00	0.98
	25%	APC-SIS-AC	4.0	4.0	4.0	6.0	29.0	0.99	1.00	0.96	1.00	0.95	1.00	1.00	0.98	1.00	0.97
		IMC-SIS	4.0	4.0	4.0	6.0	29.1	0.99	1.00	0.97	0.99	0.95	1.00	1.00	0.98	1.00	0.98
	40%	APC-SIS-AC	4.0	4.0	5.0	11.0	46.0	0.98	1.00	0.94	1.00	0.91	1.00	1.00	0.97	1.00	0.97
		IMC-SIS	4.0	4.0	5.0	9.0	36.0	0.99	1.00	0.97	0.99	0.94	1.00	1.00	0.98	1.00	0.98
0.7	0	FULL	4.0	4.0	4.0	7.0	97.0	0.98	0.98	0.97	0.97	0.92	0.99	0.99	0.98	0.98	0.94
	10%	APC-SIS-AC	4.0	4.0	6.0	17.0	143.1	0.95	0.98	0.89	0.97	0.84	0.98	0.99	0.93	0.98	0.90
		IMC-SIS	4.0	4.0	5.0	12.0	121.5	0.96	0.98	0.93	0.98	0.87	0.98	0.99	0.95	0.98	0.92
	25%	APC-SIS-AC	4.0	6.0	15.0	52.2	437.8	0.92	0.98	0.74	0.98	0.68	0.95	0.99	0.82	0.99	0.79
		IMC-SIS	4.0	4.0	8.0	20.0	200.2	0.94	0.98	0.88	0.96	0.81	0.97	0.99	0.94	0.99	0.90
	40%	APC-SIS-AC	6.0	19.0	50.5	156.0	653.1	0.82	0.91	0.51	0.98	0.41	0.90	0.97	0.62	0.99	0.58
		IMC-SIS	4.0	7.0	17.0	46.0	283.8	0.91	0.97	0.79	0.95	0.70	0.94	0.98	0.87	0.98	0.80

表 6.4 设置为 (S1.10)~(S1.12) 的随机模拟实验结果：$p = q = 2000$ 和 $n = 600$

ρ	缺失比例	方法	MMS					CP($d = [\frac{1}{2}n/\ln n]$)					CP($d = [n/\ln n]$)				
			5%	25%	50%	75%	95%	U_1	U_2	V_1	V_2	All	U_1	U_2	V_1	V_2	All
0.5	0	FULL	4.0	4.0	4.0	4.0	4.0	1.00	1.00	1.00	1.00	1.00	1.00	1.00	1.00	1.00	1.00
	10%	APC-SIS-AC	4.0	4.0	4.0	4.0	4.0	1.00	1.00	1.00	1.00	1.00	1.00	1.00	1.00	1.00	1.00
		IMC-SIS	4.0	4.0	4.0	4.0	4.0	1.00	1.00	1.00	1.00	1.00	1.00	1.00	1.00	1.00	1.00
	25%	APC-SIS-AC	4.0	4.0	4.0	4.0	4.0	1.00	1.00	1.00	1.00	1.00	1.00	1.00	1.00	1.00	1.00
		IMC-SIS	4.0	4.0	4.0	4.0	4.0	1.00	1.00	1.00	1.00	1.00	1.00	1.00	1.00	1.00	1.00
	40%	APC-SIS-AC	4.0	4.0	4.0	4.0	4.0	1.00	1.00	1.00	1.00	1.00	1.00	1.00	1.00	1.00	1.00
		IMC-SIS	4.0	4.0	4.0	4.0	5.0	1.00	1.00	1.00	1.00	1.00	1.00	1.00	1.00	1.00	1.00
0.6	0	FULL	4.0	4.0	4.0	4.0	4.0	1.00	1.00	1.00	1.00	1.00	1.00	1.00	1.00	1.00	1.00
	10%	APC-SIS-AC	4.0	4.0	4.0	4.0	6.0	1.00	1.00	1.00	1.00	1.00	1.00	1.00	1.00	1.00	1.00
		IMC-SIS	4.0	4.0	4.0	4.0	5.0	1.00	1.00	1.00	1.00	1.00	1.00	1.00	1.00	1.00	1.00
	25%	APC-SIS-AC	4.0	4.0	4.0	4.0	15.0	0.99	1.00	0.98	1.00	0.98	1.00	1.00	0.99	1.00	0.99
		IMC-SIS	4.0	4.0	4.0	4.0	8.0	1.00	1.00	0.99	1.00	0.99	1.00	1.00	1.00	1.00	1.00
	40%	APC-SIS-AC	4.0	4.0	4.0	6.0	53.0	0.99	1.00	0.96	1.00	0.94	0.99	1.00	0.98	1.00	0.97
		IMC-SIS	4.0	4.0	4.0	5.0	20.0	0.99	1.00	0.99	1.00	0.98	0.99	1.00	0.99	1.00	0.99
0.7	0	FULL	4.0	4.0	4.0	4.0	44.2	0.98	0.99	0.98	0.98	0.95	0.99	0.99	0.99	0.99	0.97
	10%	APC-SIS-AC	4.0	4.0	4.0	11.0	194.1	0.96	0.99	0.91	0.99	0.87	0.98	0.99	0.93	0.99	0.91
		IMC-SIS	4.0	4.0	4.0	7.0	112.6	0.97	0.99	0.94	0.99	0.90	0.98	0.99	0.97	0.99	0.94
	25%	APC-SIS-AC	4.0	5.0	12.0	79.5	873.2	0.92	0.99	0.73	0.99	0.69	0.94	0.99	0.80	1.00	0.77
		IMC-SIS	4.0	4.0	5.0	12.0	236.1	0.94	0.99	0.91	0.98	0.85	0.96	0.99	0.93	0.99	0.89
	40%	APC-SIS-AC	5.0	18.0	85.0	417.8	1581.2	0.79	0.95	0.46	0.99	0.40	0.86	0.98	0.55	1.00	0.52
		IMC-SIS	4.0	5.0	11.0	51.0	496.9	0.91	0.99	0.80	0.98	0.73	0.93	0.99	0.87	0.99	0.82

以下总结随机模拟的结果: 第一, 当自变量相互独立, 即 $\rho = 0.5$ 时, IMC-SIS 和 APC-SIS-AC 的表现相似, 均比 FULL 的情况下差一点; 第二, 随着相关性增加, 即 $\rho = 0.6$ 或 $\rho = 0.7$ 时, 所提出的方法 IMC-SIS 比 APC-SIS-AC 的表现好得多, 尤其在缺失比例更大时 MMS 更小且覆盖率更大, 正如我们预想的, 它们的表现均比 FULL 差; 第三, IMC-SIS 的表现是令人满意的, 在大部分情形下, 尤其 $d = [n/\ln n]$ 时, 覆盖率非常高。因此, 在缺失自变量时, 所提出的 IMC-SIS 方法优化了 APC-SIS-AC 的筛选表现。

6.3.2　混合自变量

这里, 我们考虑存在随机缺失值的自变量可能是连续的或分类的, 这更符合实际情况。

对于第 i 个个体, $i = 1, \cdots, n$, 我们首先生成潜在变量 $(x_{i,1}, \cdots, x_{i,p+q})$, 其来自一个多维正态分布 $N_{p+q}(0, \Sigma)$, 其中 $\Sigma = (\sigma_{i,j})_{(p+q) \times (p+q)}$ 且 $\sigma_{i,j} = \rho^{\min\{|i-j|,1\}}$。不失一般性, 我们假定前 p 个自变量是完全可被观测到的, 而其余 q 个自变量是随机缺失的。令 $u_{i,k} = \mathrm{sgn}(x_{i,k})$, 其中 $\mathrm{sgn}(x)$ 是 x 的符号函数。特别地, 如果 $x > 0$, 那么 $\mathrm{sgn}(x) = 1$; 如果 $x < 0$, 那么 $\mathrm{sgn}(x) = -1$; 如果 $x = 0$, 那么 $\mathrm{sgn}(x) = 0$。对于 $l = 1, 2, \cdots, q$, 如果 l 是奇数, 就令 $v_{i,l} = \mathrm{sgn}(x_{i,p+l})$; 如果 l 为偶数, 就令 $v_{i,l} = x_{i,p+l}$。所以, 一半缺失值的自变量是连续的, 而另一半是分类的。

接下来, 我们利用以下逻辑斯蒂回归模型

$$\ln \frac{P(y_i = 1|u_i, v_i)}{P(y_i = -1|u_i, v_i)} = u_{i,1} - u_{i,2} + v_{i,1} - v_{i,2}$$

来生成响应变量 y_i, 其中 $u_i = (u_{i,1}, u_{i,2}, \cdots, u_{i,p})$ 和 $v_i = (v_{i,1}, v_{i,2}, \cdots, v_{i,q})$。活跃自变量集合为 $(\boldsymbol{U}, \boldsymbol{V})^{\mathcal{D}} = \{U_1, U_2, V_1, V_2\}$。

给定 (y_i, u_i) 的条件下, 缺失指示器 $\delta_{i,l}$ 从以下逻辑斯蒂回归模型

$$\ln \frac{P(\delta_{i,l} = 1|y_i, u_i)}{P(\delta_{i,l} = 0|y_i, u_i)} = \frac{1}{2} \sum_{k=l}^{l+1} I(y_i = u_{i,k}) + \frac{1}{3} \left(y_i + \sum_{k=l}^{l+1} u_{i,k} \right) + 2a \quad (6.16)$$

来生成, 其中 a 是一个常数和 $u_{i,k} = u_{i,k-p}, k > p$。对于任意 $l = 1, 2, \cdots, q$, 当且仅当 $\delta_{i,l} = 1$, $v_{i,l}$ 是可以被观测到的。与缺失相关的自变量集合为

$U^{\mathcal{M}_l} = \{U_l, U_{l+1}\}$，其中 $U_k = U_{k-p}, k > p$。以下考虑 (ρ, p, q, n) 的六种组合。

(S2.1) $\rho = 0, p = q = 500, n = 400, a = 0.95, 0.50,$ and -0.01;

(S2.2) $\rho = 0.2, p = q = 500, n = 400, a = 0.96, 0.51,$ and -0.01;

(S2.3) $\rho = 0.5, p = q = 500, n = 400, a = 0.96, 0.52,$ and 0;

(S2.4) $\rho = 0, p = q = 2000, n = 600, a = 0.95, 0.50,$ and -0.01;

(S2.5) $\rho = 0.2, p = q = 2000, n = 600, a = 0.96, 0.51,$ and -0.01;

(S2.6) $\rho = 0.5, p = q = 2000, n = 600, a = 0.96, 0.52,$ and 0。

相关系数 ρ 用于度量自变量之间的相关性。对于每一种组合，选择了 a 的不同取值，以此分别控制缺失比例约为 10%、25% 以及 40%。

应用 IMC-SIS 和 APC-SIS-AC 两种方法，将每个连续自变量离散化为二分类变量。在 APC-SIS-AC 中，每一个连续自变量根据可观测到的数据中位数来划分为两个类别；在 IMC-SIS 中，对于连续自变量 V_l 而言，在步骤 1 中确定 $U^{\hat{\mathcal{M}}_l}$ 之后，通过

$$\sum_{r=1}^{R} \hat{P}(Y = r, V_l \leqslant \hat{q}_l) = 0.5$$

来得到中位数的估计值 $\hat{q}_l$，其中利用

$$n^{-1} \sum_u \frac{\sum_{i=1}^{n} I(y_i = r, u_i^{\hat{\mathcal{M}}_l} = u) \sum_{i=1}^{n} I(v_{i,l} \leqslant \hat{q}_l, y_i = r, u_i^{\hat{\mathcal{M}}_l} = u, \delta_{i,l} = 1)}{\sum_{i=1}^{n} I(y_i = r, u_i^{\hat{\mathcal{M}}_l} = u, \delta_{i,l} = 1)}$$

来计算 $\hat{P}(Y = r, V_l \leqslant \hat{q}_l)$。对于某些 u，如果分母 $\sum_{i=1}^{n} I(y_i = r, u_i^{\hat{\mathcal{M}}_l} = u, \delta_{i,l} = 1)$ 为零，那么上述式子中的求和项替代为 $\sum_{i=1}^{n} I(y_i = r, u_i^{\hat{\mathcal{M}}_l} = u)/2$。于是，$V_l$ 根据 $\hat{q}_l$ 划分为两个类别，由此应用所提出的 IMC-SIS 方法。

500 次重复模拟实验的结果展示在表 6.5～表 6.6 中。总体来说，因为同时存在连续和分类自变量，所以 IMC-SIS 和 APC-SIS-AC 的表现会差一些。但是，无论在更小的 MMS 还是更大的覆盖率上，IMC-SIS 方法仍表现得优于 APC-SIS-AC。在大部分实验中，尤其当 $d = [n/\ln n]$ 时，IMC-SIS 的覆盖率是令人满意的。

表 6.5　设置为 (S2.1)~(S2.3) 的随机模拟实验结果: $p = q = 500$ 和 $n = 400$

ρ	缺失比例	方法	MMS 5%	25%	50%	75%	95%	$CP(d = [\frac{1}{2}n/\ln n])$ U_1	U_2	V_1	V_2	All	$CP(d = [n/\ln n])$ U_1	U_2	V_1	V_2	All
0	0	FULL	4.0	4.0	4.0	4.0	6.0	1.00	1.00	0.99	1.00	0.99	1.00	1.00	1.00	1.00	1.00
	10%	APC-SIS-AC	4.0	4.0	4.0	4.0	6.0	1.00	1.00	0.99	1.00	0.99	1.00	1.00	1.00	1.00	1.00
		IMC-SIS	4.0	4.0	4.0	4.0	7.0	1.00	1.00	0.99	1.00	0.99	1.00	1.00	1.00	1.00	1.00
	25%	APC-SIS-AC	4.0	4.0	4.0	4.0	12.0	1.00	1.00	0.99	1.00	0.99	1.00	1.00	0.99	1.00	0.99
		IMC-SIS	4.0	4.0	4.0	4.0	9.0	1.00	1.00	0.99	1.00	0.99	1.00	1.00	0.99	1.00	0.99
	40%	APC-SIS-AC	4.0	4.0	4.0	6.0	20.1	1.00	1.00	0.97	1.00	0.97	1.00	1.00	0.99	1.00	0.99
		IMC-SIS	4.0	4.0	4.0	7.0	26.0	1.00	1.00	0.96	1.00	0.96	1.00	1.00	0.99	1.00	0.99
0.2	0	FULL	4.0	4.0	4.0	5.0	17.1	1.00	1.00	0.98	1.00	0.97	1.00	1.00	0.99	1.00	0.99
	10%	APC-SIS-AC	4.0	4.0	4.0	5.0	23.1	1.00	1.00	0.98	1.00	0.97	1.00	1.00	0.99	1.00	0.99
		IMC-SIS	4.0	4.0	4.0	6.0	23.1	1.00	1.00	0.98	1.00	0.97	1.00	1.00	0.99	1.00	0.99
	25%	APC-SIS-AC	4.0	4.0	4.0	7.0	46.1	1.00	1.00	0.95	0.99	0.94	1.00	1.00	0.96	1.00	0.96
		IMC-SIS	4.0	4.0	4.0	7.0	50.0	1.00	1.00	0.95	0.99	0.94	1.00	1.00	0.98	0.99	0.97
	40%	APC-SIS-AC	4.0	4.0	7.0	20.0	129.2	1.00	1.00	0.85	0.99	0.83	1.00	1.00	0.93	0.99	0.91
		IMC-SIS	4.0	4.0	6.5	16.0	101.0	1.00	0.99	0.88	0.97	0.85	1.00	1.00	0.93	0.98	0.91
0.5	0	FULL	4.0	5.0	8.5	30.0	239.1	1.00	0.92	0.89	0.92	0.78	1.00	0.94	0.94	0.95	0.86
	10%	APC-SIS-AC	4.0	5.0	13.0	49.2	351.2	1.00	0.92	0.76	0.94	0.67	1.00	0.94	0.86	0.97	0.79
		IMC-SIS	4.0	5.0	12.0	44.0	291.0	1.00	0.92	0.80	0.93	0.71	1.00	0.94	0.88	0.95	0.80
	25%	APC-SIS-AC	4.0	6.0	21.5	95.0	402.5	0.99	0.93	0.66	0.95	0.59	1.00	0.94	0.75	0.97	0.69
		IMC-SIS	4.0	6.0	13.0	73.5	381.8	0.99	0.92	0.73	0.93	0.64	1.00	0.94	0.81	0.96	0.74
	40%	APC-SIS-AC	5.0	17.8	83.0	291.5	786.2	0.98	0.91	0.40	0.97	0.34	0.99	0.94	0.50	0.97	0.45
		IMC-SIS	4.0	10.0	37.5	158.0	663.1	0.99	0.91	0.58	0.92	0.49	0.99	0.94	0.66	0.95	0.59

表 6.6　设置力 (S2.4)~(S2.6) 的随机模拟实验结果: $p = q = 2000$ 和 $n = 600$

ρ	缺失比例	方法	MMS					$CP(d=[\frac{1}{2}n/\ln m])$					$CP(d=[n/\ln m])$				
			5%	25%	50%	75%	95%	U_1	U_2	V_1	V_2	All	U_1	U_2	V_1	V_2	All
0	0	FULL	4.0	4.0	4.0	4.0	4.0	1.00	1.00	1.00	1.00	1.00	1.00	1.00	1.00	1.00	1.00
	10%	APC-SIS-AC	4.0	4.0	4.0	4.0	4.0	1.00	1.00	1.00	1.00	1.00	1.00	1.00	1.00	1.00	1.00
		IMC-SIS	4.0	4.0	4.0	4.0	4.0	1.00	1.00	1.00	1.00	1.00	1.00	1.00	1.00	1.00	1.00
	25%	APC-SIS-AC	4.0	4.0	4.0	4.0	4.0	1.00	1.00	1.00	1.00	1.00	1.00	1.00	1.00	1.00	1.00
		IMC-SIS	4.0	4.0	4.0	4.0	5.0	1.00	1.00	1.00	1.00	1.00	1.00	1.00	1.00	1.00	1.00
	40%	APC-SIS-AC	4.0	4.0	4.0	4.0	11.0	1.00	1.00	0.99	1.00	0.99	1.00	1.00	1.00	1.00	1.00
		IMC-SIS	4.0	4.0	4.0	4.0	14.1	1.00	1.00	0.99	1.00	0.99	1.00	1.00	1.00	1.00	1.00
0.2	0	FULL	4.0	4.0	4.0	4.0	6.0	1.00	1.00	1.00	1.00	1.00	1.00	1.00	1.00	1.00	1.00
	10%	APC-SIS-AC	4.0	4.0	4.0	4.0	7.0	1.00	1.00	0.99	1.00	0.99	1.00	1.00	0.99	1.00	0.99
		IMC-SIS	4.0	4.0	4.0	4.0	7.0	1.00	1.00	0.99	1.00	0.99	1.00	1.00	0.99	1.00	0.99
	25%	APC-SIS-AC	4.0	4.0	4.0	4.0	14.0	1.00	1.00	0.98	1.00	0.98	1.00	1.00	0.99	1.00	0.99
		IMC-SIS	4.0	4.0	4.0	4.0	14.1	1.00	1.00	0.99	1.00	0.99	1.00	1.00	0.99	1.00	0.99
	40%	APC-SIS-AC	4.0	4.0	5.0	12.0	153.7	1.00	1.00	0.88	1.00	0.88	1.00	1.00	0.92	1.00	0.92
		IMC-SIS	4.0	4.0	4.0	8.0	73.1	1.00	1.00	0.92	1.00	0.92	1.00	1.00	0.96	1.00	0.96
0.5	0	FULL	4.0	4.0	5.0	18.2	300.3	1.00	0.95	0.93	0.95	0.85	1.00	0.96	0.96	0.97	0.90
	10%	APC-SIS-AC	4.0	4.0	6.5	33.2	364.0	1.00	0.95	0.84	0.98	0.79	1.00	0.96	0.89	0.98	0.84
		IMC-SIS	4.0	4.0	6.0	29.0	328.0	1.00	0.94	0.86	0.97	0.80	1.00	0.96	0.90	0.98	0.85
	25%	APC-SIS-AC	4.0	5.0	12.0	87.5	889.5	1.00	0.95	0.73	0.98	0.69	1.00	0.96	0.80	0.99	0.75
		IMC-SIS	4.0	4.0	9.0	50.0	510.5	1.00	0.95	0.80	0.97	0.74	1.00	0.96	0.85	0.98	0.80
	40%	APC-SIS-AC	5.0	22.8	112.5	648.5	2552.0	0.97	0.95	0.40	0.99	0.36	0.99	0.96	0.51	0.99	0.48
		IMC-SIS	4.0	8.0	32.5	168.8	1362.0	0.99	0.94	0.65	0.95	0.58	1.00	0.96	0.72	0.96	0.67

6.4 对于招聘数据的分析

为说明我们所提出方法的应用场景, 我们将 IMC-SIS 方法应用于从我国某招聘网站收集到的岗位工资数据集。当人们想要求职时, 月薪是吸引人才的重要因素之一。在不同行业收入有明显的不平衡, 我们仅以汽车服务和销售行业为例, 这是因为随着我国私人汽车的普及, 汽车服务和销售行业正蓬勃发展。网站不仅提供了岗位的月薪, 还提供了充分的信息, 包括岗位描述、公司信息、申请要求、雇员福利等。我们想要研究哪些因素对月薪的影响大。

数据集共有 $n = 318$ 条汽车服务和销售岗位的在线招聘广告信息。响应变量 Y 是月工资, 有 $R = 5$ 个不同的水平: $(0, 3.5]$, $(3.5, 5]$, $(5, 8]$, $(8, 12.5]$ 及 $(12.5, \infty)$, 单位为千元, 总共有 $p + q = 2232$ 个分类自变量。其中, 四个自变量是多分类的: 工作经历、教育背景、招募人数以及企业人数, 其他的 2228 个自变量是二分类的。每一个二分类变量表示招聘广告中是否存在关键词。例如, 招聘广告中是否包含 "意外保险", "晋升" 是否在岗位描述中。响应变量 Y 是完全可被观测到的。因为, 在网站上公司提供的所有信息都是可选择的, 共有 $q = 62$ 个自变量有缺失数据, 包括 58 个二分类变量。我们从雇员福利中抽取了 58 关键词, 有近 16% 的公司并未提供关于雇员福利的信息, 因此在招聘广告中相关信息是无法被观测到的。在这种情况下, 这些二分类变量认为是未知的, 而非为零。缺失比例从 1.9% 到 49.1%, 且平均缺失比例约为 16%。其他 $p = 2170$ 个自变量是完全可被观测到的。

在该数据集上, 我们同时应用了 IMC-SIS 和 APC-SIS-AC, 并取 $d = [n/\ln n] = 55$ 个特征纳入活跃自变量集合。在 IMC-SIS 的步骤 1 中, 我们取 $d_{\min} = 1$ 和 $d_{\max} = 10$。选择的结果见图 6.1。在图中, 每一个点表示选到的一个自变量。横坐标是通过 APC-SIS-AC 方法得到的调整后皮尔逊卡方统计量, 而纵坐标则是通过 IMC-SIS 方法得到的。因为对于完全可观测到的自变量, APC-SIS-AC 和 IMC-SIS 计算的结果是一致的, 所以自变量在对角线上, 表明了该自变量无缺失值。不在对角线上的自变量是选出来的, 带有缺失值。圆点表示被两种方法都被选中的自变量, 方块表示只被 IMC-SIS 选中, 而菱形表示只被 APC-SIS-AC 选中。在图 6.1 中, 我们标注了部分自变量表示的信息在点附近。

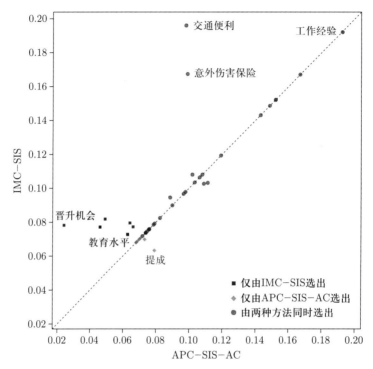

图 6.1   在实际数据中 IMC-SIS 和 APC-SIS-AC 筛选变量结果的比较

从图 6.1 可知, 两种方法均认为 "工作经历" 对该行业是必要的, 也是一个重要的自变量。根据筛选统计量选取较大数值的自变量, 有两个自变量是很特殊的, 它们分别是 "交通便利性" 和 "意外保险"。虽然它们被两种筛选方法都选中, 但是相较于 APC-SIS-AC, 这两个自变量在 IMC-SIS 的重要性远高得多。仅仅被 IMC-SIS 选择的自变量有 9 个, 其中包括 "晋升机会", "教育水平" 和其他 7 个有关于雇员福利, 如是否提供午餐, 是否提供通讯补助以及是否提供旅游等。从经验而言, 它们是较为重要的自变量, 但其并未被 APC-SIS-AC 选中。而变量 "提成" 则是被 APC-SIS-AC 选中, 但未被 IMC-SIS 选中。通常情况, 招聘广告中 "高薪提成" 是作为一种吸引应聘者的手段, 实际上对月收入的影响一般不大。

6.5　理论结果的证明

引理 6.1 (伯恩斯坦不等式)(van der Vaart et al., 1996)　令 $Z_1, \cdots, Z_n$ 是独立随机变量, 其支撑集是有界的, 即 $[-M, M]$, 且均值为零。于是

$$P\left(\left|\sum_{i=1}^{n} Z_i\right| > t\right) \leqslant 2\exp\left\{-\frac{t^2}{2(v + Mt/3)}\right\},$$

其中, $v \geqslant Var\left(\sum_{i=1}^{n} Z_i\right)$。

利用该不等式, 我们可以得到以下引理。

引理 6.2　对于分类的响应变量 Y 和分类的且完全可观测到的自变量 U_k, 我们有以下三个不等式:

(1) $P(|\hat{p}_r - p_r| > t) \leqslant 2\exp\left\{-\frac{6nt^2}{3+4t}\right\}$;

(2) $P\left(\left|\hat{w}_j^{U_k} - w_j^{U_k}\right| > t\right) \leqslant 2\exp\left\{-\frac{6nt^2}{3+4t}\right\}$;

(3) $P\left(\left|\hat{\pi}_{r,j}^{U_k} - \pi_{r,j}^{U_k}\right| > t\right) \leqslant 2\exp\left\{-\frac{6nt^2}{3+4t}\right\}$。

引理 6.3　对于分类的响应变量 Y 和分类的且完全可观测到的自变量 U_k, 在条件 1 下, 我们有

$$P\left(\left|\widehat{APC}(Y, U_k) - APC(Y, U_k)\right| > \epsilon\right) \leqslant O(RJ)\exp\left\{-e_1\frac{n\epsilon^2}{R^6 J^6}\right\},$$

其中, e_1 是一个常数。

推论 6.1　对于缺失指示器 δ_l 和分类的且完全可观测到的自变量 U_k, 在条件 1 和 3 下, 我们有

$$P\left(\left|\widehat{APC}(\delta_l, U_k) - APC(\delta_l, U_k)\right| > \epsilon\right) \leqslant O(J)\exp\left\{-e_{2,l}\frac{n\epsilon^2}{J^6}\right\}, \qquad (6.17)$$

其中, $e_{2,l}$ 是一个常数。

引理 6.4　在条件 1, 3, 4 及 5 下, 我们有

$$P\left(\mathcal{M}_l \subseteq \hat{\mathcal{M}}_l\right) \geqslant 1 - O(pJ)\exp\left\{-e_{3,l}\frac{n^{1-2\tau_{\delta_l}}}{J^6}\right\}, \qquad (6.18)$$

且

$$P\left(\hat{\mathcal{M}}_l \subseteq \overline{\mathcal{M}}_l\right) \geqslant 1 - O(pJ) \exp\left\{-e_{3,l} \frac{n^{1-2\tau_{\delta_l}}}{J^6}\right\}, \qquad (6.19)$$

其中, $e_{3,l}$ 是一个常数。

引理 6.5　对于分类的响应变量 Y 和分类的且部分可观测到的自变量 V_l, 在条件 1, 3, 4 及 5 下, 我们有

$$\begin{aligned}P\left(\left|\hat{\pi}_{r,j}^{V_l} - \pi_{r,j}^{V_l}\right| > t\right) \leqslant{} & O(pJ) \exp\left\{-e_{3,l} \frac{n^{1-2\tau_{\delta_l}}}{J^6}\right\} \\ & + O(J^{\overline{m}}) \exp\left\{-e_4 \frac{nt^2}{R^4 J^{6m}}\right\},\end{aligned}$$

其中, $e_{3,l}$ 在引理 6.4 中给出, $l = 1, 2, \cdots, q$, 且 e_4 是一个常数。

推论 6.2　对于分类的响应变量 Y 和分类的且部分可观测到的自变量 V_l, 在条件 1, 3, 4 及 5 下, 我们有

$$\begin{aligned}P\left(\left|\hat{w}_j^{V_l} - w_j^{V_l}\right| > t\right) \leqslant{} & O(pRJ) \exp\left\{-e_{3,l} \frac{n^{1-2\tau_{\delta_l}}}{J^6}\right\} \\ & + O(RJ^{\overline{m}}) \exp\left\{-e_4 \frac{nt^2}{R^6 J^{6\overline{m}}}\right\},\end{aligned}$$

其中, $e_{3,l}$ 和 e_4 分别在引理 6.4 和引理 6.5 中给出。

引理 6.6　对于分类的响应变量 Y 和分类的且部分可观测的自变量 V_l, 在条件 1, 3, 4 及 5 下, 我们有

$$\begin{aligned}P\left(\left|\widehat{\mathrm{APC}}(Y, V_l) - \mathrm{APC}(Y, V_l)\right| > \epsilon\right) \leqslant{} & O(pRJ^2) \exp\left\{-e_{3,l} \frac{n^{1-2\tau_{\delta_l}}}{J^6}\right\} \\ & + O(RJ^{\overline{m}+1}) \exp\left\{-e_5 \frac{n\epsilon^2}{R^{10} J^{6\overline{m}+6}}\right\},\end{aligned}$$

其中, $e_{3,l}$ 在引理 6.4 中给出, 且 e_5 是一个常数。

定理 6.1 的证明: 定义四个自变量集合:

$$\boldsymbol{U}^{\mathcal{D}} = (\boldsymbol{U}, \boldsymbol{V})^{\mathcal{D}} \cup \{V_1, \cdots, V_q\}; \quad \boldsymbol{V}^{\mathcal{D}} = (\boldsymbol{U}, \boldsymbol{V})^{\mathcal{D}} \cup \{U_1, \cdots, U_p\};$$

$$\boldsymbol{U}^{\hat{\mathcal{D}}} = (\boldsymbol{U}, \boldsymbol{V})^{\hat{\mathcal{D}}} \cup \{V_1, \cdots, V_q\}; \quad \boldsymbol{V}^{\hat{\mathcal{D}}} = (\boldsymbol{U}, \boldsymbol{V})^{\hat{\mathcal{D}}} \cup \{U_1, \cdots, U_p\}。$$

很明显, $(\boldsymbol{U}, \boldsymbol{V})^{\mathcal{D}} = \boldsymbol{U}^{\mathcal{D}} \cap \boldsymbol{V}^{\mathcal{D}}$ 且 $(\boldsymbol{U}, \boldsymbol{V})^{\hat{\mathcal{D}}} = \boldsymbol{U}^{\hat{\mathcal{D}}} \cap \boldsymbol{V}^{\hat{\mathcal{D}}}$。根据引理 6.3 和引理 6.6, 我们有

$$
P\Big((\boldsymbol{U}, \boldsymbol{V})^{\mathcal{D}} \subseteq (\boldsymbol{U}, \boldsymbol{V})^{\hat{\mathcal{D}}}\Big)
$$

$$
= P\Big((\boldsymbol{U}^{\mathcal{D}} \cap \boldsymbol{V}^{\mathcal{D}}) \subseteq \Big(\boldsymbol{U}^{\hat{\mathcal{D}}} \cap \boldsymbol{V}^{\hat{\mathcal{D}}}\Big)\Big) \geqslant P\Big(\Big(\boldsymbol{U}^{\mathcal{D}} \subseteq \boldsymbol{U}^{\hat{\mathcal{D}}}\Big) \cap \Big(\boldsymbol{V}^{\mathcal{D}} \subseteq \boldsymbol{V}^{\hat{\mathcal{D}}}\Big)\Big)
$$

$$
\geqslant P\Big(\Big\{\Big|\widehat{\mathrm{APC}}(Y, U_k) - \mathrm{APC}(Y, U_k)\Big| \leqslant cn^{-\tau}, \forall U_k \in \boldsymbol{U}^{\mathcal{D}}\Big\} \cap
$$

$$
\Big\{\Big|\widehat{\mathrm{APC}}(Y, V_l) - \mathrm{APC}(Y, V_l)\Big| \leqslant cn^{-\tau}, \forall V_l \in \boldsymbol{V}^{\mathcal{D}}\Big\}\Big)
$$

$$
\geqslant 1 - \sum_{k=1}^{p} P\left(\Big|\widehat{\mathrm{APC}}(Y, U_k) - \mathrm{APC}(Y, U_k)\Big| > cn^{-\tau}\right) -
$$

$$
\sum_{l=1}^{q} P\left(\Big|\widehat{\mathrm{APC}}(Y, V_l) - \mathrm{APC}(Y, V_l)\Big| > cn^{-\tau}\right)
$$

$$
\geqslant 1 - p \cdot O(RJ) \exp\left\{-e_1 \frac{c^2 n^{1-2\tau}}{R^6 J^6}\right\} -
$$

$$
q \cdot \left(O(pRJ^2) \exp\left\{-e_{3,l} \frac{n^{1-2\tau_{\delta_l}}}{J^6}\right\} +
$$

$$
O(RJ^{\overline{m}+1}) \exp\left\{-e_5 \frac{c^2 n^{1-2\tau}}{R^{10} J^{6\overline{m}+6}}\right\}\right)
$$

$$
\geqslant 1 - O\big(p \exp\big\{-b_1 n^{1-2\tau-6\xi-6\kappa} + (\xi+\kappa)\ln n\big\}\big) -
$$

$$
O\big(pq \exp\big\{-b_2 n^{1-2\tau_\delta-6\kappa} + (\xi+2\kappa)\ln n\big\}\big) -
$$

$$
O\big(q \exp\big\{-b_3 n^{1-2\tau-10\xi-(6\overline{m}+6)\kappa} + (\xi+(\overline{m}+1)\kappa)\ln n\big\}\big),
$$

其中, $\tau_\delta = \max_{1\leqslant l\leqslant q} \tau_{\delta_l}$, $b_2 = \min_{1\leqslant l\leqslant q} e_{3,l}$, b_1 和 b_3 都是常数。

定理 6.2 的证明: 注意到

$$
\Big\{(\boldsymbol{U}, \boldsymbol{V})^{\mathcal{D}} = (\boldsymbol{U}, \boldsymbol{V})^{\hat{\mathcal{D}}}\Big\} = \Big\{(\boldsymbol{U}, \boldsymbol{V})^{\mathcal{D}} \subseteq (\boldsymbol{U}, \boldsymbol{V})^{\hat{\mathcal{D}}}\Big\} \cap \Big\{(\boldsymbol{U}, \boldsymbol{V})^{\mathcal{D}} \supseteq (\boldsymbol{U}, \boldsymbol{V})^{\hat{\mathcal{D}}}\Big\}
$$

等价于

$$
\Big\{(\boldsymbol{U}, \boldsymbol{V})^{\mathcal{D}} \neq (\boldsymbol{U}, \boldsymbol{V})^{\hat{\mathcal{D}}}\Big\} = \Big\{(\boldsymbol{U}, \boldsymbol{V})^{\mathcal{D}} \nsubseteq (\boldsymbol{U}, \boldsymbol{V})^{\hat{\mathcal{D}}}\Big\} \cup \Big\{(\boldsymbol{U}, \boldsymbol{V})^{\mathcal{D}} \nsupseteq (\boldsymbol{U}, \boldsymbol{V})^{\hat{\mathcal{D}}}\Big\}。
$$

$$
\tag{6.20}
$$

对于等式 (6.20) 右侧的第一部分, 根据定理 6.8 的结论, 我们有

$$P\Big((\boldsymbol{U}, \boldsymbol{V})^{\mathcal{D}} \nsubseteq (\boldsymbol{U}, \boldsymbol{V})^{\hat{\mathcal{D}}}\Big)$$

$$\leqslant O\big(p \exp\big\{-b_1 n^{1-2\tau-6\xi-6\kappa} + (\xi+\kappa)\ln n\big\}\big) +$$

$$O\big(pq \exp\big\{-b_2 n^{1-2\tau_\delta-6\kappa} + (\xi+2\kappa)\ln n\big\}\big) +$$

$$O\big(q \exp\big\{-b_3 n^{1-2\tau-10\xi-(6\overline{m}+6)\kappa} + (\xi+(\overline{m}+1)\kappa)\ln n\big\}\big) \text{。}$$

类似于定理 6.1 的证明, 我们有

$$P\Big((\boldsymbol{U}, \boldsymbol{V})^{\mathcal{D}} \supseteq (\boldsymbol{U}, \boldsymbol{V})^{\hat{\mathcal{D}}}\Big)$$

$$= P\Big(\big(\boldsymbol{U}^{\mathcal{D}} \cap \boldsymbol{V}^{\mathcal{D}}\big) \supseteq \big(\boldsymbol{U}^{\hat{\mathcal{D}}} \cap \boldsymbol{V}^{\hat{\mathcal{D}}}\big)\Big) \geqslant P\Big(\big(\boldsymbol{U}^{\mathcal{D}} \supseteq \boldsymbol{U}^{\hat{\mathcal{D}}}\big) \cap \big(\boldsymbol{V}^{\mathcal{D}} \supseteq \boldsymbol{V}^{\hat{\mathcal{D}}}\big)\Big)$$

$$\geqslant P\Big(\Big\{\Big|\widehat{\mathrm{APC}}(Y, U_k) - \mathrm{APC}(Y, U_k)\Big| \leqslant \frac{1}{2} c n^{-\tau}, \forall U_k \notin \boldsymbol{U}^{\mathcal{D}}\Big\} \cap$$

$$\Big\{\Big|\widehat{\mathrm{APC}}(Y, V_l) - \mathrm{APC}(Y, V_l)\Big| \leqslant \frac{1}{2} c n^{-\tau}, \forall V_l \notin \boldsymbol{V}^{\mathcal{D}}\Big\}\Big)$$

$$\geqslant 1 - \sum_{k=1}^{p} P\Big(\Big|\widehat{\mathrm{APC}}(Y, U_k) - \mathrm{APC}(Y, U_k)\Big| > \frac{1}{2} c n^{-\tau}\Big) -$$

$$\sum_{l=1}^{q} P\Big(\Big|\widehat{\mathrm{APC}}(Y, V_l) - \mathrm{APC}(Y, V_l)\Big| > \frac{1}{2} c n^{-\tau}\Big)$$

$$\geqslant 1 - O\big(p \exp\big\{-4^{-1} b_1 n^{1-2\tau-6\xi-6\kappa} + (\xi+\kappa)\ln n\big\}\big) -$$

$$O\big(pq \exp\big\{-b_2 n^{1-2\tau_\delta-6\kappa} + (\xi+2\kappa)\ln n\big\}\big) -$$

$$O\big(q \exp\big\{-4^{-1} b_3 n^{1-2\tau-10\xi-(6\overline{m}+6)\kappa} + (\xi+(\overline{m}+1)\kappa)\ln n\big\}\big) \text{。}$$

对于等式 (6.20) 右侧的第二部分, 一个很明显的结论为

$$P\Big((\boldsymbol{U}, \boldsymbol{V})^{\mathcal{D}} \nsupseteq (\boldsymbol{U}, \boldsymbol{V})^{\hat{\mathcal{D}}}\Big)$$

$$\leqslant O\big(p \exp\big\{-4^{-1} b_1 n^{1-2\tau-6\xi-6\kappa} + (\xi+\kappa)\ln n\big\}\big) +$$

$$O\big(pq \exp\big\{-b_2 n^{1-2\tau_\delta-6\kappa} + (\xi+2\kappa)\ln n\big\}\big) +$$

$$O\big(q \exp\big\{-4^{-1} b_3 n^{1-2\tau-10\xi-(6\overline{m}+6)\kappa} + (\xi+(\overline{m}+1)\kappa)\ln n\big\}\big) \text{。}$$

合并这两部分, 我们有

$$P\left((\boldsymbol{U},\boldsymbol{V})^{\mathcal{D}} \neq (\boldsymbol{U},\boldsymbol{V})^{\hat{\mathcal{D}}}\right)$$

$$\leqslant P\left((,\boldsymbol{V})^{\mathcal{D}} \nsubseteq (\boldsymbol{U},\boldsymbol{V})^{\hat{\mathcal{D}}}\right) + P\left((\boldsymbol{U},\boldsymbol{V})^{\mathcal{D}} \nsupseteq (\boldsymbol{U},\boldsymbol{V})^{\hat{\mathcal{D}}}\right)$$

$$\leqslant O\left(p \exp\left\{-4^{-1}b_1 n^{1-2\tau-6\xi-6\kappa} + (\xi+\kappa)\ln n\right\}\right) +$$

$$\quad O\left(pq \exp\left\{-b_2 n^{1-2\tau_\delta-6\kappa} + (\xi+2\kappa)\ln n\right\}\right) +$$

$$\quad O\left(q \exp\left\{-4^{-1}b_3 n^{1-2\tau-10\xi-(6\overline{m}+6)\kappa} + (\xi+(\overline{m}+1)\kappa)\ln n\right\}\right) 。$$

由此可证。

第 7 章

半参数模型下利用外部统计量的有效估计

7.1 基本设定

在现代统计数据分析中, 除了通过精心设计而有效收集到的主要数据 (以后称其为 "内部数据") 以外, 经常还会获得一些其他的 "外部数据"。通常, 内部数据是拥有每个个体的数据, 而外部数据可能是个体数据, 也可能是一些统计量。在第 1 章中我们已经详细介绍了一些背景, 这里不再赘述。从这一章开始, 我们探讨如何有效地利用外部数据来提升对内部数据估计的效率。本章主要考虑一个外部数据, 仅有统计量可以获得, 并可能存在数据异质性的情况。

记 Y 为我们关心的因变量, $\boldsymbol{X}$ 是自变量。假设内部数据还有一个额外可以获得的自变量 $\boldsymbol{Z}$ (在外部数据里没有)。用 $D=1$ 表示内部数据, $D=0$ 表示外部数据。假设内部数据和外部数据的总样本量为 n (一个已知的非随机数字), 内部数据的样本量 n_1 可以看作是随机的或者是非随机的。在把 n_1 看作是随机的情况下, 我们的样本数据为 $(Y_i, \boldsymbol{X}_i, \boldsymbol{Z}_i, D_i), i=1, \cdots, n$, 其中 $(Y_i, \boldsymbol{X}_i, \boldsymbol{Z}_i, D_i) \sim (Y, \boldsymbol{X}, \boldsymbol{Z}, D)$, 密度函数记为 $f(y, \boldsymbol{x}, \boldsymbol{z}, d)$。注意 $\boldsymbol{Z}_i$ 在外部数据里实际上并不能获得, 但为了符号上方便, 我们依然这样表达, 在实际的建模过程中并不会用到。内部数据的样本量 $n_1 = \sum_{i=1}^{n} D_i$ 是一个随机变量, 其期望为 πn, $\pi = P(D=1)$, 外部数据的样本量为 $n_0 = n - n_1$。在把 n_1 看作是非随机的情况下, 内部数据为 $(Y_i, \boldsymbol{X}_i, \boldsymbol{Z}_i, D_i = 1), i=1, \cdots, \pi n$, 其中 πn 是一个已知的非随机数字, $(Y_i, \boldsymbol{X}_i, \boldsymbol{Z}_i) \sim f(y, \boldsymbol{x}, \boldsymbol{z}|D=1)$。外部数据是另外一个独立的样本 $(Y_i, \boldsymbol{X}_i, \boldsymbol{Z}_i, D_i = 0), i=1, \cdots, (1-\pi)n$, 其中 $(Y_i, \boldsymbol{X}_i, \boldsymbol{Z}_i) \sim f(y, \boldsymbol{x}, \boldsymbol{z}|D=0)$。不管在哪种情况下, 我们都假设样本量 n 趋于无穷。记 $\boldsymbol{W} = (\boldsymbol{X}^\top, \boldsymbol{Z}^\top)^\top$, 假设 $\boldsymbol{W}$ 的维度是固定且非高维的。对于 $\boldsymbol{W}$

为高维的情况, 我们会在后面进行一些讨论。

文献 [5](Chatterjee et al., 2016) 中考虑了如下两个核心假设:

内部数据和外部数据的分布相同, 即

$$f(y, \boldsymbol{x}, \boldsymbol{z} \mid D = 1) = f(y, \boldsymbol{x}, \boldsymbol{z} \mid D = 0)。 \tag{A1}$$

内部数据具有一个正确给定的参数模型

$$f(y \mid \boldsymbol{x}, \boldsymbol{z}, D = 1) = f_\theta(y \mid \boldsymbol{x}, \boldsymbol{z}), \tag{B1}$$

其中 θ 是一个未知参数, f_θ 是已知函数 (当 θ 已知时)。他们的方法是在内部数据上基于 $f_\theta(y \mid \boldsymbol{x}, \boldsymbol{z})$ 做极大似然估计, 但是加入了限制

$$0 = \iiint u(y, \boldsymbol{x}, \varphi) f_\theta(y \mid \boldsymbol{x}, \boldsymbol{z}) f(\boldsymbol{x}, \boldsymbol{z} \mid D = 0) \mathrm{d}y \mathrm{d}x \mathrm{d}z, \tag{C1}$$

其中 $u(\cdot)$ 是一个基于外部数据的 "工作模型" 的已知方程, φ 是一个未知的参数向量。在假设 (A1) 下, (C1) 中给定的 $D = 0$ 可以忽略。为了使用这个限制, 我们可以先从外部数据获得一个 φ 的估计量 $\hat{\varphi}$ (这就是我们所说的外部统计量), 然后将 (C1) 中的积分替换为内部数据上的样本均值。

在这一章中, 我们首先考虑如何将假设 (B1) 进行减弱。因为参数模型的假设实在是太强, 在实践当中很可能是错误的。为达到这一目的, 我们主要采取广义估计方程 (GEE) 的方法。具体而言, 我们假设

$$\boldsymbol{0} = E\left[\{Y - \phi(\boldsymbol{W}^\top \boldsymbol{\beta})\}\boldsymbol{W} \mid D = 1\right], \tag{B2}$$

其中 ϕ 是一个已知的方程, $\boldsymbol{0}$ 表示一个元素全为 0 的向量, $\boldsymbol{\beta}$ 是我们感兴趣的未知参数。这个方法实际上是非参数的, 因为 (B2) 中的期望是对 $(Y, \boldsymbol{W})$ 的联合分布而求得的, 因此 $\boldsymbol{\beta}$ 几乎总是可以被合理定义。一个半参数的 GEE 假设 $E(Y|\boldsymbol{W}) = \phi(\boldsymbol{W}^\top \boldsymbol{\beta})$, 它实际上比 (B2) 要更强一些, 但依然比参数假设 (B1) 要弱很多。在过去的三十年间, GEE 的方法已经在很多领域得到应用且获得了巨大的成功。我们将在节 7.2 中讨论如何利用外部的统计量信息来提升基于 (B2) 的 GEE 的估计效率。

其次我们考虑如何将假设 (A1) 进行减弱。在实践当中, 数据的异质性广泛存在, 尤其是当外部数据来自过往的研究或者是另外的研究, 因此对假设 (A1) 进行放松是非常有必要的。在数据具有异质性的情况下, 这个问题是非常困难的, 它类似于缺失数据中的非随机缺失: 具有完整数据的总体和

具有缺失数据的总体的分布不相同。文献 [5](Chatterjee et al., 2016), 文献 [87](Yang et al., 2020b) 中考虑了数据异质性的情况, 但是需要假设外部数据的个体数据都可以获得。在节 7.3 中我们将详细分析对假设 (A1) 的稳健性, 并提出对其进行减弱的方法。

7.2 同质数据下的 GMM 方法

在这一节中, 我们假设 (A1) 和 (B2) 成立。当 (A1) 成立时, (B2) 中的给定 $D = 1$ 可以忽略。假设外部的统计量是根据 GEE

$$0 = E[\{Y - \psi(\boldsymbol{X}^\top \boldsymbol{\gamma})\} \boldsymbol{X} \mid D = 0] \tag{7.1}$$

获得的关于 $\boldsymbol{\gamma}$ 的估计量 $\hat{\boldsymbol{\gamma}}$, 其中 ψ 是一个从外部数据的 "工作模型" 得到的已知方程。这个工作模型并不要求是正确的。我们只能获得 $\hat{\boldsymbol{\gamma}}$ 的值以及方程 (7.1) 的形式, 但是并不需要知道外部数据的个体数据。由于 (A1) 成立, 我们可以忽略掉 (7.1) 中的 $D = 0$ 并得到 $E(Y\boldsymbol{X}) = E\{\psi(\boldsymbol{X}^\top \boldsymbol{\gamma})\boldsymbol{X}\}$。另一方面, 根据 (A1) 和 (B2) 有 $E(Y\boldsymbol{X}) = E\{\phi(\boldsymbol{W}^\top \boldsymbol{\beta})\boldsymbol{X}\}$。因此

$$0 = E[\{\psi(\boldsymbol{X}^\top \boldsymbol{\gamma}) - \phi(\boldsymbol{W}^\top \boldsymbol{\beta})\} \boldsymbol{X} \mid D = 1], \tag{C2}$$

这里 $D = 1$ 在这一节里事实上可以忽略, 但为了在下一节里的推导, 我们依然保留它。注意 (C2) 搭建了一个外部数据和内部数据的桥梁。

基于 (B2) 和 (C2), 我们可以构建估计方程

$$\bar{\boldsymbol{g}}(\boldsymbol{\gamma}, \boldsymbol{\beta}) = \frac{1}{n_1} \sum_{i=1}^{n} D_i \boldsymbol{g}(Y_i, \boldsymbol{W}_i, \boldsymbol{\gamma}, \boldsymbol{\beta}),$$

$$\boldsymbol{g}(y, \boldsymbol{w}, \boldsymbol{\gamma}, \boldsymbol{\beta}) = \begin{pmatrix} \boldsymbol{g}_1(y, \boldsymbol{w}, \boldsymbol{\beta}) \\ \boldsymbol{g}_2(\boldsymbol{w}, \boldsymbol{\gamma}, \boldsymbol{\beta}) \end{pmatrix} = \begin{pmatrix} \{y - \phi(\boldsymbol{w}^\top \boldsymbol{\beta})\}\boldsymbol{w} \\ \{\psi(\boldsymbol{x}^\top \boldsymbol{\gamma}) - \phi(\boldsymbol{w}^\top \boldsymbol{\beta})\}\boldsymbol{x} \end{pmatrix}, \tag{7.2}$$

其中 $\boldsymbol{w} = (\boldsymbol{x}^\top, \boldsymbol{z}^\top)^\top$。给定来自外部的估计量 $\hat{\boldsymbol{\gamma}}$, 我们可以基于 $\bar{\boldsymbol{g}}(\hat{\boldsymbol{\gamma}}, \boldsymbol{\beta})$ 利用 GMM 方法 (Hansen, 1982) 来估计 $\boldsymbol{\beta}$。

具体而言, 记 $\hat{\boldsymbol{\beta}}^{(1)} = \arg\min_{\boldsymbol{\beta}}\{\bar{\boldsymbol{g}}(\hat{\boldsymbol{\gamma}}, \boldsymbol{\beta})^\top \bar{\boldsymbol{g}}(\hat{\boldsymbol{\gamma}}, \boldsymbol{\beta})\}$,

$$\hat{\boldsymbol{\Sigma}} = \frac{1}{n_1} \sum_{i=1}^{n} D_i \boldsymbol{g}(Y_i, \boldsymbol{W}_i, \hat{\boldsymbol{\gamma}}, \hat{\boldsymbol{\beta}}^{(1)}) \boldsymbol{g}(Y_i, \boldsymbol{W}_i, \hat{\boldsymbol{\gamma}}, \hat{\boldsymbol{\beta}}^{(1)})^\top,$$

则 $\boldsymbol{\beta}$ 的 GMM 估计为

$$\hat{\boldsymbol{\beta}} = \arg\min_{\boldsymbol{\beta}} \left\{ \bar{\boldsymbol{g}}(\hat{\boldsymbol{\gamma}}, \boldsymbol{\beta})^{\top} \hat{\boldsymbol{\Sigma}}^{-1} \bar{\boldsymbol{g}}(\hat{\boldsymbol{\gamma}}, \boldsymbol{\beta}) \right\}. \tag{7.3}$$

下面的定理建立了 $\hat{\boldsymbol{\beta}}$ 的渐近正态性, 并给出了渐近方差的具体表达式。

定理 7.1　假设 (A1) 和 (B2) 成立, $(\boldsymbol{\gamma}, \boldsymbol{\beta})$ 的真值 $(\boldsymbol{\gamma}_*, \boldsymbol{\beta}_*)$ 是参数空间的一个内点, 在 (7.2) 中定义的函数 $\boldsymbol{g}(y, \boldsymbol{w}, \boldsymbol{\gamma}, \boldsymbol{\beta})$ 在 $(\boldsymbol{\gamma}_*, \boldsymbol{\beta}_*)$ 的一个邻域 $\mathcal{N}$ 中对 $(\boldsymbol{\gamma}, \boldsymbol{\beta})$ 连续可导, $\boldsymbol{\Sigma} = E\{\boldsymbol{g}(Y, \boldsymbol{W}, \boldsymbol{\gamma}_*, \boldsymbol{\beta}_*)\boldsymbol{g}(Y, \boldsymbol{W}, \boldsymbol{\gamma}_*, \boldsymbol{\beta}_*)^{\top}\}$ 存在且正定, $\boldsymbol{M} = E\{\nabla_{\boldsymbol{\beta}}\boldsymbol{g}(Y, \boldsymbol{W}, \boldsymbol{\gamma}_*, \boldsymbol{\beta}_*)\}$ 存在且满秩, $E\{\sup_{(\boldsymbol{\gamma}, \boldsymbol{\beta}) \in \mathcal{N}} \|\nabla_{\boldsymbol{\gamma}, \boldsymbol{\beta}}\boldsymbol{g}(Y, \boldsymbol{W}, \boldsymbol{\gamma}, \boldsymbol{\beta})\|\} < \infty$, 其中 $\nabla_{\boldsymbol{\xi}}$ 表示对 $\boldsymbol{\xi}$ 的偏导, $\|\boldsymbol{C}\|^2 = \operatorname{trace}(\boldsymbol{C}\boldsymbol{C}^{\top})$. 假设内部数据的样本量 $n_1 \to \infty$, 而且内部数据和外部数据的样本量之比 $n_1/n_0 \to r \in [0, \infty)$ 几乎处处成立. 假设来自外部数据的统计量 $\hat{\boldsymbol{\gamma}}$ 是基于 (7.1) 的 GEE 估计, $\boldsymbol{\Lambda} = E[\{Y - \psi(\boldsymbol{X}^{\top}\boldsymbol{\gamma}_*)\}^2 \boldsymbol{X}\boldsymbol{X}^{\top}]$ 存在且正定, 函数 $\psi(\cdot)$ 连续可导且导函数为 ψ', $E\{\psi'(\boldsymbol{X}^{\top}\boldsymbol{\gamma}_*)\boldsymbol{X}\boldsymbol{X}^{\top}\}$ 存在且满秩, $E\{\sup_{\boldsymbol{\gamma} \in \mathcal{N}_{\boldsymbol{\gamma}_*}} \|\psi'(\boldsymbol{X}^{\top}\boldsymbol{\gamma})\boldsymbol{X}\boldsymbol{X}^{\top}\|\} < \infty$, 其中 $\mathcal{N}_{\boldsymbol{\gamma}_*}$ 是 $\boldsymbol{\gamma}_*$ 的一个邻域, 则 (7.3) 中得到的 $\hat{\boldsymbol{\beta}}$ 满足

$$\sqrt{n_1}(\hat{\boldsymbol{\beta}} - \boldsymbol{\beta}_*) \to_d N(\boldsymbol{0}, \boldsymbol{V}), \tag{7.4}$$

其中 $\to_d$ 表示依分布收敛,

$$\boldsymbol{V} = (\boldsymbol{M}^{\top}\boldsymbol{\Sigma}^{-1}\boldsymbol{M})^{-1} + r(\boldsymbol{M}^{\top}\boldsymbol{\Sigma}^{-1}\boldsymbol{M})^{-1}\boldsymbol{M}^{\top}\boldsymbol{\Sigma}^{-1}\begin{pmatrix} \boldsymbol{0} & \boldsymbol{0} \\ \boldsymbol{0} & \boldsymbol{\Lambda} \end{pmatrix}\boldsymbol{\Sigma}^{-1}\boldsymbol{M}(\boldsymbol{M}^{\top}\boldsymbol{\Sigma}^{-1}\boldsymbol{M})^{-1}, \tag{7.5}$$

且 $\boldsymbol{0}$ 表示一个全部元素均为 0 的向量或矩阵。

定理 7.1 的证明:　由于 $\hat{\boldsymbol{\beta}}$ 是 (7.3) 的解, $0 = \nabla_{\boldsymbol{\beta}}\bar{\boldsymbol{g}}(\hat{\boldsymbol{\gamma}}, \hat{\boldsymbol{\beta}})^{\top}\hat{\boldsymbol{\Sigma}}^{-1}\bar{\boldsymbol{g}}(\hat{\boldsymbol{\gamma}}, \hat{\boldsymbol{\beta}})$, 对 $\bar{\boldsymbol{g}}(\boldsymbol{\gamma}, \boldsymbol{\beta})$ 在 $\boldsymbol{\beta} = \boldsymbol{\beta}_*$ 和 $\boldsymbol{\gamma} = \boldsymbol{\gamma}_*$ 处进行泰勒展开, 得

$$\bar{\boldsymbol{g}}(\hat{\boldsymbol{\gamma}}, \hat{\boldsymbol{\beta}}) = \bar{\boldsymbol{g}}(\boldsymbol{\gamma}_*, \boldsymbol{\beta}_*) + \nabla_{\boldsymbol{\beta}}\bar{\boldsymbol{g}}(\tilde{\boldsymbol{\gamma}}, \tilde{\boldsymbol{\beta}})(\hat{\boldsymbol{\beta}} - \boldsymbol{\beta}_*) + \nabla_{\boldsymbol{\gamma}}\bar{\boldsymbol{g}}(\tilde{\boldsymbol{\gamma}}, \tilde{\boldsymbol{\beta}})(\hat{\boldsymbol{\gamma}} - \boldsymbol{\gamma}_*),$$

其中 $\tilde{\boldsymbol{\beta}}$ 位于 $\boldsymbol{\beta}_*$ 和 $\hat{\boldsymbol{\beta}}$ 之间, 且 $\tilde{\boldsymbol{\gamma}}$ 位于 $\boldsymbol{\gamma}_*$ 和 $\hat{\boldsymbol{\gamma}}$ 之间, 因此我们有

$$\hat{\boldsymbol{\beta}} - \boldsymbol{\beta}_* = -\left\{ \nabla_{\boldsymbol{\beta}}\bar{\boldsymbol{g}}(\hat{\boldsymbol{\gamma}}, \hat{\boldsymbol{\beta}})^{\top}\hat{\boldsymbol{\Sigma}}^{-1}\nabla_{\boldsymbol{\beta}}\bar{\boldsymbol{g}}(\tilde{\boldsymbol{\gamma}}, \tilde{\boldsymbol{\beta}}) \right\}^{-1} \nabla_{\boldsymbol{\beta}}\bar{\boldsymbol{g}}(\hat{\boldsymbol{\gamma}}, \hat{\boldsymbol{\beta}})^{\top}\hat{\boldsymbol{\Sigma}}^{-1} \times$$
$$\left\{ \bar{\boldsymbol{g}}(\boldsymbol{\gamma}_*, \boldsymbol{\beta}_*) + \nabla_{\boldsymbol{\gamma}}\bar{\boldsymbol{g}}(\tilde{\boldsymbol{\gamma}}, \tilde{\boldsymbol{\beta}})(\hat{\boldsymbol{\gamma}} - \boldsymbol{\gamma}_*) \right\}.$$

在定理的条件下, $\sqrt{n_0}(\hat{\boldsymbol{\gamma}} - \boldsymbol{\gamma}_*) \mid n_0 \to_d N(\boldsymbol{0}, \boldsymbol{H}^{-1}\boldsymbol{\Lambda}\boldsymbol{H}^{-1})$, 其中 $n_0 = n - n_1$ 且 $\boldsymbol{H} = E\{\psi'(\boldsymbol{X}^\top\boldsymbol{\gamma}_*)\boldsymbol{X}\boldsymbol{X}^\top\}$。注意到 $n_1/n_0 \to r$, 因此 $\sqrt{n_1}\boldsymbol{H}(\hat{\boldsymbol{\gamma}} - \boldsymbol{\gamma}_*) \to_d N(\boldsymbol{0}, r\boldsymbol{\Lambda})$。进一步, $\hat{\boldsymbol{\Sigma}}^{-1} \to_p \boldsymbol{\Sigma}^{-1}$, $\nabla_\beta\bar{\boldsymbol{g}}(\hat{\boldsymbol{\gamma}}, \hat{\boldsymbol{\beta}}) \to_p \boldsymbol{M}$, $\nabla_\beta\bar{\boldsymbol{g}}(\tilde{\boldsymbol{\gamma}}, \tilde{\boldsymbol{\beta}}) \to_p \boldsymbol{M}$, 且 $\nabla_\gamma\bar{\boldsymbol{g}}(\tilde{\boldsymbol{\gamma}}, \tilde{\boldsymbol{\beta}}) \to_p E\{\nabla_\gamma\bar{\boldsymbol{g}}(\boldsymbol{\gamma}_*, \boldsymbol{\beta}_*)\} = \begin{pmatrix} \boldsymbol{0} \\ \boldsymbol{H} \end{pmatrix}$, 因此

$$\sqrt{n_1}(\hat{\boldsymbol{\beta}} - \boldsymbol{\beta}_*)$$

$$= -\sqrt{n_1}(\boldsymbol{M}^\top\boldsymbol{\Sigma}^{-1}\boldsymbol{M})^{-1}\boldsymbol{M}^\top\boldsymbol{\Sigma}^{-1}\left\{\bar{\boldsymbol{g}}(\boldsymbol{\gamma}_*, \boldsymbol{\beta}_*) + \begin{pmatrix} \boldsymbol{0} \\ \boldsymbol{H}(\hat{\boldsymbol{\gamma}} - \boldsymbol{\gamma}_*) \end{pmatrix}\right\} + o_p(1)。$$

根据中心极限定理, $\sqrt{n_1}\bar{\boldsymbol{g}}(\boldsymbol{\gamma}_*, \boldsymbol{\beta}_*) \to_d N(\boldsymbol{0}, \boldsymbol{\Sigma})$。根据 $\hat{\boldsymbol{\gamma}}$ 和内部数据的独立性和

$$\sqrt{n_1}\begin{pmatrix} \boldsymbol{0} \\ \boldsymbol{H}(\hat{\boldsymbol{\gamma}} - \boldsymbol{\gamma}_*) \end{pmatrix} \to_d N\left(\boldsymbol{0}, r\begin{pmatrix} \boldsymbol{0} & \boldsymbol{0} \\ \boldsymbol{0} & \boldsymbol{\Lambda} \end{pmatrix}\right),$$

我们得到 (7.4)。在上述证明中, 我们反复用到了如下的结论去处理 n_1 是随机的情况: 如果 Q_n 满足 $\sqrt{n_1}Q_n \mid n_1 \to_d N(\boldsymbol{0}, \boldsymbol{\Omega})$ 且 $\boldsymbol{\Omega}$ 是一个不依赖于 n 的固定矩阵, 那么我们有 $\sqrt{n_1}Q_n \to_d N(\boldsymbol{0}, \boldsymbol{\Omega})$。

当外部数据的样本量远大于内部数据时, 假设 $n_1/n_0 \to r = 0$, 则 $\sqrt{n_1}(\hat{\boldsymbol{\beta}} - \boldsymbol{\beta}_*)$ 的渐近方差 $\boldsymbol{V} = (\boldsymbol{M}^\top\boldsymbol{\Sigma}^{-1}\boldsymbol{M})^{-1}$, $\hat{\boldsymbol{\beta}}$ 的渐近分布不会受到对 $\boldsymbol{\gamma}$ 估计的影响。如果 $r > 0$, 那么式 (7.5) 右边的第 2 项是我们需要为估计 $\boldsymbol{\gamma}$ 而付出的代价。

如果我们只利用内部数据来估计 $\boldsymbol{\beta}$, 记其 GEE 估计为 $\hat{\boldsymbol{\beta}}_I$, 那么我们有

$$\sqrt{n_1}(\hat{\boldsymbol{\beta}}_I - \boldsymbol{\beta}_*) \to_d N(\boldsymbol{0}, (\boldsymbol{M}_1^\top\boldsymbol{\Sigma}_1^{-1}\boldsymbol{M}_1)^{-1}), \tag{7.6}$$

其中 $\boldsymbol{\Sigma}_1 = E\{\boldsymbol{g}_1(Y, \boldsymbol{W}, \boldsymbol{\beta}_*)\boldsymbol{g}_1(Y, \boldsymbol{W}, \boldsymbol{\beta}_*)^\top\}$, $\boldsymbol{M}_1 = E\{\nabla_\beta\boldsymbol{g}_1(Y, \boldsymbol{W}, \boldsymbol{\beta}_*)\}$, 且 $\boldsymbol{g}_1$ 来自 (7.2)。从 (7.4) 和 (7.6) 可以看到, $\hat{\boldsymbol{\beta}}$ 的收敛速率并不比 $\hat{\boldsymbol{\beta}}_I$ 快, 它们都是 $n_1^{-1/2}$。这是因为: (1) 我们没有外部数据的个体数据, 而只有统计量; (2) 我们没有额外的关于 $\boldsymbol{Z}$ 的信息。

接下来我们证明

$$\boldsymbol{M}^\top\boldsymbol{\Sigma}^{-1}\boldsymbol{M} - \boldsymbol{M}_1^\top\boldsymbol{\Sigma}_1^{-1}\boldsymbol{M}_1 \text{ 是半正定的}, \tag{7.7}$$

即当 $r = 0$ 时, 式 (7.3) 中的 GMM 估计 $\hat{\boldsymbol{\beta}}$ 比 $\hat{\boldsymbol{\beta}}_I$ 更加有效。根据 $\boldsymbol{\Sigma}$, $\boldsymbol{g}_1$ 和

g_2 在式 (7.2) 中的定义,

$$\boldsymbol{\Sigma} = \begin{pmatrix} \boldsymbol{\Sigma}_1 & \boldsymbol{\Sigma}_{12} \\ \boldsymbol{\Sigma}_{12}^\top & \boldsymbol{\Sigma}_2 \end{pmatrix},$$

其中 $\boldsymbol{\Sigma}_{12} = E\{g_1(Y, \boldsymbol{W}, \boldsymbol{\beta}_*)g_2(\boldsymbol{W}, \boldsymbol{\gamma}_*, \boldsymbol{\beta}_*)^\top\}$, $\boldsymbol{\Sigma}_2 = E\{g_2(\boldsymbol{W}, \boldsymbol{\gamma}_*, \boldsymbol{\beta}_*)^\top\}$。根据对 $\boldsymbol{\Sigma}$ 的划分, 我们得到

$$\boldsymbol{\Sigma}^{-1} = \begin{pmatrix} \boldsymbol{\Sigma}_{(1)} & \boldsymbol{\Sigma}_{(12)} \\ \boldsymbol{\Sigma}_{(12)}^\top & \boldsymbol{\Sigma}_{(2)} \end{pmatrix},$$

其中 $\boldsymbol{\Sigma}_{(1)} = \boldsymbol{\Sigma}_1^{-1} + \boldsymbol{\Sigma}_1^{-1}\boldsymbol{\Sigma}_{12}(\boldsymbol{\Sigma}_2 - \boldsymbol{\Sigma}_{12}^\top\boldsymbol{\Sigma}_1^{-1}\boldsymbol{\Sigma}_{12})^{-1}\boldsymbol{\Sigma}_{12}^\top\boldsymbol{\Sigma}_1^{-1}$, $\boldsymbol{\Sigma}_{(12)} = -\boldsymbol{\Sigma}_1^{-1}\boldsymbol{\Sigma}_{12}$ $(\boldsymbol{\Sigma}_2 - \boldsymbol{\Sigma}_{12}^\top\boldsymbol{\Sigma}_1^{-1}\boldsymbol{\Sigma}_{12})^{-1}$, $\boldsymbol{\Sigma}_{(2)} = (\boldsymbol{\Sigma}_2 - \boldsymbol{\Sigma}_{12}^\top\boldsymbol{\Sigma}_1^{-1}\boldsymbol{\Sigma}_{12})^{-1}$。注意到 $\boldsymbol{M}^\top = (\boldsymbol{M}_1^\top, \boldsymbol{M}_2^\top)$, 其中 $\boldsymbol{M}_2 = E\{\nabla_{\boldsymbol{\beta}}g_2(\boldsymbol{W}, \boldsymbol{\gamma}_*, \boldsymbol{\beta}_*)\}$。因此

$$\boldsymbol{M}^\top\boldsymbol{\Sigma}^{-1}\boldsymbol{M} = \boldsymbol{M}_1^\top\boldsymbol{\Sigma}_1^{-1}\boldsymbol{M}_1 + \boldsymbol{A}^\top\boldsymbol{A} + \boldsymbol{B}^\top\boldsymbol{B} - \boldsymbol{A}^\top\boldsymbol{B} - \boldsymbol{B}^\top\boldsymbol{A},$$

其中 $\boldsymbol{A} = (\boldsymbol{\Sigma}_2 - \boldsymbol{\Sigma}_{12}^\top\boldsymbol{\Sigma}_1^{-1}\boldsymbol{\Sigma}_{12})^{-1/2}\boldsymbol{\Sigma}_{12}^\top\boldsymbol{\Sigma}_1^{-1}\boldsymbol{M}_1$, $\boldsymbol{B} = (\boldsymbol{\Sigma}_2 - \boldsymbol{\Sigma}_{12}^\top\boldsymbol{\Sigma}_1^{-1}\boldsymbol{\Sigma}_{12})^{-1/2}\boldsymbol{M}_2$。为此我们仅需证明 $\boldsymbol{A}^\top\boldsymbol{A} + \boldsymbol{B}^\top\boldsymbol{B} - \boldsymbol{A}^\top\boldsymbol{B} - \boldsymbol{B}^\top\boldsymbol{A}$ 是半正定的。事实上, 对于任何与 $\boldsymbol{\beta}$ 具有相同维度的向量 $\boldsymbol{c}$,

$$\boldsymbol{c}^\top(\boldsymbol{A}^\top\boldsymbol{A} + \boldsymbol{B}^\top\boldsymbol{B} - \boldsymbol{A}^\top\boldsymbol{B} - \boldsymbol{B}^\top\boldsymbol{A})\boldsymbol{c} = (\boldsymbol{A}\boldsymbol{c} - \boldsymbol{B}\boldsymbol{c})^2 \geqslant 0,$$

其等号成立当且仅当 $\boldsymbol{A}\boldsymbol{c} = \boldsymbol{B}\boldsymbol{c}$, 即 $(\boldsymbol{\Sigma}_{12}^\top\boldsymbol{\Sigma}_1^{-1}\boldsymbol{M}_1 - \boldsymbol{M}_2)\boldsymbol{c} = 0$。

为了进行统计推断, 我们需要一个对协方差矩阵 $\boldsymbol{V}$ 的相合估计

$$\hat{\boldsymbol{V}} = (\hat{\boldsymbol{M}}^\top\hat{\boldsymbol{\Sigma}}^{-1}\hat{\boldsymbol{M}})^{-1} + \frac{n_1}{n_0}(\hat{\boldsymbol{M}}^\top\hat{\boldsymbol{\Sigma}}^{-1}\hat{\boldsymbol{M}})^{-1}\hat{\boldsymbol{M}}^\top\hat{\boldsymbol{\Sigma}}^{-1}\begin{pmatrix} \mathbf{0} & \mathbf{0} \\ \mathbf{0} & \hat{\boldsymbol{\Lambda}} \end{pmatrix}\hat{\boldsymbol{\Sigma}}^{-1}\hat{\boldsymbol{M}}(\hat{\boldsymbol{M}}^\top\hat{\boldsymbol{\Sigma}}^{-1}\hat{\boldsymbol{M}})^{-1},$$

其中 $\hat{\boldsymbol{\Sigma}}$ 来自 (7.3), 但是把 $\hat{\boldsymbol{\beta}}^{(1)}$ 替换成 $\hat{\boldsymbol{\beta}}$, 即

$$\hat{\boldsymbol{M}} = \frac{1}{n_1}\sum_{i=1}^{n} D_i\nabla_{\boldsymbol{\beta}}g(Y_i, \boldsymbol{W}_i, \hat{\boldsymbol{\gamma}}, \hat{\boldsymbol{\beta}}),$$

$$\hat{\boldsymbol{\Lambda}} = \frac{1}{n_1}\sum_{i=1}^{n} D_i\{Y_i - \psi(\boldsymbol{X}_i^\top\hat{\boldsymbol{\gamma}})\}^2\boldsymbol{X}_i\boldsymbol{X}_i^\top。$$

如果在提供外部统计量的时候同时提供了 $\hat{\boldsymbol{\gamma}}$ 的一个方差估计, 那么我们也可以用它来估计矩阵 $\boldsymbol{\Lambda}$。

在这一节的最后, 我们简要讨论一下当 $\boldsymbol{W}$ 的维度依赖于 n 且可能发散的情况, 这在现代统计学中非常常见。我们可以采用带惩罚的 GMM (Caner, 2009; Liao, 2013), 具体而言,

$$\hat{\boldsymbol{\beta}}_{\lambda_n} = \arg\min_{\boldsymbol{\beta}} \left\{ \bar{\boldsymbol{g}}(\hat{\boldsymbol{\gamma}}, \boldsymbol{\beta})^\top \hat{\boldsymbol{\Sigma}}^{-1} \bar{\boldsymbol{g}}(\hat{\boldsymbol{\gamma}}, \boldsymbol{\beta}) + \lambda_n(\boldsymbol{\beta}) \right\},$$

其中 $\lambda_n(\boldsymbol{\beta})$ 是一个惩罚函数, 例如 LASSO, SCAD 或 MCP。

7.3　异质数据下的 GMM 方法

7.3.1　GMM 方法的稳健性分析

在这小一节里我们依然假设 (B2) 成立, 但是讨论 (A1) 不一定成立的情况。考虑如下比 (A1) 更弱的条件:

$$E(Y \mid \boldsymbol{X}, D = 1) = E(Y \mid \boldsymbol{X}, D = 0), f(\boldsymbol{x} \mid D = 1) = f(\boldsymbol{x} \mid D = 0)。 \quad \text{(A2)}$$

注意 (A2) 的第一部分是关于条件期望, 它可以由条件 $f(y \mid \boldsymbol{x}, D = 1) = f(y \mid \boldsymbol{x}, D = 0)$ 得到。同时, (A2) 成立的一个充分条件是 $f(y, \boldsymbol{x} \mid D = 1) = f(y, \boldsymbol{x} \mid D = 0)$, 这个条件依然比 (A1) 要弱。根据 (A2) 的第二部分,

$$E\{\psi(\boldsymbol{X}^\top \boldsymbol{\gamma})\boldsymbol{X} \mid D = 0\} = E\{\psi(\boldsymbol{X}^\top \boldsymbol{\gamma})\boldsymbol{X} \mid D = 1\},$$

同时

$$
\begin{aligned}
E(Y\boldsymbol{X} \mid D = 0) &= E\{E(Y \mid \boldsymbol{X}, D = 0)\boldsymbol{X} \mid D = 0\} \\
&= E\{E(Y \mid \boldsymbol{X}, D = 1)\boldsymbol{X} \mid D = 0\} \\
&= E\{E(Y \mid \boldsymbol{X}, D = 1)\boldsymbol{X} \mid D = 1\} \\
&= E(Y\boldsymbol{X} \mid D = 1),
\end{aligned}
$$

其中第二个式子来自 (A2) 的第一部分, 第三个式子来自 (A2) 的第二部分, 再联合 (B2), 我们依然有 (C2) 成立。因此节 7.2 中的方法和结论依然成立。

类似地, 我们也可以证明, 如果下面的条件

$$E(Y \mid \boldsymbol{W}, D = 1) = E(Y \mid \boldsymbol{W}, D = 0), f(\boldsymbol{w} \mid D = 1) = f(\boldsymbol{w} \mid D = 0) \quad \text{(A2')}$$

成立, 那么 (C2) 也成立。因此节 7.2 中的方法和结论也依然成立。

注意条件 (A2) 和 (A2′) 并不存在某个条件弱于另外一个条件的情况, 尽管它们都比 (A1) 要弱。这说明式 (7.3) 中得到的 $\hat{\boldsymbol{\beta}}$ 对条件 (A1) 有一定的稳健性。

7.3.2 在更弱条件下的估计方法

在这一小节里, 我们考虑 (A2) 和 (A2′) 都不成立的情况, 并分别提出两个比它们更弱的条件来保证 GMM 方法的进行。

首先, 假设 (A2) 的第一部分成立, 即 $E(Y \mid \boldsymbol{X}, D = 1) = E(Y \mid \boldsymbol{X}, D = 0)$。下面的分析表明, 为了构建合适的估计方程, 我们还需要一些额外的条件。根据式 (7.1),

$$
\begin{aligned}
\mathbf{0} &= E\left[E\{Y\boldsymbol{X} - \psi(\boldsymbol{X}^{\top}\boldsymbol{\gamma})\boldsymbol{X} \mid \boldsymbol{X}, D = 0\} \mid D = 0\right] \\
&= E\left[\{E(Y \mid \boldsymbol{X}, D = 0) - \psi(\boldsymbol{X}^{\top}\boldsymbol{\gamma})\}\boldsymbol{X} \mid D = 0\right] \\
&= E\left[\{E(Y \mid \boldsymbol{X}, D = 1) - \psi(\boldsymbol{X}^{\top}\boldsymbol{\gamma})\}\boldsymbol{X} \mid D = 0\right] \\
&= \int \{E(Y \mid \boldsymbol{X} = \boldsymbol{x}, D = 1) - \psi(\boldsymbol{x}^{\top}\boldsymbol{\gamma})\}\, \boldsymbol{x} f(\boldsymbol{x} \mid D = 0)\mathrm{d}\boldsymbol{x} \\
&= \int \boldsymbol{\omega}(\boldsymbol{x})\{E(Y \mid \boldsymbol{X} = \boldsymbol{x}, D = 1) - \psi(\boldsymbol{x}^{\top}\boldsymbol{\gamma})\}\, \boldsymbol{x} f(\boldsymbol{x} \mid D = 1)\mathrm{d}\boldsymbol{x} \\
&= E\{\boldsymbol{\omega}(\boldsymbol{X})Y\boldsymbol{X} \mid D = 1\} - E\{\boldsymbol{\omega}(\boldsymbol{X})\psi(\boldsymbol{X}^{\top}\boldsymbol{\gamma})\boldsymbol{X} \mid D = 1\},
\end{aligned}
$$

其中第三个式子来自 (A2) 的第一部分, 第五个式子来自

$$
\boldsymbol{\omega}(\boldsymbol{x}) = \frac{f(\boldsymbol{x} \mid D = 0)}{f(\boldsymbol{x} \mid D = 1)}, \tag{7.8}
$$

其中 $\boldsymbol{\omega}(\cdot)$ 通常是一个未知的方程。当 D_i 被认为是随机的时候,

$$
\boldsymbol{\omega}(\boldsymbol{x}) = \frac{P(D = 0 \mid \boldsymbol{x})}{P(D = 1 \mid \boldsymbol{x})}\frac{P(D = 1)}{P(D = 0)}。 \tag{7.9}
$$

然而, 由于 $\boldsymbol{\omega}(\boldsymbol{X})$ 的存在, $E\{\boldsymbol{\omega}(\boldsymbol{X})Y\boldsymbol{X} \mid D = 1\}$ 并不能直接和 (B2) 中的 $\boldsymbol{\beta}$ 联系起来。如果我们把条件 (B2) 加强为

$$
E[\boldsymbol{\omega}(\boldsymbol{X})\{Y - \phi(\boldsymbol{W}^{\top}\boldsymbol{\beta})\}\boldsymbol{X} \mid D = 1] = \mathbf{0}, \tag{B2+}
$$

那么, $E(Y \mid \boldsymbol{W}, D = 1) = \phi(\boldsymbol{W}^{\top}\boldsymbol{\beta})$ 是这个条件的一个充分条件。

在 (B2+) 下, 我们有 $E\{\boldsymbol{\omega}(\boldsymbol{X})Y\boldsymbol{X} \mid D=1\} = E\{\boldsymbol{\omega}(\boldsymbol{X})\phi(\boldsymbol{W}^\top\boldsymbol{\beta})\boldsymbol{X} \mid D=1\}$ 且

$$\boldsymbol{0} = E[\boldsymbol{\omega}(\boldsymbol{X})\{\psi(\boldsymbol{X}^\top\boldsymbol{\gamma}) - \phi(\boldsymbol{W}^\top\boldsymbol{\beta})\}\boldsymbol{X} \mid D = 1]_\circ \tag{C3}$$

我们可以用 (C3) 代替 (C2) 来构造估计方程, $\boldsymbol{\omega}(\boldsymbol{x})$ 可以看作是用来调整内部数据和外部数据分布不同的因子。

最后我们仅需估计 (7.8) 中的 $\boldsymbol{\omega}(\boldsymbol{x})$。如果我们有外部数据的个体数据, 那么 $\boldsymbol{\omega}(\boldsymbol{x})$ 的估计比较简单。但是我们只有外部数据的统计量, 为此需要一个额外的条件。假设

$$\boldsymbol{\omega}(\boldsymbol{X}) = q(\boldsymbol{X}^\top\boldsymbol{\eta}), \tag{7.10}$$

其中 $q(\cdot)$ 已知, $\boldsymbol{\eta}$ 是未知的参数, 且存在一个 $\boldsymbol{X}$ 的向量函数 $\boldsymbol{S}$, 它的维度不低于 $\boldsymbol{\eta}$ 的维度, 而且 $\boldsymbol{S}$ 在外部数据中的样本均值可以获得, 或者 $E(\boldsymbol{S})$ 已知。

如此, 我们可以根据估计方程

$$\frac{1}{n_1}\sum_{i=1}^{n} D_i q(\boldsymbol{X}_i^\top\boldsymbol{\eta})\boldsymbol{S}_i = \bar{\boldsymbol{S}}_0, \tag{7.11}$$

用 GEE 或者 GMM 来估计 $\boldsymbol{\eta}$, 其中 $\bar{\boldsymbol{S}}_0$ 是 $\boldsymbol{S}$ 在外部数据中的样本均值。

如果 (A2) 的第二部分成立, 那么 $\boldsymbol{\omega}(\boldsymbol{x}) \equiv 1$ 且式 (7.10) 自动成立。因此我们考虑如下比 (A2) 弱的条件

$$E(Y \mid \boldsymbol{X}, D = 1) = E(Y \mid \boldsymbol{X}, D = 0) \quad \text{且式 (7.10) 成立。} \tag{A3}$$

在条件 (A3) 和 (B2+) 下, 我们可以利用 (C3) 来获得 GMM 估计

$$\begin{pmatrix} \hat{\boldsymbol{\beta}} \\ \hat{\boldsymbol{\eta}} \end{pmatrix} = \arg\min_{\boldsymbol{\beta},\boldsymbol{\eta}} \left\{ \bar{\boldsymbol{g}}(\hat{\boldsymbol{\gamma}}, \bar{\boldsymbol{S}}_0, \boldsymbol{\beta}, \boldsymbol{\eta})^\top \hat{\boldsymbol{\Sigma}}_+^{-1} \bar{\boldsymbol{g}}(\hat{\boldsymbol{\gamma}}, \bar{\boldsymbol{S}}_0, \boldsymbol{\beta}, \boldsymbol{\eta}) \right\}, \tag{7.12}$$

其中

$$\bar{\boldsymbol{g}}(\boldsymbol{\gamma}, \boldsymbol{\varsigma}, \boldsymbol{\beta}, \boldsymbol{\eta}) = \frac{1}{n_1}\sum_{i=1}^{n} D_i \boldsymbol{g}(Y_i, \boldsymbol{W}_i, \boldsymbol{\gamma}, \boldsymbol{\varsigma}, \boldsymbol{\beta}, \boldsymbol{\eta}),$$

$$\boldsymbol{g}(y, \boldsymbol{w}, \boldsymbol{\gamma}, \boldsymbol{\varsigma}, \boldsymbol{\beta}, \boldsymbol{\eta}) = \begin{pmatrix} \{y - \phi(\boldsymbol{w}^\top\boldsymbol{\beta})\}\boldsymbol{w} \\ q(\boldsymbol{x}^\top\boldsymbol{\eta})\boldsymbol{s} - \boldsymbol{\varsigma} \\ q(\boldsymbol{x}^\top\boldsymbol{\eta})\{\psi(\boldsymbol{x}^\top\boldsymbol{\gamma}) - \phi(\boldsymbol{w}^\top\boldsymbol{\beta})\}\boldsymbol{x} \end{pmatrix}, \tag{7.13}$$

$$\hat{\boldsymbol{\Sigma}}_+ = \frac{1}{n_1}\sum_{i=1}^{n} D_i \boldsymbol{g}(Y_i, \boldsymbol{W}_i, \hat{\boldsymbol{\gamma}}, \bar{\boldsymbol{S}}_0, \hat{\boldsymbol{\beta}}^{(1)}, \hat{\boldsymbol{\eta}}^{(1)}) \boldsymbol{g}(Y_i, \boldsymbol{W}_i, \hat{\boldsymbol{\gamma}}, \bar{\boldsymbol{S}}_0, \hat{\boldsymbol{\beta}}^{(1)}, \hat{\boldsymbol{\eta}}^{(1)})^{\top},$$

$\boldsymbol{\varsigma}$ 代表 $E(\boldsymbol{S} \mid D = 0)$, $(\hat{\boldsymbol{\beta}}^{(1)}, \hat{\boldsymbol{\eta}}^{(1)})^{\top} = \arg\min\limits_{\boldsymbol{\beta},\boldsymbol{\eta}}\{\bar{\boldsymbol{g}}(\hat{\boldsymbol{\gamma}}, \boldsymbol{\beta}, \boldsymbol{\eta})^{\top}\bar{\boldsymbol{g}}(\hat{\boldsymbol{\gamma}}, \boldsymbol{\beta}, \boldsymbol{\eta})\}$。

下面的定理建立了 (7.12) 中得到的 $\hat{\boldsymbol{\beta}}$ 和 $\hat{\boldsymbol{\eta}}$ 的渐近分布。

定理 7.2　假定 (A3) 和 (B2+) 成立。假定 $(\boldsymbol{\gamma}, \boldsymbol{\varsigma}, \boldsymbol{\beta}, \boldsymbol{\eta})$ 的真值 $(\boldsymbol{\gamma}_*, \boldsymbol{\varsigma}_*, \boldsymbol{\beta}_*, \boldsymbol{\eta}_*)$ 是参数空间中的内点, (7.13) 中定义的 $\boldsymbol{g}(\boldsymbol{x}, \boldsymbol{w}, \boldsymbol{\gamma}, \boldsymbol{\varsigma}, \boldsymbol{\beta}, \boldsymbol{\eta})$ 在 $(\boldsymbol{\gamma}_*, \boldsymbol{\varsigma}_*, \boldsymbol{\beta}_*, \boldsymbol{\eta}_*)$ 的一个邻域 $\mathcal{N}$ 中对于 $(\boldsymbol{\gamma}, \boldsymbol{\varsigma}, \boldsymbol{\beta}, \boldsymbol{\eta})$ 连续可微, $\boldsymbol{\Sigma}_+ = E\{\boldsymbol{g}(Y, \boldsymbol{W}, \boldsymbol{\gamma}_*, \boldsymbol{\varsigma}_*, \boldsymbol{\beta}_*, \boldsymbol{\eta}_*) \boldsymbol{g}(Y, \boldsymbol{W}, \boldsymbol{\gamma}_*, \boldsymbol{\varsigma}_*, \boldsymbol{\beta}_*, \boldsymbol{\eta}_*)^{\top} \mid D = 1\}$ 存在且正定, $\boldsymbol{M}_+ = E\{\nabla_{\boldsymbol{\beta},\boldsymbol{\eta}}\boldsymbol{g}(Y, \boldsymbol{W}, \boldsymbol{\gamma}_*, \boldsymbol{\varsigma}_*, \boldsymbol{\beta}_*, \boldsymbol{\eta}_*) \mid D = 1\}$ 存在且满秩, $E\{\sup_{(\boldsymbol{\gamma},\boldsymbol{\varsigma},\boldsymbol{\beta},\boldsymbol{\eta})\in\mathcal{N}} \|\nabla_{\boldsymbol{\gamma},\boldsymbol{\varsigma},\boldsymbol{\beta},\boldsymbol{\eta}}\boldsymbol{g}(Y, \boldsymbol{W}, \boldsymbol{\gamma}, \boldsymbol{\varsigma}, \boldsymbol{\beta}, \boldsymbol{\eta})\| \mid D = 1\} < \infty$。假设 $n_1 \to \infty$, $n_1/n_0 \to r \in [0,\infty)$ 几乎处处成立。进一步假设 $\hat{\boldsymbol{\gamma}}$ 是基于 (7.1) 的 GEE 估计, $\boldsymbol{\Lambda}_0 = E[\{Y - \psi(\boldsymbol{X}^{\top}\boldsymbol{\gamma}_*)\}^2 \boldsymbol{X}\boldsymbol{X}^{\top} \mid D = 0]$ 存在且正定, 方程 $\psi(\cdot)$ 连续可微且其导函数记为 ψ', $\boldsymbol{H}_0 = E\{\psi'(\boldsymbol{X}^{\top}\boldsymbol{\gamma}_*)\boldsymbol{X}\boldsymbol{X}^{\top} \mid D = 0\}$ 存在且满秩, $E\{\sup_{\boldsymbol{\gamma}\in\mathcal{N}_{\boldsymbol{\gamma}_*}} \|\psi'(\boldsymbol{X}^{\top}\boldsymbol{\gamma})\boldsymbol{X}\boldsymbol{X}^{\top}\| \mid D = 0\} < \infty$, 其中 $\mathcal{N}_{\boldsymbol{\gamma}_*}$ 是 $\boldsymbol{\gamma}_*$ 的一个邻域, 则

$$\sqrt{n_1}\begin{pmatrix} \hat{\boldsymbol{\beta}} - \boldsymbol{\beta}_* \\ \hat{\boldsymbol{\eta}} - \boldsymbol{\eta}_* \end{pmatrix} \to_d N(\boldsymbol{0}, \boldsymbol{V}_+),$$

其中

$$\boldsymbol{V}_+ = (\boldsymbol{M}_+^{\top}\boldsymbol{\Sigma}_+^{-1}\boldsymbol{M}_+)^{-1} + r(\boldsymbol{M}_+^{\top}\boldsymbol{\Sigma}_+^{-1}\boldsymbol{M}_+)^{-1}\boldsymbol{M}_+^{\top}\boldsymbol{\Sigma}_+^{-1}\begin{pmatrix} \boldsymbol{0} & \boldsymbol{0} & \boldsymbol{0} \\ \boldsymbol{0} & \boldsymbol{C}_0 & \boldsymbol{C}_{01}^{\top} \\ \boldsymbol{0} & \boldsymbol{C}_{01} & \boldsymbol{\Lambda}_0 \end{pmatrix}$$
$$\times \boldsymbol{\Sigma}_+^{-1}\boldsymbol{M}_+(\boldsymbol{M}_+^{\top}\boldsymbol{\Sigma}_+^{-1}\boldsymbol{M}_+)^{-1},$$

$\boldsymbol{C}_0 = E\{(\boldsymbol{S}-\boldsymbol{\varsigma}_*)(\boldsymbol{S}-\boldsymbol{\varsigma}_*)^{\top} \mid D=0\}$, $\boldsymbol{C}_{01} = E[\{\psi(\boldsymbol{X}^{\top}\boldsymbol{\gamma}_*)-Y\}\boldsymbol{X}(\boldsymbol{S}-\boldsymbol{\varsigma}_*)^{\top} \mid D=0]$。

定理 7.2 的证明: 根据定理 (7.1) 的证明, 我们有

$$\sqrt{n_1}\begin{pmatrix} \hat{\boldsymbol{\beta}} - \boldsymbol{\beta}_* \\ \hat{\boldsymbol{\eta}} - \boldsymbol{\eta}_* \end{pmatrix}$$
$$= -\sqrt{n_1}(\boldsymbol{M}_+^{\top}\boldsymbol{\Sigma}_+^{-1}\boldsymbol{M}_+)^{-1}\boldsymbol{M}_+^{\top}\boldsymbol{\Sigma}_+^{-1}\left\{\bar{\boldsymbol{g}}(\boldsymbol{\gamma}_*, \boldsymbol{\varsigma}_*, \boldsymbol{\beta}_*, \boldsymbol{\eta}_*) + \begin{pmatrix} \boldsymbol{0} \\ -(\bar{\boldsymbol{S}}_0 - \boldsymbol{\varsigma}_*) \\ \boldsymbol{H}_1(\hat{\boldsymbol{\gamma}} - \boldsymbol{\gamma}_*) \end{pmatrix}\right\} + o_p(1),$$

其中 $\boldsymbol{H}_1 = E[q(\boldsymbol{X}^\top \eta_*)\psi'(\boldsymbol{X}^\top \boldsymbol{\gamma}_*)\boldsymbol{X}\boldsymbol{X}^\top \mid D = 1] = \boldsymbol{H}_0$。注意到 $(\hat{\boldsymbol{\gamma}}, \bar{\boldsymbol{S}}_0)$ 和内部数据是独立的, 且

$$\sqrt{n_1} \begin{pmatrix} \boldsymbol{0} \\ -(\bar{\boldsymbol{S}}_0 - \boldsymbol{\varsigma}_*) \\ \boldsymbol{H}_1(\hat{\boldsymbol{\gamma}} - \boldsymbol{\gamma}_*) \end{pmatrix} \to_d N \begin{pmatrix} \boldsymbol{0}, r \begin{pmatrix} \boldsymbol{0} & \boldsymbol{0} & \boldsymbol{0} \\ \boldsymbol{0} & \boldsymbol{C}_0 & \boldsymbol{C}_{01}^\top \\ \boldsymbol{0} & \boldsymbol{C}_{01} & \boldsymbol{\Lambda}_0 \end{pmatrix} \end{pmatrix},$$

因此结论成立。

上面我们已经将条件 (A2) 减弱到 (A3)。接下来我们考虑如何将条件 (A2′) 减弱。假设 (A2′) 的第一部分成立, 即 $E(Y \mid \boldsymbol{W}, D = 1) = E(Y \mid \boldsymbol{W}, D = 0)$, 则

$$\begin{aligned} E(\boldsymbol{X}Y \mid D = 0) &= E\{\boldsymbol{X}E(Y \mid \boldsymbol{W}, D = 0) \mid D = 0\} \\ &= E\{\boldsymbol{X}E(Y \mid \boldsymbol{W}, D = 1) \mid D = 0\} \\ &= E\{\boldsymbol{\omega}(\boldsymbol{W})E(\boldsymbol{X}Y \mid \boldsymbol{W}, D = 1) \mid D = 1\} \\ &= E\{\boldsymbol{\omega}(\boldsymbol{W})\boldsymbol{X}Y \mid D = 1\}, \end{aligned}$$

其中

$$\boldsymbol{\omega}(\boldsymbol{w}) = \frac{f(\boldsymbol{w} \mid D = 0)}{f(\boldsymbol{w} \mid D = 1)}。 \tag{7.14}$$

把条件 (B2+) 中的 $\boldsymbol{\omega}(\boldsymbol{X})$ 换成 $\boldsymbol{\omega}(\boldsymbol{W})$, 我们得到

$$\boldsymbol{0} = E[\boldsymbol{\omega}(\boldsymbol{W})\boldsymbol{X}\{\psi(\boldsymbol{X}^\top \boldsymbol{\gamma}) - \phi(\boldsymbol{W}^\top \boldsymbol{\beta})\} \mid D = 1],$$

它可以用来构建估计方程并得到最终的估计。为了估计 $\boldsymbol{\omega}(\boldsymbol{w})$, 我们可以将式 (7.11) 中的 $\boldsymbol{X}$ 换成 $\boldsymbol{W}$。

因此, 我们可以考虑如下比 (A2′) 更弱的假设:

$$\begin{aligned} &E(Y \mid \boldsymbol{W}, D = 1) = E(Y \mid \boldsymbol{W}, D = 0) \\ &\text{且考虑 } \boldsymbol{\omega}(\boldsymbol{W}) = q(\boldsymbol{W}^\top \boldsymbol{\eta}) \text{ 时, } (7.10) \text{ 成立。} \end{aligned} \tag{A3′}$$

注意 (A3′) 与 (A3) 之间不存在某个条件比另外一个条件弱的情况, 因为 $E(Y \mid \boldsymbol{W}, D = 1) = E(Y \mid \boldsymbol{W}, D = 0)$ 与 $E(Y \mid \boldsymbol{X}, D = 1) = E(Y \mid \boldsymbol{X}, D = 0)$ 之间没有明确的关联。

在假设 (A3′) 和 (B2+) 成立的情况下, 我们可以用式 (7.12) 来得到
GMM 估计。与定理 7.2 类似我们也可以建立估计量的渐近正态性。

最后我们简要梳理一下各个条件之间的强弱性如图 7.1 所示, 其中 ⇒
表示 "强于"。

$$(\text{A1}) \Rightarrow \begin{cases} (\text{A2}) \Rightarrow (\text{A3}) \\ (\text{A2}') \Rightarrow (\text{A3}') \end{cases}$$

图 7.1

总结而言, 在节 7.2 中, 我们的方法依赖于假设 (A1) 和 (B2)。在节 7.3.1
中, 我们将条件减弱为 (A2) 和 (B2), 或者 (A2′) 和 (B2)。在节 7.3.2 中, 我
们将条件进一步减弱为 (A3) 和 (B2+), 或者 (A3′) 和 (B2+)。

7.3.3 渐近方差的估计

估计量 $\hat{\boldsymbol{\beta}}$ 的渐近方差是定理 7.2 中 $\boldsymbol{V}_+$ 的第一个分块对角线矩阵。为了得
到 $\boldsymbol{V}_+$ 的相合估计, 我们可以将 $\boldsymbol{\Sigma}_+, \boldsymbol{M}_+, \boldsymbol{\Lambda}_0, \boldsymbol{C}_0$ 和 $\boldsymbol{C}_{01}$ 替换成它们相应的相
合估计。矩阵 $\boldsymbol{\Sigma}_+$ 和 $\boldsymbol{M}_+$ 的估计为 $\hat{\boldsymbol{\Sigma}}_+$ 和 $\hat{\boldsymbol{M}}_+ = n_1^{-1} \sum_{i=1}^n D_i \nabla_{\boldsymbol{\beta}, \boldsymbol{\eta}} g(Y_i, \boldsymbol{W}_i, \hat{\boldsymbol{\gamma}},$
$\bar{\boldsymbol{S}}_0, \hat{\boldsymbol{\beta}}, \hat{\boldsymbol{\eta}})$, 矩阵 $\boldsymbol{\Lambda}_0, \boldsymbol{C}_0$ 和 $\boldsymbol{C}_{01}$ 的估计为

$$\hat{\boldsymbol{\Lambda}}_0 = \frac{1}{n_1} \sum_{i=1}^n D_i q(\boldsymbol{W}_i^\top \hat{\boldsymbol{\eta}}) \{Y_i - \psi(\boldsymbol{X}_i^\top \hat{\boldsymbol{\gamma}})\}^2 \boldsymbol{X}_i \boldsymbol{X}_i^\top,$$

$$\hat{\boldsymbol{C}}_0 = \frac{1}{n_1} \sum_{i=1}^n D_i q(\boldsymbol{W}_i^\top \hat{\boldsymbol{\eta}})(\boldsymbol{S}_i - \bar{\boldsymbol{S}}_0)(\boldsymbol{S}_i - \bar{\boldsymbol{S}}_0)^\top,$$

$$\hat{\boldsymbol{C}}_{01} = \frac{1}{n_1} \sum_{i=1}^n D_i q(\boldsymbol{W}_i^\top \hat{\boldsymbol{\eta}})\{\psi(\boldsymbol{X}_i^\top \hat{\boldsymbol{\gamma}}) - Y_i\} \boldsymbol{X}_i (\boldsymbol{S}_i - \bar{\boldsymbol{S}}_0)^\top,$$

其中, 如果 (A3) 成立, $\boldsymbol{W}_i$ 就可以替换成 $\boldsymbol{X}_i$。估计值 $\hat{\boldsymbol{C}}_0$ 和 $\hat{\boldsymbol{C}}_{01}$ 的相合性来
自大数定律, (A3) 或 (A3′), 以及如下事实: $E\{\boldsymbol{\omega}(\boldsymbol{W})(\boldsymbol{S} - \boldsymbol{\varsigma}_*)(\boldsymbol{S} - \boldsymbol{\varsigma}_*)^\top \mid D = 1\} = E\{(\boldsymbol{S} - \boldsymbol{\varsigma}_*)(\boldsymbol{S} - \boldsymbol{\varsigma}_*)^\top \mid D = 0\} = \boldsymbol{C}_0$ 且 $E[\boldsymbol{\omega}(\boldsymbol{W})\{\psi(\boldsymbol{X}^\top \boldsymbol{\gamma}_*) - Y\}\boldsymbol{X}\boldsymbol{S}^\top \mid D = 1] = E[\{\psi(\boldsymbol{X}^\top \boldsymbol{\gamma}_*) - Y\}\boldsymbol{X}\boldsymbol{S}^\top \mid D = 0] = \boldsymbol{C}_{01}$。对于 $\hat{\boldsymbol{\Lambda}}_0$ 的相合性, 我们
需要一个额外的条件 $E(Y^2 \mid \boldsymbol{X}, D = 1) = E(Y^2 \mid \boldsymbol{X}, D = 0)$。

尽管上述估计方法是相合的, 但在有限样本的情况下, 它经常会低估真实的方差 (MacKinnon et al., 1985), 因此我们考虑采用 "自助法" (Efron et al., 1993) 来进行估计。内部数据的自助样本 $(Y_i^*, \boldsymbol{W}_i^*)$, $i = 1, \cdots, n_1$ 是从 $(Y_i, \boldsymbol{W}_i)$, $i = 1, \cdots, n_1$ 中进行简单随机有放回抽样得到的。由于我们没有外部的个体数据, 所以我们从下面的分布中抽取 $\bar{\boldsymbol{S}}_0$ 和 $\hat{\boldsymbol{\gamma}}$ 自助样本:

$$
\begin{pmatrix} \bar{\boldsymbol{S}}_0^* \\ \hat{\boldsymbol{\gamma}}^* \end{pmatrix} \sim N \left(\begin{pmatrix} \bar{\boldsymbol{S}}_0 \\ \hat{\boldsymbol{\gamma}} \end{pmatrix}, \quad \frac{1}{n_0} \begin{pmatrix} \hat{\boldsymbol{C}}_0 & -\hat{\boldsymbol{C}}_{01}^\top \hat{\boldsymbol{H}}_1^{-1} \\ -\hat{\boldsymbol{H}}_1^{-1} \hat{\boldsymbol{C}}_{01} & \hat{\boldsymbol{H}}_1^{-1} \hat{\boldsymbol{\Lambda}}_0 \hat{\boldsymbol{H}}_1^{-1} \end{pmatrix} \right),
$$

其中 $\hat{\boldsymbol{C}}_0$, $\hat{\boldsymbol{C}}_{01}$ 和 $\hat{\boldsymbol{\Lambda}}_0$ 与前面相同, 且

$$
\hat{\boldsymbol{H}}_1 = \frac{1}{n_1} \sum_{i=1}^{n} D_i q(\boldsymbol{X}_i^\top \hat{\boldsymbol{\eta}}) \psi'(\boldsymbol{X}_i^\top \hat{\boldsymbol{\gamma}}) \boldsymbol{X}_i \boldsymbol{X}_i^\top。
$$

自助法得到的 GMM 估计 $(\hat{\boldsymbol{\beta}}^*, \hat{\boldsymbol{\eta}}^*)$ 是基于自助样本、$\bar{\boldsymbol{S}}_0^*$ 和 $\hat{\boldsymbol{\gamma}}^*$ 得到的。这个过程重复 $B = 100$ 次, $\hat{\boldsymbol{\beta}}$ 的方差估计即为这 B 个 $\hat{\boldsymbol{\beta}}^*$ 的样本方差。

由于自助法需要额外的计算, 因此当 (B2) 中的 ϕ 是线性函数时, 我们建议采用如下的线性自助法, 即

$$
\begin{pmatrix} \hat{\boldsymbol{\beta}}^* - \hat{\boldsymbol{\beta}} \\ \hat{\boldsymbol{\eta}}^* - \hat{\boldsymbol{\eta}} \end{pmatrix} = -(\hat{\boldsymbol{M}}_+^{*\top} \hat{\boldsymbol{\Sigma}}_+^{*-1} \hat{\boldsymbol{M}}_+^*)^{-1} \hat{\boldsymbol{M}}_+^{*\top} \hat{\boldsymbol{\Sigma}}_+^{*-1} \left\{ \bar{\boldsymbol{g}}^*(\hat{\boldsymbol{\gamma}}, \bar{\boldsymbol{S}}_0, \hat{\boldsymbol{\beta}}, \hat{\boldsymbol{\eta}}) + \begin{pmatrix} \boldsymbol{0} \\ -(\bar{\boldsymbol{S}}_0^* - \bar{\boldsymbol{S}}_0) \\ \hat{\boldsymbol{H}}_1^*(\hat{\boldsymbol{\gamma}}^* - \hat{\boldsymbol{\gamma}}) \end{pmatrix} \right\},
$$

其中 $\bar{\boldsymbol{g}}^*(\hat{\boldsymbol{\gamma}}, \bar{\boldsymbol{S}}_0, \hat{\boldsymbol{\beta}}, \hat{\boldsymbol{\eta}})$, $\hat{\boldsymbol{H}}_1^*$, $\hat{\boldsymbol{\Sigma}}_+^*$ 和 $\hat{\boldsymbol{M}}_+^*$ 与 $\bar{\boldsymbol{g}}(\hat{\boldsymbol{\gamma}}, \bar{\boldsymbol{S}}_0, \hat{\boldsymbol{\beta}}, \hat{\boldsymbol{\eta}})$, $\hat{\boldsymbol{H}}_1$, $\hat{\boldsymbol{\Sigma}}_+$ 和 $\hat{\boldsymbol{M}}_+$ 具有相同的形式, 只不过将 $(Y_i, \boldsymbol{W}_i)$ 替换成了 $(Y_i^*, \boldsymbol{W}_i^*)$。

7.4 数值结果

7.4.1 模拟结果

我们首先通过数值模拟来检查 GMM 估计式 (7.3) 和式 (7.12) 在有限样本下的表现, 并将它们与仅使用内部数据的 GEE 估计进行比较。同时我们还检查方差估计和相应的置信区间的表现。

首先我们生成如下的 4 维向量

$$\begin{pmatrix} U_1 \\ U_2 \\ U_3 \\ U_4 \end{pmatrix} \sim N\left(\begin{pmatrix} 1 \\ 0 \\ 1 \\ 0 \end{pmatrix}, \begin{pmatrix} 1 & -0.4 & 0.4 & 0.3 \\ -0.4 & 1 & 0.3 & 0.4 \\ 0.4 & 0.3 & 1 & 0.4 \\ 0.3 & 0.4 & 0.4 & 1 \end{pmatrix} \right)。$$

在内部数据里, 我们生成 $\boldsymbol{W} = (\boldsymbol{X}^\top, \boldsymbol{Z}^\top)^\top$, 其中 $\boldsymbol{X} = (1, U_1, U_2, U_3)^\top$, $\boldsymbol{Z} = (U_4, U_1U_2, U_1U_4)^\top$。对于外部数据, 我们仅利用 $\boldsymbol{X}$, 但不利用 $\boldsymbol{Z}$。

我们考虑如下的两个关于内部数据的 GEE 模型 (B2):

(1) 线性模型 $E(Y \mid \boldsymbol{W}) = \boldsymbol{W}^\top\boldsymbol{\beta}$, 其中 $\boldsymbol{\beta} = (\boldsymbol{\beta}_0, \boldsymbol{\beta}_1, \boldsymbol{\beta}_2, \boldsymbol{\beta}_3, \boldsymbol{\beta}_4, \boldsymbol{\beta}_5, \boldsymbol{\beta}_6)^\top = (-1.6, 0.7, 0.4, 0.5, 0.4, 0.4, 0.4)^\top$, $Y \mid \boldsymbol{W}$ 服从正态分布, 但在实际数据分析中我们并不会借用这个正态分布的信息。

(2) 逻辑回归模型。Y 是一个二元变量且 $P(Y = 1 \mid \boldsymbol{W}) = 1/\{1 + \exp(\boldsymbol{W}^\top\boldsymbol{\beta})\}$, 其中 $\boldsymbol{\beta}$ 的取值和 (1) 中一样。

对于外部数据, 我们考虑式 (7.1)。线性模型时, $\psi(t) = t$。逻辑回归模型时, $\psi(t) = 1/\{1 + \exp(t)\}$。尽管内部模型是正确的, 但外部模型是错误的。因为在逻辑回归的设定下, $P(Y = 1 \mid \boldsymbol{X}) = E\{P(Y = 1 \mid \boldsymbol{W}) \mid \boldsymbol{X}\}$ 不再符合逻辑回归的假设。在线下模型的设定下, 交叉项 U_1U_2 和 U_1U_4 不是线性的。

为了产生内部和外部数据, 我们考虑一个随机的 D:

$$P(D = 1 \mid \boldsymbol{X}, \boldsymbol{Z}, Y) = \frac{1}{1 + \exp(\eta_0 + \eta_1 U_1 + \eta_2 U_4)}。$$

因此,

$$q(\boldsymbol{W}^\top\boldsymbol{\eta}) = \exp\left(\log r + \eta_0 + \eta_1 U_1 + \eta_2 U_4\right),$$

其中 $r = P(D = 1)/P(D = 0)$。我们考虑三种不同的 $\boldsymbol{\eta}$: (1) $\eta_0 = 2.3$, $\eta_1 = \eta_2 = 0$; (2) $\eta_0 = 3.6$, $\eta_1 = -1$, $\eta_2 = 0$; (3) $\eta_0 = 3.8$, $\eta_1 = -1$, $\eta_2 = 1$。在这些设定下, $r \approx 0.1$。当 $\eta_2 = 0$ 时, $q(\boldsymbol{W}^\top\boldsymbol{\eta}) = q(\boldsymbol{X}^\top\boldsymbol{\eta})$。我们取 $\boldsymbol{S} = \boldsymbol{X}$。

总样本量为 $n = 5\,500$。由于 $r \approx 0.1$, 内部数据的样本量 n_1 大概为 500, 外部数据的样本量 n_0 大概为 5\,000。

基于 1000 次模拟, 表 7.1 和表 7.2 分别显示在线性模型和逻辑回归的设定下, 三种不同方法得到的参数估计的偏差、标准差 (SD)、标准差的估

计 (SE) 和 95% 置信区间的覆盖率 (CP)。模拟结果可以总结如下:

(1) 模拟结果证实了理论结果, 也就是说, 利用外部数据的统计量可以显著提高估计的效率。基于渐近分布的方差估计和置信区间表现也比较好。对于 X 的回归系数而言, GMM (7.12) 和同质性下的 GMM (7.3) 得到的参数估计的标准差比仅用内部数据得到的标准差小很多。大部分情况下优势高达 50%。尽管在有些情况下, 内部数据得到的置信区间覆盖率更加接近 95%, 但其置信区间的长度要宽得多。对于 Z 的回归系数而言, GMM 方法并不能提高估计的效率, 因为外部数据并不包含 Z 的信息。

(2) 如果内部数据和外部数据存在异质性, GMM (7.3) 就会存在不可忽略的估计偏差, 进而导致非常低的置信区间覆盖率。它同时也会影响到 GMM (7.3) 的收敛性。在某些情况下, 其估计量的标准差非常大。另一方面, 由于考虑了异质性的存在, GMM (7.12) 的有效性没有受到影响; 而且在同质性的情况下, GMM (7.12) 的表现也和 GMM (7.3) 相当。

(3) 对于 GMM (7.12), 通过替代法得到的方差估计可能会偏低, 尤其是当 η_1 或 η_2 不等于 0 时。在这些情况下, 基于自助法得到的方差估计会好很多, 尽管其置信区间的覆盖率会略显保守。

表 7.1   线性模型下的模拟结果

	方法	偏差	SD	替代法		自助法	
				SE	CP	SE	CP
$(\eta_0, \eta_1, \eta_2) = (2.3, 0, 0)$							
β_0	GEE	−0.001	0.167	0.169	0.950		
	GMM (7.12)	−0.007	0.111	0.110	0.954	0.110	0.965
	GMM (7.3)	−0.011	0.110	0.112	0.954	0.114	0.957
β_1	GEE	0.005	0.147	0.144	0.951		
	GMM (7.12)	0.004	0.096	0.097	0.958	0.100	0.966
	GMM (7.3)	0.006	0.096	0.099	0.965	0.100	0.970
β_2	GEE	0.008	0.166	0.170	0.955		
	GMM (7.12)	0.008	0.138	0.134	0.941	0.142	0.954
	GMM (7.3)	0.010	0.136	0.136	0.945	0.140	0.951
β_3	GEE	−0.003	0.123	0.122	0.947		
	GMM (7.12)	0.004	0.065	0.062	0.932	0.064	0.940
	GMM (7.3)	0.004	0.064	0.062	0.942	0.062	0.938

(续表)

	方法	偏差	SD	替代法		自助法	
				SE	CP	SE	CP
β_4	GEE	−0.010	0.150	0.154	0.951		
	GMM (7.12)	−0.011	0.153	0.153	0.955	0.161	0.963
	GMM (7.3)	−0.011	0.150	0.153	0.952	0.157	0.956
β_5	GEE	0.002	0.090	0.090	0.943		
	GMM (7.12)	−0.001	0.093	0.089	0.937	0.096	0.955
	GMM (7.3)	−0.001	0.091	0.089	0.940	0.090	0.951
β_6	GEE	0.001	0.091	0.093	0.944		
	GMM (7.12)	−0.000	0.094	0.092	0.944	0.098	0.955
	GMM (7.3)	−0.001	0.092	0.093	0.944	0.096	0.946
		$(\eta_0, \eta_1, \eta_2) = (3.6, -1, 0)$					
β_0	GEE	0.013	0.217	0.216	0.947		
	GMM (7.12)	−0.004	0.129	0.119	0.926	0.129	0.947
	GMM (7.3)	0.117	0.138	0.139	0.880		
β_1	GEE	−0.009	0.151	0.148	0.944		
	GMM (7.12)	0.003	0.106	0.097	0.930	0.104	0.946
	GMM (7.3)	−0.112	0.114	0.111	0.817		
β_2	GEE	−0.007	0.218	0.220	0.951		
	GMM (7.12)	−0.024	0.154	0.142	0.927	0.157	0.948
	GMM (7.3)	−0.362	0.204	0.207	0.597		
β_3	GEE	0.001	0.119	0.118	0.946		
	GMM (7.12)	−0.001	0.072	0.065	0.931	0.072	0.947
	GMM (7.3)	0.003	0.065	0.067	0.954		
β_4	GEE	−0.003	0.205	0.211	0.944		
	GMM (7.12)	−0.001	0.191	0.187	0.940	0.205	0.962
	GMM (7.3)	−0.037	0.209	0.213	0.945		
β_5	GEE	0.000	0.097	0.094	0.937		
	GMM (7.12)	0.006	0.078	0.070	0.914	0.078	0.937
	GMM (7.3)	0.027	0.111	0.095	0.891		
β_6	GEE	0.001	0.098	0.096	0.938		
	GMM (7.12)	−0.002	0.087	0.081	0.926	0.090	0.955
	GMM (7.3)	0.016	0.102	0.097	0.931		

	方法	偏差	SD	替代法		自助法	
				SE	CP	SE	CP
			$(\eta_0, \eta_1, \eta_2) = (3.8, -1, 1)$				
β_0	GEE	0.006	0.258	0.254	0.944		
	GMM (7.12)	−0.028	0.169	0.144	0.900	0.170	0.931
	GMM (7.3)	0.167	0.211	0.215	0.895		
β_1	GEE	0.002	0.164	0.162	0.946		
	GMM (7.12)	0.018	0.116	0.100	0.902	0.114	0.934
	GMM (7.3)	0.187	0.137	0.133	0.713		
β_2	GEE	−0.001	0.203	0.207	0.953		
	GMM (7.12)	−0.003	0.168	0.149	0.909	0.167	0.953
	GMM (7.3)	−0.369	0.235	0.191	0.538		
β_3	GEE	−0.006	0.123	0.121	0.950		
	GMM (7.12)	0.001	0.081	0.070	0.921	0.079	0.945
	GMM (7.3)	0.007	0.081	0.072	0.921		
β_4	GEE	0.007	0.189	0.191	0.953		
	GMM (7.12)	−0.005	0.184	0.173	0.929	0.191	0.953
	GMM (7.3)	0.046	0.198	0.195	0.941		
β_5	GEE	0.004	0.098	0.096	0.043		
	GMM (7.12)	0.005	0.088	0.080	0.908	0.088	0.938
	GMM (7.3)	0.212	0.157	0.100	0.475		
β_6	GEE	−0.004	0.100	0.094	0.932		
	GMM (7.12)	−0.002	0.099	0.090	0.925	0.098	0.948
	GMM (7.3)	−0.049	0.115	0.096	0.872		

表 7.2 逻辑回归下的模拟结果

	方法	偏差	SD	替代法		自助法	
				SE	CP	SE	CP
			$(\eta_0, \eta_1, \eta_2) = (2.3, 0, 0)$				
β_0	GEE	−0.043	0.244	0.245	0.960		
	GMM (7.12)	−0.014	0.121	0.121	0.953	0.125	0.960
	GMM (7.3)	−0.012	0.122	0.122	0.956	0.133	0.965

(续表)

	方法	偏差	SD	替代法		自助法	
				SE	CP	SE	CP
β_1	GEE	0.032	0.207	0.199	0.944		
	GMM (7.12)	0.009	0.116	0.112	0.945	0.114	0.950
	GMM (7.3)	0.006	0.116	0.113	0.944	0.121	0.956
β_2	GEE	−0.012	0.239	0.235	0.941		
	GMM (7.12)	−0.027	0.172	0.166	0.946	0.171	0.949
	GMM (7.3)	−0.029	0.172	0.168	0.944	0.184	0.956
β_3	GEE	0.012	0.174	0.165	0.935		
	GMM (7.12)	0.010	0.080	0.075	0.931	0.076	0.932
	GMM (7.3)	0.009	0.077	0.075	0.942	0.080	0.954
β_4	GEE	0.023	0.233	0.222	0.937		
	GMM (7.12)	0.023	0.235	0.217	0.928	0.224	0.935
	GMM (7.3)	0.027	0.236	0.218	0.926	0.237	0.926
β_5	GEE	0.026	0.146	0.141	0.939		
	GMM (7.12)	0.029	0.151	0.140	0.933	0.143	0.938
	GMM (7.3)	0.029	0.147	0.140	0.936	0.157	0.937
β_6	GEE	0.003	0.175	0.166	0.919		
	GMM (7.12)	0.004	0.177	0.163	0.916	0.168	0.923
	GMM (7.3)	0.002	0.177	0.163	0.917	0.192	0.958
		$(\eta_0, \eta_1, \eta_2) = (3.6, -1, 0)$					
β_0	GEE	−0.043	0.315	0.309	0.947		
	GMM (7.12)	−0.014	0.143	0.136	0.938	0.147	0.950
	GMM (7.3)	−0.165	3.523	5.265	0.968		
β_1	GEE	0.017	0.212	0.210	0.950		
	GMM (7.12)	0.007	0.130	0.120	0.936	0.127	0.948
	GMM (7.3)	0.074	2.472	3.694	0.942		
β_2	GEE	−0.027	0.307	0.306	0.951		
	GMM (7.12)	−0.050	0.193	0.174	0.926	0.188	0.939
	GMM (7.3)	−0.548	3.224	4.839	0.632		
β_3	GEE	0.016	0.170	0.165	0.936		
	GMM (7.12)	0.005	0.082	0.080	0.949	0.085	0.960
	GMM (7.3)	0.020	0.109	0.204	0.947		

	方法	偏差	SD	替代法		自助法	
				SE	CP	SE	CP
β_4	GEE	0.056	0.355	0.335	0.937		
	GMM (7.12)	0.040	0.330	0.302	0.925	0.317	0.935
	GMM (7.3)	0.034	0.523	0.793	0.927		
β_5	GEE	0.025	0.151	0.145	0.938		
	GMM (7.12)	0.031	0.119	0.109	0.927	0.115	0.946
	GMM (7.3)	0.122	2.296	3.415	0.930		
β_6	GEE	−0.013	0.187	0.181	0.940		
	GMM (7.12)	−0.001	0.174	0.164	0.938	0.170	0.947
	GMM (7.3)	0.018	0.511	0.829	0.933		
$(\eta_0, \eta_1, \eta_2) = (3.8, -1, 1)$							
β_0	GEE	−0.050	0.364	0.353	0.941		
	GMM (7.12)	−0.030	0.195	0.166	0.893	0.189	0.929
	GMM (7.3)	−6.187	25.43	2329	0.917		
β_1	GEE	0.030	0.240	0.231	0.943		
	GMM (7.12)	0.021	0.140	0.124	0.917	0.138	0.937
	GMM (7.3)	6.296	22.02	2328	0.748		
β_2	GEE	0.011	0.333	0.318	0.941		
	GMM (7.12)	−0.035	0.209	0.194	0.047	0.212	0.956
	GMM (7.3)	−8.351	37.03	3779	0.797		
β_3	GEE	0.012	0.184	0.176	0.940		
	GMM (7.12)	0.002	0.097	0.087	0.932	0.096	0.954
	GMM (7.3)	1.430	5.916	412.7	0.936		
β_4	GEE	0.043	0.322	0.309	0.939		
	GMM (7.12)	0.036	0.308	0.272	0.922	0.292	0.947
	GMM (7.3)	5.981	26.77	2424	0.902		
β_5	GEE	0.013	0.172	0.163	0.946		
	GMM (7.12)	0.022	0.136	0.129	0.952	0.139	0.959
	GMM (7.3)	6.683	27.06	2854	0.881		
β_6	GEE	−0.008	0.183	0.174	0.934		
	GMM (7.12)	−0.001	0.180	0.162	0.921	0.172	0.933
	GMM (7.3)	0.934	13.62	877.8	0.900		

7.4.2　对健康数据的分析

我们将提出的方法用来分析美国国家健康与营养调查 (National Health and Nutrition Examination Survey) 的数据, 这个项目是用来调查美国成人和儿童的健康和营养情况的。内部数据包含来自 2017—2018 年的 500 个样本, 因变量 Y 是收缩压, 相关的自变量为性别、年龄、总胆固醇 (mmol/L) 和甘油三酯 (mmol/L)。外部数据包含来自 2015—2016 年的 6 755 个样本, 包括收缩压、性别、年龄、总胆固醇, 但是没有甘油三酯。因此, $\boldsymbol{X} = (1,$ 性别, 年龄, 总胆固醇$)^\top$, $\boldsymbol{Z} =$ 甘油三酯。我们仅利用外部数据的统计量: $\boldsymbol{X}$ 的样本均值和基于 Y 和 $\boldsymbol{X}$ 的线性模型的回归系数。

我们依然考虑三种方法: 仅考虑内部数据的 GEE 估计, 考虑外部数据但不考虑数据异质性的 GMM 估计 (7.3), 和考虑外部数据且同时考虑数据异质性的 GMM 估计 (7.12)。三种方法的参数估计和相应的标准差估计显示在表 7.3 中。GMM (7.3) 和 (7.12) 估计的标准差都比仅用内部数据的 GEE 方法要小很多, 当然甘油三酯的回归系数除外, 因为外部数据不包含甘油三酯。两种 GMM 方法在性别、年龄、甘油三酯的系数估计上相差不大, 但是截距项和总胆固醇的估计有区别。这说明数据同质性的假设可能是有些问题的。我们建议采用异质性的 GMM 方法。

表 7.3　实际数据分析结果

	方法	估计	SE: 标准差估计
β_0: 截距	GEE	95.535 8	3.300 2
	GMM (7.12)	95.474 1	0.978 2
	GMM (7.3)	98.594 4	0.985 7
β_1: 性别	GEE (internal)	$-2.623\,5$	1.468 2
	GMM (7.12)	$-2.720\,5$	0.495 3
	GMM (7.3)	$-2.806\,3$	0.498 2
β_2: 年龄	GEE	0.423 9	0.037 2
	GMM (7.12)	0.449 9	0.010 6
	GMM (7.3)	0.453 2	0.010 5
β_3: 总胆固醇	GEE	1.917 5	0.742 6
	GMM (7.12)	1.593 5	0.317 2
	GMM (7.3)	0.796 0	0.316 4
β_4: 甘油三酯	GEE	1.029 6	0.495 4
	GMM (7.12)	0.772 7	0.492 7
	GMM (7.3)	1.078 0	0.495 1

第 8 章

利用外部统计量的经验似然估计

8.1 利用外部信息的经验似然估计

第 7 章我们讨论了利用外部统计量来提升对内部数据的半参数模型估计的有效性。这一章我们主要讨论利用外部统计量来提升对内部数据分布的估计。主要的思路是利用外部数据的统计量来构造约束条件，加入到内部数据的经验似然估计当中。

记 $\{\boldsymbol{T}_1, \cdots, \boldsymbol{T}_n\}$ 是一个来自 k 维分布 $\boldsymbol{T} \sim F_{\boldsymbol{T}}$ 的随机样本 (之后称为 "内部数据")。我们的目标是估计分布 $F_{\boldsymbol{T}}$。除了内部数据之外，经常会有一些外部数据可以用来辅助内部数据以提高估计效率。假设 $\boldsymbol{T}$ 可以划分为两个部分 $\boldsymbol{X}$ 和 $\boldsymbol{Z}$，则内部数据可以记为 $\{\boldsymbol{X}_1, \cdots, \boldsymbol{X}_n, \boldsymbol{Z}_1, \cdots, \boldsymbol{Z}_n\}$。此外，$\boldsymbol{X}$ 还有一个独立的外部数据样本 $\{\boldsymbol{X}_1^E, \cdots, \boldsymbol{X}_m^E\}$ 来自 $l \leqslant k$ 维分布 $F_{\boldsymbol{X}}^E$。假设 $\boldsymbol{X}$ 和 $F_{\boldsymbol{X}}^E$ 的维度均为 l，但 $F_{\boldsymbol{X}}$ 和 $F_{\boldsymbol{X}}^E$ 不一定完全相同，其中 $F_{\boldsymbol{X}}$ 是 $F_{\boldsymbol{T}}$ 在 $\boldsymbol{X}$ 上的边际分布，之后我们称 $F_{\boldsymbol{T}}$ 为 "内部分布"，而称 $F_{\boldsymbol{X}}^E$ 为外部分布。

在实践当中，由于各种原因，外部数据的个体数据可能不能获得，而可以获得的只是外部数据的一个统计量，也就是 $\boldsymbol{X}_1^E, \cdots, \boldsymbol{X}_m^E$ 的一个函数值，例如，外部数据的样本均值。在这种情况下，如何利用这个外部的统计量来提高内部数据对 $F_{\boldsymbol{T}}$ 的估计效率是我们主要考虑的问题。

由于我们考虑的 $F_{\boldsymbol{X}}$ 和 $F_{\boldsymbol{X}}^E$ 不一定完全相同，也就是内部数据和外部数据存在异质性，为了借助外部的信息，我们需要一个假设将内部和外部数据链接起来。为此，我们假设存在内部分布和外部分布所共有的一个 p 维参数向量 $\boldsymbol{\theta}$ 满足

$$\int u(\boldsymbol{x}, \boldsymbol{\theta}) \mathrm{d} F_{\boldsymbol{X}}(\boldsymbol{x}) = \int u(\boldsymbol{x}, \boldsymbol{\theta}) \mathrm{d} F_{\boldsymbol{X}}^E(\boldsymbol{x}) = 0, \tag{8.1}$$

其中 $u(\cdot,\cdot)$ 是一个从 $\mathbb{R}^l \times \mathbb{R}^p$ 到 $\mathbb{R}^p$ 的已知方程。例如, $u(\boldsymbol{x},\boldsymbol{\theta}) = \boldsymbol{x} - \boldsymbol{\theta}$。在这种情况下, $p = l$, $\boldsymbol{\theta}$ 是内部分布 $F_{\boldsymbol{X}}$ 和外部分布 $F_{\boldsymbol{X}}^E$ 所具有的共同期望。

记 $\hat{\boldsymbol{\theta}}^E$ 是利用外部数据通过 GEE 对 (8.1) 中的参数 $\boldsymbol{\theta}$ 的估计, 也就是

$$\frac{1}{m} \sum_{j=1}^{m} u(\boldsymbol{X}_j^E, \hat{\boldsymbol{\theta}}^E) = 0, \tag{8.2}$$

这是 (8.1) 中 $\int u(\boldsymbol{x},\boldsymbol{\theta}) \mathrm{d}F_{\boldsymbol{X}}^E(\boldsymbol{x}) = 0$ 基于数据 $\boldsymbol{X}_j^E$ 的一个经验版本。例如, 当 $u(\boldsymbol{x},\boldsymbol{\theta}) = \boldsymbol{x} - \boldsymbol{\theta}$ 时, $\hat{\boldsymbol{\theta}}^E$ 就是 $\boldsymbol{X}_1^E, \cdots, \boldsymbol{X}_m^E$ 的样本均值 $\overline{\boldsymbol{X}}^E$。注意, 我们只要求可以获得 $\hat{\boldsymbol{\theta}}^E$, 它是外部数据的一个统计量, 而不要求获得外部数据的个体数据 $\boldsymbol{X}_1^E, \cdots, \boldsymbol{X}_m^E$。

为了利用外部信息 $\hat{\boldsymbol{\theta}}^E$, 我们要求基于内部数据对于 $F_{\boldsymbol{T}}$ 的估计 $\hat{F}_{\boldsymbol{T}}$ 满足

$$\int u(\boldsymbol{x}, \hat{\boldsymbol{\theta}}^E) \mathrm{d}\hat{F}_{\boldsymbol{X}}(\boldsymbol{x}) = 0, \tag{8.3}$$

这是 (8.1) 中 $\int u(\boldsymbol{x},\boldsymbol{\theta}) \mathrm{d}F_{\boldsymbol{X}}(\boldsymbol{x}) = 0$ 的一个估计, 其中 $\hat{F}_{\boldsymbol{X}}$ 是 $\hat{F}_{\boldsymbol{T}}$ 关于 $\boldsymbol{X}$ 的边际分布。如果我们仅采用内部数据 $\boldsymbol{T}_1, \cdots, \boldsymbol{T}_n$ 的经验分布 $\bar{F}_{\boldsymbol{T}}$ 来对 $F_{\boldsymbol{T}}$ 进行估计, 它是不满足要求 (8.3) 的。因为通常而言,

$$\int u(\boldsymbol{x}, \hat{\boldsymbol{\theta}}^E) \mathrm{d}\bar{F}_{\boldsymbol{T}}(\boldsymbol{x}) = \frac{1}{n} \sum_{i=1}^{n} u(\boldsymbol{X}_i, \hat{\boldsymbol{\theta}}^E) \neq 0。$$

根据经验似然 (Owen, 1988; Qin et al., 1994), 一个自然的解决方案是在利用内部数据 $\boldsymbol{T}_1, \cdots, \boldsymbol{T}_n$ 对 $F_{\boldsymbol{T}}$ 进行经验似然估计的时候, 将 (8.3) 作为一个条件限制加进来。具体而言, 经验似然估计 $\hat{F}_{\boldsymbol{T}}$ 对 $\boldsymbol{T}_i$ 赋予权重 p_i, $i = 1, \cdots, n$, 其中 p_i 的估计由下面的优化问题得到:

$$\max \prod_{i=1}^{n} p_i \quad \text{使得} \quad p_i > 0, \quad i = 1, \cdots, n, \quad \sum_{i=1}^{n} p_i = 1, \quad \sum_{i=1}^{n} p_i u(X_i, \hat{\boldsymbol{\theta}}^E) = 0。$$

$$\tag{8.4}$$

这样得到的 $\hat{F}_{\boldsymbol{T}}$ 肯定满足 (8.3)。注意到如果去掉 (8.4) 中的最后一个限制条件, 上述优化问题得到的最优解就是经验分布函数 $\bar{F}_{\boldsymbol{T}}$, 也可以看作是不利用外部信息的经验似然估计。

利用拉格朗日乘子法, 我们可以证明优化问题 (8.4) 的解满足

$$\hat{p}_i = \frac{1}{n\{1 + \boldsymbol{\lambda}^\top u(\boldsymbol{X}_i, \hat{\boldsymbol{\theta}}^E)\}}, \quad i = 1, \cdots, n, \tag{8.5}$$

其中拉格朗日乘子 $\boldsymbol{\lambda}$ 满足

$$\sum_{i=1}^n \hat{p}_i u(\boldsymbol{X}_i, \hat{\boldsymbol{\theta}}^E) = \frac{1}{n} \sum_{i=1}^n \frac{u(\boldsymbol{X}_i, \hat{\boldsymbol{\theta}}^E)}{1 + \boldsymbol{\lambda}^\top u(\boldsymbol{X}_i, \hat{\boldsymbol{\theta}}^E)} = 0_\circ$$

注意到

$$\frac{\partial}{\partial \boldsymbol{\lambda}} \left[\frac{1}{n} \sum_{i=1}^n \log\{1 + \boldsymbol{\lambda}^\top u(\boldsymbol{X}_i, \hat{\boldsymbol{\theta}}^E)\} \right] = \frac{1}{n} \sum_{i=1}^n \frac{u(\boldsymbol{X}_i, \hat{\boldsymbol{\theta}}^E)}{1 + \boldsymbol{\lambda}^\top u(\boldsymbol{X}_i, \hat{\boldsymbol{\theta}}^E)}$$

且

$$\frac{\partial^2}{\partial \boldsymbol{\lambda} \partial \boldsymbol{\lambda}^\top} \left[\frac{1}{n} \sum_{i=1}^n \log\{1 + \boldsymbol{\lambda}^\top u(\boldsymbol{X}_i, \hat{\boldsymbol{\theta}}^E)\} \right] = -\frac{1}{n} \sum_{i=1}^n \frac{u(\boldsymbol{X}_i, \hat{\boldsymbol{\theta}}^E) u(X_i, \hat{\boldsymbol{\theta}}^E)^\top}{\{1 + \boldsymbol{\lambda}^\top u(\boldsymbol{X}_i, \hat{\boldsymbol{\theta}}^E)\}^2} < 0$$

是一个负定阵 $(u \not\equiv 0)$。因此, 存在一个唯一的序列 $\{\boldsymbol{\lambda}_n = \boldsymbol{\lambda}_n(\boldsymbol{X}_1, \cdots, \boldsymbol{X}_n), n = 1, 2, \cdots\}$, 使得

$$\lim_{n \to \infty} P \left(\frac{1}{n} \sum_{i=1}^n \frac{u(\boldsymbol{X}_i, \hat{\boldsymbol{\theta}}^E)}{1 + \boldsymbol{\lambda}_n^\top u(\boldsymbol{X}_i, \hat{\boldsymbol{\theta}}^E)} = 0 \right) = 1 \quad \text{且} \quad \boldsymbol{\lambda}_n = o_p(1)_\circ \tag{8.6}$$

因此, $\hat{F}_{\boldsymbol{T}}$ 以趋于 1 的概率被唯一定义。

对于 s 个固定且互不相同的 $t_1, \cdots, t_s \in \mathbb{R}^k$, 定义 $\mathcal{F} = (F_{\boldsymbol{T}}(t_1), \cdots, F_{\boldsymbol{T}}(t_s))^\top$, $\hat{\mathcal{F}} = (\hat{F}_{\boldsymbol{T}}(t_1), \cdots, \hat{F}_{\boldsymbol{T}}(t_s))^\top$, 且 $\bar{\mathcal{F}} = (\bar{F}_{\boldsymbol{T}}(t_1), \cdots, \bar{F}_{\boldsymbol{T}}(t_s))^\top$。此外, 记 $\bar{u} = n^{-1} \sum_{i=1}^n u(\boldsymbol{X}_i, \boldsymbol{\theta})$, $\hat{\bar{u}} = n^{-1} \sum_{i=1}^n u(\boldsymbol{X}_i, \hat{\boldsymbol{\theta}}^E)$, $U = \text{Var}\{u(\boldsymbol{X}, \boldsymbol{\theta})\}$ (假定它非奇异), 且 $W = (W(t_1), \cdots, W(t_s))$, 其中 $W(t_j) = E\{u(\boldsymbol{X}, \boldsymbol{\theta}) I(\boldsymbol{T} \leqslant t_j)\}$, 则我们有

$$\begin{aligned}
\sqrt{n}(\hat{\mathcal{F}} - \mathcal{F}) &= \sqrt{n}(\bar{\mathcal{F}} - \mathcal{F} - \hat{\bar{u}}^\top U^{-1} W) + o_p(1) \\
&= \sqrt{n}\{\bar{\mathcal{F}} - \mathcal{F} - \bar{u}^\top U^{-1} W - (\hat{\bar{u}} - \bar{u})^\top U^{-1} W\} + o_p(1) \\
&= \sqrt{n}\{\bar{\mathcal{F}} - \mathcal{F} - \bar{u}^\top U^{-1} W + (\hat{\boldsymbol{\theta}}^E - \boldsymbol{\theta})^\top L^\top U^{-1} W\} + o_p(1) \\
&= \sqrt{n}(\bar{\mathcal{F}} - \mathcal{F} - \bar{u}^\top U^{-1} W - \tilde{u}^\top M^{-\top} L^\top U^{-1} W) + o_p(1),
\end{aligned}$$

其中 $L = \int \{\partial u(\boldsymbol{x}, \boldsymbol{\theta})/\partial \boldsymbol{\theta}\} \mathrm{d}F_{\boldsymbol{X}}(\boldsymbol{x})$, $M = \int \{\partial u(\boldsymbol{x}, \boldsymbol{\theta})/\partial \boldsymbol{\theta}\} \mathrm{d}F_{\boldsymbol{X}}^E(\boldsymbol{x})$ (假定它们

非奇异), $M^{-\top} = (M^{-1})^{\top}$, $\tilde{u} = m^{-1} \sum_{j=1}^{m} u(\boldsymbol{X}_j^E, \boldsymbol{\theta})$, 最后一个等式来自

$$\sqrt{n}(\hat{\boldsymbol{\theta}}^E - \boldsymbol{\theta}) = -M^{-1}\tilde{u} + o_p(1) \tag{8.7}$$

和泰勒展开。协方差矩阵

$$n\text{Var}(\bar{\mathcal{F}} - \bar{u}^{\top}U^{-1}W - \tilde{u}^{\top}M^{-\top}L^{\top}U^{-1}W)$$

$$= n\text{Var}(\bar{\mathcal{F}}) + n\text{Var}(\bar{u}^{\top}U^{-1}W) - 2n\text{Cov}(\bar{\mathcal{F}}, \bar{u}^{\top}U^{-1}W) +$$

$$n\text{Var}(\tilde{u}^{\top}M^{-\top}L^{\top}U^{-1}W)$$

$$= \boldsymbol{\Lambda} - W^{\top}U^{-1}W + m^{-1}nW^{\top}U^{-1}LM^{-1}VM^{-\top}L^{\top}U^{-1}W,$$

其中第一个式子成立是因为 $\tilde{u}$ 是外部数据的函数且与内部数据独立, 第二个式子成立是因为 $n\text{Var}(\bar{\mathcal{F}}) = \boldsymbol{\Lambda}$, $\boldsymbol{\Lambda}$ 是一个 $k \times k$ 矩阵, 它的 (i,j) 个元素是 $P(\{\boldsymbol{T} \leqslant t_i\} \cap \{\boldsymbol{T} \leqslant t_j\}) - F_{\boldsymbol{T}}(t_i)F_{\boldsymbol{T}}(t_j)$,

$$n\text{Var}(\bar{u}^{\top}U^{-1}W) = nW^{\top}U^{-1}\text{Var}(\bar{u})U^{-1}W$$

$$= W^{\top}U^{-1}W$$

$$= E\{(u(\boldsymbol{X}, \boldsymbol{\theta})I(\boldsymbol{X} \leqslant t_1), \cdots, u(\boldsymbol{X}, \boldsymbol{\theta})I(\boldsymbol{X} \leqslant t_s))^{\top}\}U^{-1}W$$

$$= n\text{Cov}(\bar{\mathcal{F}}, \bar{u}^{\top}U^{-1}W),$$

以及 $V = m\text{Var}(\tilde{u})$。因此, 根据中心极限定理, 我们可以得到如下的定理。

定理 8.1　假定 (8.2) 成立, 当 $m \to \infty$ 时, $\hat{\boldsymbol{\theta}}^E$ 满足 (8.7), 矩阵 L, M, U 和 V 均非奇异, 则对于任意 s 个固定且互不相同的 $t_1, \cdots, t_s \in \mathbb{R}^k$, 当 $n \to \infty$ 且 $m \to \infty$ 时, 我们有

$$\sqrt{n}\{(\hat{F}_{\boldsymbol{T}}(t_1), \cdots, \hat{F}_{\boldsymbol{T}}(t_s))^{\top} - (F_{\boldsymbol{T}}(t_1), \cdots, F_{\boldsymbol{T}}(t_s))^{\top}\} \to_d N(0, \boldsymbol{\Sigma}),$$

$$\boldsymbol{\Sigma} = \boldsymbol{\Lambda} - W^{\top}U^{-1}W + rW^{\top}U^{-1}LM^{-1}VM^{-\top}L^{\top}U^{-1}W, \tag{8.8}$$

其中 r 是 n/m 的极限。

结论 (8.8) 揭示了外部信息是如何影响对分布函数的估计的。注意到 $\boldsymbol{\Lambda}$ 是仅用内部数据估计 $\bar{F}_{\boldsymbol{T}}$ 的渐近方差。当外部数据的样本量 m 远大于内部数的样本量 n 时, $r \approx 0$, 因此 $\boldsymbol{\Sigma}$ 变成 $\boldsymbol{\Lambda} - W^{\top}U^{-1}W$, 比 $\boldsymbol{\Lambda}$ 要小。这意味着 (8.5) 中的 $\hat{F}_{\boldsymbol{T}}$ 比 $\bar{F}_{\boldsymbol{T}}$ 更加渐近有效。如果 $r > 0$, 那么 $\hat{F}_{\boldsymbol{T}}$ 是否更优取决于 $\boldsymbol{\Sigma}$ 中后两项的大小。在一个特殊的情况下: $L = M$ (例如: $u(\boldsymbol{x}, \boldsymbol{\theta}) = \boldsymbol{x} - \boldsymbol{\theta}$)

且 $V = U$, $\boldsymbol{\Sigma}$ 变成 $\boldsymbol{\Lambda} - (1-r)W^\top U^{-1}W$。因此 $\hat{F}_{\boldsymbol{T}}$ 比 $\bar{F}_{\boldsymbol{T}}$ 当且仅当 $r < 1$，也就是外部数据的样本量大于内部数据的样本量。

如果我们希望估计 $F_{\boldsymbol{T}}$ 的一个函数 $\psi(F_{\boldsymbol{T}})$，如果 $\hat{F}_{\boldsymbol{T}}$ 比 $\bar{F}_{\boldsymbol{T}}$ 更加渐近有效，那么 $\psi(\hat{F}_{\boldsymbol{T}})$ 比 $\psi(\bar{F}_{\boldsymbol{T}})$ 更加渐近有效。下面我们给出一些例子。

基于 (8.8)，我们可以进行统计推断。我们先估计出 $\boldsymbol{\Sigma}$，这需要知道一些关于 $\hat{\boldsymbol{\theta}}^E$ 的波动大小的额外信息。根据 (8.7) 和 $V = m\mathrm{Var}(\tilde{u})$, $\sqrt{n}(\hat{\boldsymbol{\theta}}^E - \boldsymbol{\theta})$ 的渐近方差是 $\Xi = M^{-1}VM^{-\top}$。假定除了 $\hat{\boldsymbol{\theta}}^E$，我们还从外部数据中获得 Ξ 的一个估计 $\hat{\Xi}$。例如，当 $\hat{\boldsymbol{\theta}}^E$ 是 $\boldsymbol{X}_1^E, \cdots, \boldsymbol{X}_m^E$ 的样本均值 $\overline{X}^E$ 时，$\hat{\Xi}$ 则是 $X_1^E, \cdots, X_m^E$ 的样本方差。假定外部数据的样本量 m 是已知的，则 r 可以用 n/m 来估计。此外，(8.8) 中的矩阵 $\boldsymbol{\Lambda}, W, U$ 和 L 都可以用内部数据来进行估计。因此可以得到 $\boldsymbol{\Sigma}$ 的估计。

8.2 同时利用内外部信息的改进方法

在上一节中，我们尝试利用外部数据的统计量来提升仅用内部数据的估计效率。但是根据定理 8.1 后面的讨论，这个目标不一定能够达到，尤其是当 $r \geqslant 1$ 时。有没有办法构建一个比仅用内部数据更加有效的估计呢？

我们将式 (8.2) 中的 $\hat{\boldsymbol{\theta}}^E$ 换成

$$\tilde{\boldsymbol{\theta}} = \frac{n\hat{\boldsymbol{\theta}} + m\hat{\boldsymbol{\theta}}^E}{n+m}, \tag{8.9}$$

其中 $\hat{\boldsymbol{\theta}}$ 是基于内部数据的 GEE 估计，

$$\frac{1}{n}\sum_{i=1}^{n} u(\boldsymbol{X}_i, \hat{\boldsymbol{\theta}}) = 0。 \tag{8.10}$$

将式 (8.4) 中的 $\hat{\boldsymbol{\theta}}^E$ 替换成上面定义的 $\tilde{\boldsymbol{\theta}}$，我们可以得到一个新的关于 $F_{\boldsymbol{T}}$ 的估计 $\widetilde{F}_{\boldsymbol{T}}$。根据和上一节类似的推导，我们可以证明

$$\sqrt{n}(\widetilde{\mathcal{F}} - \mathcal{F}) = \sqrt{n}\{\bar{\mathcal{F}} - \mathcal{F} - \bar{u}^\top U^{-1}W + (\tilde{\boldsymbol{\theta}} - \boldsymbol{\theta})^\top L^\top U^{-1}W\} + o_p(1)$$

$$= \sqrt{n}(\bar{\mathcal{F}} - \mathcal{F} - \frac{1}{r+1}\bar{u}^\top U^{-1}W + \frac{1}{r+1}\tilde{u}^\top M^{-\top}L^\top U^{-1}W) + o_p(1),$$

其中 $\widetilde{\mathcal{F}} = (\widetilde{F}_T(t_1), \cdots, \widetilde{F}_T(t_s))^\top$，且

$$n\text{Var}(\bar{\mathcal{F}} - \mathcal{F} - \frac{1}{r+1}\bar{u}^\top U^{-1}W + \frac{1}{r+1}\tilde{u}^\top M^{-\top}L^\top U^{-1}W)$$

$$= n\text{Var}(\bar{\mathcal{F}}) + n\text{Var}\left(\frac{\bar{u}^\top U^{-1}W}{r+1}\right) - 2n\text{Cov}\left(\bar{\mathcal{F}}, \frac{\bar{u}^\top U^{-1}W}{r+1}\right) +$$

$$n\text{Var}\left(\frac{\tilde{u}^\top M^{-\top}L^\top U^{-1}W}{r+1}\right)$$

$$= \boldsymbol{\Lambda} + \frac{W^\top U^{-1}W}{(r+1)^2} - \frac{2W^\top U^{-1}W}{r+1} + \frac{nW^\top U^{-1}LM^{-1}VM^{-\top}L^\top U^{-1}W}{m(r+1)^2}.$$

因此我们得到如下的定理。

定理 8.2　假设和定理 8.1 一样的条件, 以及式 (8.9)～式 (8.10), 则对于任意固定但互不相同的 $t_1, \cdots, t_s \in \mathbb{R}^k$, 当 $n \to \infty$ 和 $m \to \infty$ 时,

$$\sqrt{n}\{(\widetilde{F}_T(t_1), \cdots, \widetilde{F}_T(t_s))^\top - (F_{\boldsymbol{T}}(t_1), \cdots, F_{\boldsymbol{T}}(t_s))^\top\} \to_d N(0, \tilde{\boldsymbol{\Sigma}})$$

$$\tilde{\boldsymbol{\Sigma}} = \boldsymbol{\Lambda} - \frac{2r+1}{(r+1)^2}W^\top U^{-1}W + \frac{r}{(r+1)^2}W^\top U^{-1}LM^{-1}VM^{-\top}L^\top U^{-1}W,$$

$$(8.11)$$

其中 r 是 n/m 的极限。

考虑当 $L = M$ 和 $V = U$ 的特殊情况, (8.11) 中的 $\tilde{\boldsymbol{\Sigma}}$ 变为 $\boldsymbol{\Lambda} - \frac{1}{r+1}W^\top U^{-1}W$, 这意味着 $\widetilde{F}_T$ 总是比经验分布 $\bar{F}_T$ 要更加有效。同样, 使用 (8.9)～(8.10) 中的 $\tilde{\theta}$ 总是比用 (8.2) 中的 $\hat{\theta}^E$ 要好。注意 V 是 $u(\boldsymbol{X}^E, \boldsymbol{\theta})$ 在外部数据分布下的方差矩阵, U 是 $u(\boldsymbol{X}, \boldsymbol{\theta})$ 在内部数据分布下的方差矩阵。如果 $V = cU$ 且 $L = M$, 那么 $\widetilde{\boldsymbol{\Sigma}}$ 变成 $\Lambda - \frac{(2-c)r+1}{(r+1)^2}W^\top U^{-1}W$。因此 $\widetilde{F}_{\boldsymbol{T}}$ 是否比经验分布 $\bar{F}_{\boldsymbol{T}}$ 更加有效取决于 $(2-c)r+1$ 的符号, 也就是外部数据的样本量和外部估计量的方差大小。

为了进行统计推断, 我们需要估计 $\tilde{\boldsymbol{\Sigma}}$。方法和上一节中估计 $\boldsymbol{\Sigma}$ 的方法类似, 这里就不再赘述。

8.3　内外部数据具有共同期望的情况

这一节里我们考虑 $u(\boldsymbol{X}, \boldsymbol{\theta}) = \boldsymbol{X} - \boldsymbol{\theta}$ 的特殊情况, 即内部数据和外部数据具有共同的期望 $\boldsymbol{\theta}$。

由于 $\partial u(\boldsymbol{X}, \boldsymbol{\theta})/\partial \boldsymbol{\theta} = -\boldsymbol{I}$, 其中 $\boldsymbol{I}$ 是单位矩阵, 所以 $L = M$, 定理 8.1 和定理 8.2 中的结果可以简化。进一步, 如果内部数据和外部数据的方差矩阵也相等, 那么 $U = \text{Var}(\boldsymbol{X}) = \text{Var}(\boldsymbol{X}^E) = V$。

如果采用 (8.2) 中的估计, 那么 $\hat{\boldsymbol{\theta}}^E = \bar{\boldsymbol{X}}^E$, 也就是外部数据 $\boldsymbol{X}_1^E, \cdots, \boldsymbol{X}_m^E$ 的样本均值。如果采用 (8.9)~(8.10) 中定义的 $\tilde{\boldsymbol{\theta}}$, 那么

$$\tilde{\boldsymbol{\theta}} = \frac{n}{n+m}\bar{\boldsymbol{X}} + \frac{m}{n+m}\bar{\boldsymbol{X}}^E, \tag{8.12}$$

其中 $\bar{\boldsymbol{X}}$ 是内部数据 $\boldsymbol{X}_1, \cdots, \boldsymbol{X}_n$ 的样本均值。

8.3.1　对总体期望的估计

这一小节我们考虑对内部数据的总体期望的估计, 也就是估计 $\boldsymbol{\mu} = \int t\,\mathrm{d}F_{\boldsymbol{T}}(t)$, 其中 $F_{\boldsymbol{T}}$ 是内部数据 $\boldsymbol{T} = (\boldsymbol{X}^\top, \boldsymbol{Z}^\top)^\top$ 的分布。显然 $\boldsymbol{\mu}$ 的前 l 个分量就是 $\boldsymbol{\theta}$。

当 $F_{\boldsymbol{T}}$ 的估计量为 (8.5) 中的 $\hat{F}_{\boldsymbol{T}}$ 且 $\hat{\boldsymbol{\theta}}^E = \bar{\boldsymbol{X}}^E$ 时, $\boldsymbol{\mu}$ 的估计量为

$$\hat{\boldsymbol{\mu}} = \int t\,\mathrm{d}\hat{F}_{\boldsymbol{T}}(t) = \sum_{i=1}^n \hat{p}_i \boldsymbol{T}_i = \frac{1}{n}\sum_{i=1}^n \frac{\boldsymbol{T}_i}{1 + \boldsymbol{\lambda}^\top(\boldsymbol{X}_i - \bar{\boldsymbol{X}}^E)}。 \tag{8.13}$$

根据 (8.6), 以趋于 1 的概率, 我们有

$$0 = \frac{1}{n}\sum_{i=1}^n \frac{\boldsymbol{X}_i - \bar{\boldsymbol{X}}^E}{1 + \boldsymbol{\lambda}^\top(\boldsymbol{X}_i - \bar{\boldsymbol{X}}^E)} = \sum_{i=1}^n \hat{p}_i \boldsymbol{X}_i - \sum_{i=1}^n \hat{p}_i \bar{\boldsymbol{X}}^E = \sum_{i=1}^n \hat{p}_i \boldsymbol{X}_i - \bar{\boldsymbol{X}}^E,$$

这意味着 $\hat{\boldsymbol{\mu}}$ 的前 l 个分量恰为 $\bar{\boldsymbol{X}}^E$, 它仅仅用到了外部数据。如果外部数据的样本量比较大, 那么这个估计没有问题; 但如果外部数据的样本量没那么大, 这就不是一个很好的选择。

当 $F_{\boldsymbol{T}}$ 的估计量为 $\widetilde{F}$, 且 $\tilde{\boldsymbol{\theta}}$ 由 (8.9)~(8.10) 定义时, $\boldsymbol{\mu}$ 的估计量为

$$\tilde{\boldsymbol{\mu}} = \int t\,\mathrm{d}\widetilde{F}_{\boldsymbol{T}}(t) = \frac{1}{n}\sum_{i=1}^n \frac{\boldsymbol{T}_i}{1 + \boldsymbol{\lambda}^\top(\boldsymbol{X}_i - \tilde{\boldsymbol{\theta}})}, \tag{8.14}$$

且 $\tilde{\boldsymbol{\mu}}$ 的前 l 个分量记为 $\tilde{\boldsymbol{\theta}}$。

下面的结论建立了 $\hat{\boldsymbol{\mu}}$ 和 $\tilde{\boldsymbol{\mu}}$ 的渐近正态性。

定理 8.3 假定当 $u(\boldsymbol{X}, \boldsymbol{\theta}) = \boldsymbol{X} - \boldsymbol{\theta}$ 时定理 8.2 的条件成立, 且 $\boldsymbol{X}$ 的二阶矩阵有界, 则

$$\sqrt{n}(\hat{\boldsymbol{\mu}} - \boldsymbol{\mu}) \to_d N(0, \operatorname{Var}(\boldsymbol{T}) - H^\top U^{-1} H + r H^\top U^{-1} V U^{-1} H), \tag{8.15}$$

$$\sqrt{n}(\tilde{\boldsymbol{\mu}} - \boldsymbol{\mu}) \to_d N\left(0, \operatorname{Var}(\boldsymbol{T}) - \frac{2r+1}{(r+1)^2} H^\top U^{-1} H + \frac{r}{(r+1)^2} H^\top U^{-1} V U^{-1} H\right), \tag{8.16}$$

其中 r 是 n/m 的极限, $H = E\left\{(\boldsymbol{X} - \boldsymbol{\theta}) T^\top\right\} = \operatorname{Cov}(\boldsymbol{X}, \boldsymbol{T})$ (在内部数据下).

我们可以对渐近方差 (8.15)~(8.16) 进行进一步分析. 记 $D = \operatorname{Var}(\boldsymbol{Z})$, $C = \operatorname{Cov}(\boldsymbol{X}, \boldsymbol{Z})$, 则

$$\operatorname{Var}(\boldsymbol{T}) = \begin{pmatrix} U & C \\ C^\top & D \end{pmatrix}, \quad H = \begin{pmatrix} U & C \end{pmatrix},$$

因此 $\sqrt{n}(\hat{\boldsymbol{\mu}} - \boldsymbol{\mu})$ 的渐近方差为

$$\begin{pmatrix} rV & rVU^{-1}C \\ rC^\top U^{-1} V & D - C^\top U^{-1} C + r C^\top U^{-1} V U^{-1} C \end{pmatrix},$$

且 $\sqrt{n}(\tilde{\boldsymbol{\mu}} - \boldsymbol{\mu})$ 的渐近方差为

$$\begin{pmatrix} \frac{r^2}{(r+1)^2} U + \frac{r}{(r+1)^2} V & \frac{r^2}{(r+1)^2} C + \frac{r}{(r+1)^2} V U^{-1} C \\ \frac{r^2}{(r+1)^2} C^\top + \frac{r}{(r+1)^2} C^\top U^{-1} V & D - \frac{2r+1}{(r+1)^2} C^\top U^{-1} C + \frac{r}{(r+1)^2} C^\top U^{-1} V U^{-1} C \end{pmatrix}.$$

对于 $\boldsymbol{\mu}$ 的前 l 个分量 ($\boldsymbol{X}$ 的期望) 的估计而言, $\hat{\boldsymbol{\mu}}$ 和 $\tilde{\boldsymbol{\mu}}$ 的比较本质上是 $\hat{\boldsymbol{\theta}}^E = \bar{\boldsymbol{X}}^E$ 和 $\tilde{\boldsymbol{\theta}}$ 的比较. 如果 $r = 0$, 那么上面的结果表明, $\hat{\boldsymbol{\mu}}$ 和 $\tilde{\boldsymbol{\mu}}$ 的收敛速度均快于 $1/\sqrt{n}$.

对于 $\boldsymbol{\mu}$ 的后 $k - l$ 个分量的估计而言, 即使当 $r = 0$ 时, 它们的收敛速度依然为 $1/\sqrt{n}$. $\hat{\boldsymbol{\mu}}$ 与 $\tilde{\boldsymbol{\mu}}$ 的比较主要是比较 $D - C^\top U^{-1} C + r C^\top U^{-1} V U^{-1} C$ 和 $D - \frac{2r+1}{(r+1)^2} C^\top U^{-1} C + \frac{r}{(r+1)^2} C^\top U^{-1} V U^{-1} C$, 这与 $\boldsymbol{\Sigma}$ 和 $\tilde{\boldsymbol{\Sigma}}$ 的比较类似. 特别地, 如果 $V = U$, 那么前者为 $D - (1-r) C^\top U^{-1} C$, 后者为 $D - \frac{1}{r+1} C^\top U^{-1} C$. 因此 $\tilde{\boldsymbol{\mu}}$ 总是比 $\hat{\boldsymbol{\mu}}$ 要更渐近有效.

8.3.2　对总体分位数的估计

这一小节我们考虑对内部数据的总体分位数的估计, 也就是估计 $Q = (F^{-1}(\pi_1), \cdots, F^{-1}(\pi_s))^\top$, 其中 F 是 $F_{\boldsymbol{T}}$ 的一个边际分布, $\pi_1, \cdots, \pi_s$ 是 s 个位于区间 $(0,1)$ 且互不相同的数, $F^{-1}(\pi) = \inf\{t : F(t) \geqslant \pi\}$。

如果我们不利用任何外部信息, 那么一个常见的估计为样本分位数。如果我们用 $\hat{F}_{\boldsymbol{T}}$ 或 $\widetilde{F}_{\boldsymbol{T}}$ 来估计 $F_{\boldsymbol{T}}$, 那么分位数的估计为 $\hat{Q} = (\hat{F}^{-1}(\pi_1), \cdots, \hat{F}^{-1}(\pi_s))^\top$ 或 $\widetilde{Q} = (\widetilde{F}^{-1}(\pi_1), \cdots, \widetilde{F}^{-1}(\pi_s))^\top$, 其中 $\hat{F}$ 和 $\widetilde{F}$ 分别是 $\hat{F}_{\boldsymbol{T}}$ 和 $\widetilde{F}_{\boldsymbol{T}}$ 对应的边际分布。采用与巴哈度表示类似的证明 (Shao, 2003), 我们可以得到

$$\sqrt{n}(\hat{Q} - Q) = \sqrt{n}\left(\frac{F(F^{-1}(\pi_1)) - \hat{F}(F^{-1}(\pi_1))}{f(F^{-1}(\pi_1))}, \cdots,\right.$$
$$\left.\frac{F(F^{-1}(\pi_s)) - \hat{F}(F^{-1}(\pi_s))}{f(F^{-1}(\pi_s))}\right)^\top + o_p(1),$$

其中 $f(F^{-1}(\pi_j))$ 是 F 在 $F^{-1}(\pi_j)$ 处的导函数, 且假设其取值为正的, $j = 1, \cdots, s$。当 $(\hat{F}, \hat{Q})$ 被换成 $(\widetilde{F}, \widetilde{Q})$ 时, 这个结论依然成立。结合 (8.8) 或 (8.11), 我们知道 $\hat{Q}$ 和 $\widetilde{Q}$ 通常比仅用内部数据得到的样本分位数更加有效。

8.4　数值模拟

这一节我们针对节 8.3 中的情况展示一些数值模拟结果。考虑 $k = 3$, $\boldsymbol{T} = (\boldsymbol{X}, \boldsymbol{Z})$, 其中 $\boldsymbol{X}$ 是 2 维的, $\boldsymbol{Z}$ 是 1 维的。设定 $u(\boldsymbol{X}, \boldsymbol{\theta}) = \boldsymbol{X} - \boldsymbol{\theta}$, 其中 $\boldsymbol{\theta} = E(\boldsymbol{X})$ 是内部数据和外部数据共享的一个二维的期望。我们考虑如下的四种情况:

A. 对于内部数据和外部数据而言, $\boldsymbol{X}$ 均为一个二元正态,

$$\boldsymbol{X} \sim N\left(\begin{pmatrix} 1 \\ 0 \end{pmatrix}, \begin{pmatrix} 1 & 0.3 \\ 0.3 & 1 \end{pmatrix}\right)。 \tag{8.17}$$

对于内部数据, 给定 $\boldsymbol{X}$ 后, $\boldsymbol{Z}$ 服从正态分布, 期望为 $\alpha + \boldsymbol{\beta}^\top \boldsymbol{X}$, 方差为 0.25; 对于外部数据, 给定 $\boldsymbol{X}$ 之后, $\boldsymbol{Z}$ 也服从正态分布, 期望与内部数据相同, 但方差为 1。

B. 对于内部和外部数据, X 按照式 (8.17) 生成。对于内部数据而言, 给定 X 后, Z 的分布与情况 A 相同; 对于外部数据, 给定 X 后, Z 服从一个双指数分布, 期望为 $\alpha + \boldsymbol{\beta}^{\top} X$, 尺度参数为 0.5。

C. 对于内部数据, X 按照 (8.17) 生成; 对于外部数据, X 按照 (8.17) 生成, 但是方差矩阵变为 $\begin{pmatrix} 2 & 0.5 \\ 0.5 & 1 \end{pmatrix}$。无论是内部数据还是外部数据, 给定 X, Z 的生成方式与情况 B 一样。

D. X 的生成方式与情况 C 一样。对于内部数据而言, 给定 X 之后, $Z - \alpha - \boldsymbol{\beta}^{\top} X$ 的密度函数为 $f(t)$, 当 $t < 0$ 时, $f(t)$ 为 $N(0, 0.25)$ 的密度函数, 而当 $t \geqslant 0$ 时, $f(t)$ 为 $DE(0, 0.5)$ 的密度函数; 对于外部数据而言, 给定 X 之后, $Z - \alpha - \boldsymbol{\beta}^{\top} X$ 的密度函数为 $f(-t)$。

在所有的情况下, $(\alpha, \boldsymbol{\beta}^{\top}) = (1.5, 0.4, -0.8)$。在情况 A 和 B 里, X 在内部数据和外部数据里的分布相同; 在情况 C 和 D 里, X 在内部数据和外部数据里的分布不相同, 但是它们具有相同的期望。给定 X 之后, Z 的分布在内部数据和外部数据里总是不相同的。

我们考虑对内部分布的两个参数的估计: 期望 $E(Z)$ 和 Q_{75}, 也就是 Z 的 0.75 分位数。内部样本数据量 $n = 100$, 外部样本数据量 $m = 100, 200, 500, 1\,000, 10\,000$。

基于 $2\,000$ 次随机模拟的结果, 表 8.1 展示了下列几个估计量的偏差和标准差:

(1) 内部数据 $\{Z_1, \cdots, Z_n\}$ 的样本均值 $\bar{Z}$ 和样本分位数 $\bar{Q}_{75}$。

(2) $\widetilde{Z}$: $\tilde{\boldsymbol{\mu}}$ 的第三个元素。$\widetilde{Q}_{75}$: $\widetilde{F}_{\boldsymbol{T}}$ 的第三个分量的 0.75 分位数。

(3) $\hat{Z}$: $\hat{\boldsymbol{\mu}}$ 的第三个元素。$\hat{Q}_{75}$: $\hat{F}_{\boldsymbol{T}}$ 的第三个分量的 0.75 分位数。

模拟结果可以概括如下。

(1) 所有的偏差都可以基本忽略不计, 即使是在 $m = n = 100$ 的情况下。

(2) 对于总体期望 $E(Z)$ 的估计而言, 当我们采用 $\tilde{\boldsymbol{\theta}}$ 时, 借用外部数据可以显著提升估计的效率。当 m 从 100 到 10 000 时, 情况 A 到 C 中相对的效率提升可以达到 18% 到 43%。情况 D 下的相对提升要稍微少一些。当我们采用 $\hat{\boldsymbol{\theta}}^E$ 时, 如果 $m = 100$, 效率提升可以忽略不计; 如果 $m = 200$, 效率提升就比较可观; 如果 $m \geqslant 1\,000$, 效率提升效果和采用 $\tilde{\boldsymbol{\theta}}$ 差不多。

(3) 尽管内部数据和外部数据共享的参数是总体期望, 但利用外部数据对提升分位数的估计效率很有帮助。当我们采用 $\tilde{\boldsymbol{\theta}}$ 时, 在情况 A 到 C 中, 相对的效率提升可以达到 10~20%; 在情况 D 中, 相对的效率提升可以达到 7~17%。当我们采用 $\hat{\boldsymbol{\theta}}^E$ 时, 只有当 $m \geqslant 500$ 时才能看到有明显的估计效率提升。

表 8.1   数值模拟结果

情况 A		$E(Z) = 1.90$ 的估计			$Q_{75} = 2.52$ 的估计		
		$\bar{Z}$	$\tilde{Z}$	$\hat{Z}$	$\bar{Q}_{75}$	$\tilde{Q}_{75}$	$\hat{Q}_{75}$
$m = 100$	偏差	0.002 1	−0.000 9	−0.004 0	0.006 4	0.003 7	0.003 8
	标准差	0.094 1	0.075 8	0.091 7	0.128 3	0.115 8	0.126 4
$m = 200$	偏差	0.001 7	−0.000 2	−0.001 1	−0.001 8	−0.003 1	−0.002 6
	标准差	0.091 7	0.066 9	0.074 4	0.124 4	0.109 1	0.115 2
$m = 500$	偏差	0.000 8	0.001 4	0.001 6	0.000 6	0.002 9	0.003 6
	标准差	0.095 2	0.060 1	0.061 7	0.127 2	0.105 6	0.105 9
$m = 10^3$	偏差	−0.001 8	−0.001 3	−0.001 3	−0.004 5	−0.002 2	−0.001 6
	标准差	0.090 1	0.054 9	0.055 7	0.124 0	0.105 6	0.105 9
$m = 10^4$	偏差	0.002 8	−0.000 9	−0.001 0	0.001 4	−0.001 4	−0.001 2
	标准差	0.093 8	0.051 6	0.051 6	0.127 7	0.101 2	0.101 1
情况 B		$E(Z) = 1.90$ 的估计			$Q_{75} = 2.52$ 的估计		
		$\bar{Z}$	$\tilde{Z}$	$\hat{Z}$	$\bar{Q}_{75}$	$\tilde{Q}_{75}$	$\hat{Q}_{75}$
$m = 100$	偏差	0.000 1	−0.000 8	−0.001 9	−0.000 8	−0.000 4	0.001 6
	标准差	0.091 4	0.074 7	0.093 2	0.124 9	0.112 4	0.124 9
$m = 200$	偏差	−0.000 1	0.001 6	0.002 4	−0.002 6	0.000 6	0.001 9
	标准差	0.089 6	0.066 1	0.073 8	0.123 9	0.109 1	0.114 3
$m = 500$	偏差	−0.000 8	−0.001 2	−0.001 3	0.000 3	0.002 5	0.002 6
	标准差	0.093 4	0.060 5	0.062 2	0.124 2	0.103 5	0.104 7
$m = 10^3$	偏差	−0.000 9	0.000 2	0.000 3	−0.001	0.001 5	0.002 0
	标准差	0.090 3	0.054 6	0.055 4	0.125 6	0.104 5	0.104 7
$m = 10^4$	偏差	−0.001 8	−0.001 7	−0.001 7	−0.003 7	−0.000 7	−0.000 7
	标准差	0.093 8	0.052 6	0.052 6	0.126 6	0.102 6	0.102 6

（续表）

情况 A		$E(Z) = 1.90$ 的估计			$Q_{75} = 2.52$ 的估计		
		$\bar{Z}$	$\widetilde{Z}$	$\hat{Z}$	$\bar{Q}_{75}$	$\widetilde{Q}_{75}$	$\hat{Q}_{75}$
$m = 100$	偏差	-0.0017	-0.0017	-0.0019	-0.0011	-0.0011	0.0015
	标准差	0.0911	0.0751	0.0955	0.1240	0.1122	0.1286
$m = 200$	偏差	0.0018	0.0025	0.0029	-0.0004	0.0011	0.0037
	标准差	0.0919	0.0678	0.0750	0.1241	0.1091	0.1157
$m = 500$	偏差	0.0001	-0.0010	-0.0012	-0.0051	-0.0037	-0.0031
	标准差	0.0934	0.0606	0.0629	0.1267	0.1047	0.1059
$m = 10^3$	偏差	0.0011	0.0005	0.0004	-0.0002	0.0022	0.0024
	标准差	0.0914	0.0547	0.0555	0.1214	0.1008	0.1006
$m = 10^4$	偏差	0.0007	-0.0019	-0.0019	0.0018	0.0025	0.0026
	标准差	0.0923	0.0525	0.0526	0.1230	0.1003	0.1003
情况 D		$E(Z) = 1.95$ 的估计			$Q_{75} = 2.58$ 的估计		
		$\bar{Z}$	$\widetilde{Z}$	$\hat{Z}$	$\bar{Q}_{75}$	$\widetilde{Q}_{75}$	$\hat{Q}_{75}$
$m = 100$	偏差	0.0005	0.0010	0.0016	-0.0031	-0.0011	0.0029
	标准差	0.0975	0.0816	0.1017	0.1342	0.1250	0.1417
$m = 200$	偏差	-0.0023	-0.0006	0.0002	-0.0075	-0.0050	-0.0008
	标准差	0.0991	0.0749	0.0810	0.1345	0.1222	0.1285
$m = 500$	偏差	0.0002	0.0016	0.0018	-0.0021	0.0014	0.0032
	标准差	0.0995	0.0681	0.0693	0.1357	0.1152	0.1167
$m = 10^3$	偏差	0.0015	0.0013	0.0013	0.0006	0.0030	0.0030
	标准差	0.0992	0.0653	0.0660	0.1367	0.1170	0.1184
$m = 10^4$	偏差	0.0052	0.0015	0.0014	0.0053	0.0031	0.0030
	标准差	0.1000	0.0614	0.0614	0.1347	0.1118	0.1119

第 9 章

利用外部统计量的非参数回归

9.1 利用外部信息约束的两步核估计

在这一章里, 我们讨论一个因变量 Y 对一个自变量向量 $\boldsymbol{U} = (\boldsymbol{X}^{\top}, \boldsymbol{Z}^{\top})^{\top}$ 的非参数回归问题。在内部数据里, 我们可以获得 Y 和 $\boldsymbol{U}$ 的个体数据。但在外部数据里, 我们无法获得 $\boldsymbol{Z}$ 的数据, 只能观测到 Y 和 $\boldsymbol{X}$, 而且我们假设只可以获得关于外部数据的统计量。我们主要讨论如何利用外部数据的统计量来提升内部数据中核估计的效率。

记内部数据为个体数据 $(Y_i, \boldsymbol{U}_i)$, $i = 1, \cdots, n$, 它们是从随机变量 $(Y, \boldsymbol{U})$ 中获得的一个独立同分布的随机样本, 其中 Y 是一个 1 维的因变量, $\boldsymbol{U}$ 是一个 p 维的连续型自变量, n 是内部数据的样本量。假设 p 是一个固定的数, 不随 n 的变化而变化。我们感兴趣的是估计回归方程

$$\mu(\boldsymbol{u}) = \mathrm{E}(Y \mid \boldsymbol{U} = \boldsymbol{u}), \tag{9.1}$$

也就是给定 $\boldsymbol{U} = \boldsymbol{u}$ 下, Y 的条件期望, 其中 $\boldsymbol{u} \in \mathcal{U}$, $\mathcal{U}$ 为 $\boldsymbol{U}$ 的取值范围。

令 $\kappa(\boldsymbol{u})$ 是一个 $\mathbb{R}^p$ 上的给定核函数。我们假定 $\boldsymbol{U}$ 已经被标准化, 因此对于 $\boldsymbol{U}$ 的每个分量, 我们都采用同样的窗宽 $b > 0$。对于任意给定的 $\boldsymbol{u} \in \mathcal{U}$, 在仅利用内部数据的情况下, (9.1) 中 $\mu(\boldsymbol{u})$ 的标准核估计为

$$\begin{aligned}
\hat{\mu}_K(\boldsymbol{u}) &= \arg\min_{\mu} \sum_{i=1}^{n} \kappa_b(\boldsymbol{u} - \boldsymbol{U}_i)(Y_i - \mu)^2 \\
&= \sum_{i=1}^{n} Y_i \kappa_b(\boldsymbol{u} - \boldsymbol{U}_i) \bigg/ \sum_{i=1}^{n} \kappa_b(\boldsymbol{u} - \boldsymbol{U}_i),
\end{aligned} \tag{9.2}$$

其中 $\kappa_b(\boldsymbol{a}) = b^{-p}\kappa(\boldsymbol{a}/b)$, $\boldsymbol{a} \in \mathbb{R}^p$。

外部数据是来自随机变量 $(Y, \boldsymbol{X})$ 的一个独立同分布样本, 样本量为 m,

且与内部数据独立, 其中 $\boldsymbol{X}$ 是 $\boldsymbol{U}$ 的一个 q 维子向量, $q \leqslant p$。我们考虑只能从外部数据获得一些统计量的情况。具体而言, 外部数据提供一个向量 $\hat{\boldsymbol{\beta}}_{\boldsymbol{g}}$, 它是基于外部数据的一个 "工作模型" $\mathrm{E}(Y|\boldsymbol{X}) = \boldsymbol{\beta}^\top \boldsymbol{g}(\boldsymbol{X})$ (不要求这个模型是正确的) 下对 k 维未知参数 $\boldsymbol{\beta}$ 的最小二乘估计, 这里 $\boldsymbol{g}$ 是一个从 $\mathbb{R}^q$ 到 $\mathbb{R}^k$ 的已知函数。例如, $\boldsymbol{g}(\boldsymbol{X}) = (1, \boldsymbol{X}^\top)^\top$。

无论工作模型是正确的还是错误的, 在一些常规的条件下, $\hat{\boldsymbol{\beta}}_{\boldsymbol{g}}$ 的极限均为 $\boldsymbol{\beta}_{\boldsymbol{g}} = \boldsymbol{\Sigma}_g^{-1}\mathrm{E}\{\boldsymbol{g}(\boldsymbol{X})Y\}$, 其中 $\boldsymbol{\Sigma}_g = \mathrm{E}\{\boldsymbol{g}(\boldsymbol{X})\boldsymbol{g}(\boldsymbol{X})^\top\}$ (假定其正定)。由于 $\mathrm{E}(Y|\boldsymbol{X}) = \mathrm{E}\{\mathrm{E}(Y|\boldsymbol{U})|\boldsymbol{X}\} = \mathrm{E}\{\mu(\boldsymbol{U})|\boldsymbol{X}\}$, 我们有

$$\begin{aligned}
\mathrm{E}\{\boldsymbol{\beta}_{\boldsymbol{g}}^\top \boldsymbol{g}(\boldsymbol{X})\boldsymbol{g}(\boldsymbol{X})^\top\} &= \mathrm{E}\{Y\boldsymbol{g}(\boldsymbol{X})^\top\}\boldsymbol{\Sigma}_g^{-1}\mathrm{E}\{\boldsymbol{g}(\boldsymbol{X})\boldsymbol{g}(\boldsymbol{X})^\top\} \\
&= \mathrm{E}\{\mathrm{E}(Y|\boldsymbol{X})\boldsymbol{g}(\boldsymbol{X})^\top\} \\
&= \mathrm{E}[\mathrm{E}\{\mu(\boldsymbol{U})|\boldsymbol{X}\}\boldsymbol{g}(\boldsymbol{X})^\top] \\
&= \mathrm{E}\{\mu(\boldsymbol{U})\boldsymbol{g}(\boldsymbol{X})^\top\}。
\end{aligned}$$

因此, 从外部数据获得统计量可以通过以下约束条件来进行利用:

$$\mathrm{E}[\{\boldsymbol{\beta}_{\boldsymbol{g}}^\top \boldsymbol{g}(\boldsymbol{X}) - \mu(\boldsymbol{U})\}\boldsymbol{g}(\boldsymbol{X})^\top] = 0。 \tag{9.3}$$

在式 (9.3) 中, 外部信息 $\boldsymbol{\beta}_{\boldsymbol{g}}^\top \boldsymbol{g}(\boldsymbol{X})$ 可以看作是 $\mu(\boldsymbol{U})$ 在 $\boldsymbol{g}(\boldsymbol{X})$ 上的线性投影。由于 $\mu(\boldsymbol{U})$ 在约束条件 (9.3) 中直接出现, 这个约束对于核回归而言就变得非常有用, 它与只能用于参数模型的极大似然估计的约束 (Chatterjee et al., 2016) 完全不同。

我们提出一个基于外部信息约束的两步核估计方法。在第一步里, 我们利用式 (9.3) 和外部信息来获得对 $\mu(\boldsymbol{U}_1), \cdots, \mu(\boldsymbol{U}_n)$ 的一个估计 $\hat{\mu}_1, \cdots, \hat{\mu}_n$, 预期它能够在传统的核估计 (仅利用内部数据) $\hat{\mu}_K(\boldsymbol{U}_1), \cdots, \hat{\mu}_K(\boldsymbol{U}_n)$ 的基础上进行提高。为了做到这一点, $\boldsymbol{\mu} = (\mu(\boldsymbol{U}_1), \cdots, \mu(\boldsymbol{U}_n))^\top$ 的估计值 $\hat{\boldsymbol{\mu}} = (\hat{\mu}_1, \cdots, \hat{\mu}_n)^\top$ 为下述优化问题的解:

$$\hat{\boldsymbol{\mu}} = \operatorname*{argmin}_{(\mu_1, \cdots, \mu_n)^\top \in \mathbb{R}^n} \sum_{i=1}^{n}\sum_{j=1}^{n} \kappa_l(\boldsymbol{U}_i - \boldsymbol{U}_j)(Y_j - \mu_i)^2 \Big/ \sum_{k=1}^{n} \kappa_l(\boldsymbol{U}_i - \boldsymbol{U}_k) \tag{9.4}$$

使得

$$\sum_{i=1}^{n}\{\hat{\boldsymbol{\beta}}_{\boldsymbol{g}}^\top \boldsymbol{g}(\boldsymbol{X}_i) - \mu_i\}\boldsymbol{g}(\boldsymbol{X}_i)^\top = 0, \tag{9.5}$$

其中约束条件式 (9.5) 是式 (9.3) 的一个经验版本, (9.4) 中的 l 是一个窗宽, 它可能与式 (9.2) 中的窗宽 b 不同。我们将在下一节中具体讨论窗宽的选择。

我们采取式 (9.4) 中的目标函数是因为对每个 i, 我们有

$$\sum_{j=1}^{n} \kappa_l(U_i - U_j)\{Y_j - \mu(U_i)\}^2 \bigg/ \sum_{k=1}^{n} \kappa_l(U_i - U_k) \approx \mathrm{E}[\{Y - \mu(U)\}^2 | U = U_i].$$

因此, (9.4) 中的目标函数除以 n 之后是

$$\frac{1}{n}\sum_{i=1}^{n}\mathrm{E}[\{Y - \mu(U)\}^2 | U = U_i] \approx \mathrm{E}[\{Y - \mu(U)\}^2]$$

的近似估计。

下面我们求解 (9.4) 来得到 $\hat{\mu}$ 的具体表达形式。令 G 是一个 $n \times n$ 的矩阵, 其第 i 行为 $g(X_i)^\top$。令 $\hat{h}$ 和 $\hat{\mu}_K$ 均为 n 维向量, 它们的第 i 个元素分别为 $\hat{\beta}_g^\top g(X_i)$ 和 $\hat{\mu}_K(U_i)$, 其中 $\hat{\mu}_K$ 在 (9.2) 中定义。为此, 求解 (9.4)~(9.5) 等价于求解

$$\hat{\mu} = \operatorname*{argmin}_{\nu \in \mathbb{R}^n}(\nu^\top \nu - 2\nu^\top \hat{\mu}_K) \quad 使得 \quad G^\top(\nu - \hat{h}) = 0。$$

根据拉格朗日乘子法, $L(\nu, \lambda) = \nu^\top \nu - 2\nu^\top \hat{\mu}_K + 2\lambda^\top G^\top(\nu - \hat{h})$ 和 $\nabla_\nu L(\nu, \lambda) = 2\nu - 2\hat{\mu}_K + 2G\lambda$, 我们有 $\hat{\mu} = \hat{\mu}_K - G\lambda$。根据约束条件, $G^\top \hat{h} = G^\top \hat{\mu} = G^\top \hat{\mu}_K - G^\top G\lambda$, 对 λ 求解, 我们得到 $\lambda = (G^\top G)^{-1}G^\top \hat{\mu}_K - (G^\top G)^{-1}G^\top \hat{h}$。因此 $\hat{\mu}$ 有如下的具体形式

$$\hat{\mu} = \hat{\mu}_K + G(G^\top G)^{-1}G^\top(\hat{h} - \hat{\mu}_K)。 \tag{9.6}$$

这个估计量在来自 (9.2) 的标准核估计 $\hat{\mu}_K$ 的基础之上加了一个调整项, 这个调整项涉及 $\hat{h} - \hat{\mu}_K$ 和投影阵 $G(G^\top G)^{-1}G^\top$。由于约束条件 (9.5) 用到了来自外部数据的额外信息, (9.6) 中的 $\hat{\mu}$ 应该比只采用内部数据的估计量 $\hat{\mu}_K$ 要好, 尤其是当外部数据的样本量与内部数据的样本量相当甚至更大时。我们在下一节的理论性质部分给出具体的结果。

上述的第一步仅仅是给出了 $\mu(u)$ 在观测样本点 $U_1, \cdots, U_n$ 上的新估计, 但并没有考虑其他的点。为了得到更为一般的 $\mu(u)$, 我们考虑第二步的

估计。基本思路是将传统的核估计中的 $Y_1, \cdots, Y_n$ 替换成 $\hat{\mu}_1, \cdots, \hat{\mu}_n$。具体而言，我们对 $\mu(\boldsymbol{u})$ 的最终估计为

$$\hat{\mu}_{CK}(\boldsymbol{u}) = \sum_{i=1}^{n} \hat{\mu}_i \kappa_b(\boldsymbol{u} - \boldsymbol{U}_i) \Big/ \sum_{i=1}^{n} \kappa_b(\boldsymbol{u} - \boldsymbol{U}_i), \tag{9.7}$$

其中 b 是与式 (9.2) 中相同的窗宽。

9.2　理论性质和置信区间

在假设 $\boldsymbol{u}$ 固定和 n 趋于无穷的情况下，我们首先建立 (9.7) 中得到的 $\hat{\mu}_{CK}(\boldsymbol{u})$ 的渐近正态性。为此，我们需要假设如下的条件。

(A1) 对于 $s > 2+p/2$，因变量 Y 满足 $\mathrm{E}|Y|^s < \infty$，$\boldsymbol{\Sigma}_g = \mathrm{E}\{\boldsymbol{g}(\boldsymbol{X})\boldsymbol{g}(\boldsymbol{X})^\top\}$ 正定，自变量 $\boldsymbol{U}$ 的取值范围位于一个紧集 $\mathcal{U} \subset \mathcal{R}^p$ 中，且 $\boldsymbol{U}$ 的密度函数在 $\mathcal{U}$ 上存在有限上界和非零下界，以及有限的二阶偏导。

(A2) 函数 $\mu(\boldsymbol{u}) = \mathrm{E}(Y|\boldsymbol{U} = \boldsymbol{u})$，$\sigma^2(\boldsymbol{u}) = \mathrm{E}[\{Y - \mu(\boldsymbol{U})\}^2|\boldsymbol{U} = \boldsymbol{u}]$，和 $\boldsymbol{g}(\boldsymbol{x})$ 均李氏连续，$\mu(\boldsymbol{u})$ 的三阶偏导有界，$\mathrm{E}(|Y|^s|\boldsymbol{U} = \boldsymbol{u})$ 有界。

(A3) 核函数 κ 是一个取值为正、有界、李氏连续的密度函数，期望为 0，六阶偏导有界。

(A4) 当 $n \to \infty$ 时，(9.2) 中的窗宽 b 和 (9.4) 中的窗宽 l 满足 $b \to 0$，$l \to 0$，$l/b \to r \in (0,\infty)$，且 $nb^p \to \infty$，且 $nb^{4+p} \to c \in [0,\infty)$。

(A5) 外部数据的样本量 m 满足 $n = O(m)$，也就是说，n/m 有一个固定上界。

定理 9.1　假定条件 (A1) 到 (A5) 均成立，则对于任何固定的 $\boldsymbol{u} \in \mathcal{U}$，当 $n \to \infty$ 时，我们有

$$\sqrt{nb^p}\{\hat{\mu}_{CK}(\boldsymbol{u}) - \mu(\boldsymbol{u})\} \to_d N(B_{CK}(\boldsymbol{u}), V_{CK}(\boldsymbol{u})),$$

其中

$$B_{CK}(\boldsymbol{u}) = c^{1/2}[(1+r^2)A(\boldsymbol{u}) - r^2\boldsymbol{g}(\boldsymbol{x})^\top \boldsymbol{\Sigma}_g^{-1}\mathrm{E}\{\boldsymbol{g}(\boldsymbol{X})A(\boldsymbol{U})\}],$$

$$A(\boldsymbol{u}) = \int \kappa(\boldsymbol{v})\left\{\frac{1}{2}\boldsymbol{v}^\top \nabla^2 \mu(\boldsymbol{u})\boldsymbol{v} + \boldsymbol{v}^\top \nabla \log f_U(\boldsymbol{u})\nabla \mu(\boldsymbol{u})^\top \boldsymbol{v}\right\}\mathrm{d}\boldsymbol{v}, \tag{9.8}$$

$$V_{CK}(\boldsymbol{u}) = \frac{\sigma^2(\boldsymbol{u})}{f_U(\boldsymbol{u})} \int \left\{ \int \kappa(\boldsymbol{v} - r\boldsymbol{w})\kappa(\boldsymbol{w})\mathrm{d}\boldsymbol{w} \right\}^2 \mathrm{d}\boldsymbol{v},$$

且 f_U 是 $\boldsymbol{U}$ 的密度函数。

注意传统的核回归所要求的条件为: $s > 2$, f_U 在 $\mathcal{U}$ 上取值为正。所以条件 (A1) 比传统的核回归的条件更强。根据传统的核回归估计理论 (Opsomer, 2000), 在条件 (A1) 到 (A4) 下, 我们有

$$\sqrt{nb^p}\{\hat{\mu}_K(\boldsymbol{u}) - \mu(\boldsymbol{u})\} \to_d N(B_K(\boldsymbol{u}), V_K(\boldsymbol{u})),$$

$$B_K(\boldsymbol{u}) = c^{1/2}A(\boldsymbol{u}), \quad V_K(\boldsymbol{u}) = \frac{\sigma^2(\boldsymbol{u})}{f_U(\boldsymbol{u})} \int \{\kappa(\boldsymbol{v})\}^2 \mathrm{d}\boldsymbol{v}。 \tag{9.9}$$

定理 9.1 和式 (9.9) 表明无论外部样本数据的样本量有多大, 对外部信息的利用并不能提高 $\mu(\boldsymbol{u})$ 的估计量的收敛速度 $1/\sqrt{nb^p}$。主要的原因是: (1) 外部数据的统计量并不直接出现在核估计的表达式中; (2) $\mu(\boldsymbol{u})$ 的估计涉及 $\boldsymbol{Z} = \boldsymbol{z}$, 但外部数据并没有 $\boldsymbol{Z}$。

利用外部信息确实会改变估计的渐近偏差和渐近方差。下面我们来比较我们提出的估计量 (9.7) 和仅利用内部数据的传统核估计 (9.2) 的渐近表现。

第一个结果是关于对 $\boldsymbol{\mu} = (\mu(\boldsymbol{U}_1), \cdots, \mu(\boldsymbol{U}_n))^\top$ 的估计。对于传统的核估计, $\boldsymbol{\mu}$ 的估计量为 $\hat{\boldsymbol{\mu}}_K = (\hat{\mu}_K(\boldsymbol{U}_1), \cdots, \hat{\mu}_K(\boldsymbol{U}_n))^\top$; 对于我们提出的估计方法 (9.7), $\boldsymbol{\mu}$ 的估计量为 (9.6) 中的 $\hat{\boldsymbol{\mu}}$。下面的定理表明, 当 $n \to \infty$ 时, $\|\hat{\boldsymbol{\mu}}_K - \boldsymbol{\mu}\|^2 \geqslant \|\hat{\boldsymbol{\mu}} - \boldsymbol{\mu}\|^2$ 以趋于 1 的概率成立。

定理 9.2　假设定理 9.1 中的条件成立, 且 $nb^4 \to \infty$, 则

$$\frac{\|\hat{\boldsymbol{\mu}}_K - \boldsymbol{\mu}\|^2 - \|\hat{\boldsymbol{\mu}} - \boldsymbol{\mu}\|^2}{nb^4} \to_p \mathrm{E}\{A(\boldsymbol{U})\boldsymbol{g}(\boldsymbol{X})^\top\}\boldsymbol{\Sigma}_{\boldsymbol{g}}^{-1}\mathrm{E}\{A(\boldsymbol{U})\boldsymbol{g}(\boldsymbol{X})\},$$

其中 $A(\boldsymbol{u})$ 在 (9.8) 中已定义。

这个结果说明了来自外部信息的约束条件 (9.3) 的重要性。即使外部数据中没有自变量, 也就是 $\boldsymbol{g} \equiv 1$, $\boldsymbol{\beta}_{\boldsymbol{g}} = E(Y)$ 时, (9.3) 转化为 $E(Y) = E\{\mu(\boldsymbol{U})\}$, 其中 $E(Y)$ 可以估计为 $\hat{\boldsymbol{\beta}}_{\boldsymbol{g}} = $ 外部数据中 Y 的样本均值, 则 (9.3) 依然可以利用外部数据来提高估计的效率。

第二个结果是关于对一般的 $\mu(\boldsymbol{u})$ 的估计。对于任意满足 $\sqrt{nb^p}\{\hat{\mu}(\boldsymbol{u}) - $

$\mu(\boldsymbol{u})\} \to_d N(B(\boldsymbol{u}),V(\boldsymbol{u}))$ 的估计 $\hat{\mu}(\boldsymbol{u})$, 我们考虑用渐近期望均方误差 AMISE (Fan et al., 1992) 来衡量它的估计效率:

$$\mathrm{AMISE}(\hat{\mu}) = \mathrm{E}[\{B(\boldsymbol{U})\}^2 + V(\boldsymbol{U})]。$$

接下来, 我们比较 $\hat{\mu}_{CK}$ 和 $\hat{\mu}_K$ 的 AMISE。根据式 (9.8) 和式 (9.9), 有

$$\mathrm{E}\{V_K(\boldsymbol{U}) - V_{CK}(\boldsymbol{U})\} = \{\rho(0) - \rho(r)\}\mathrm{E}\{\sigma^2(\boldsymbol{U})/f_U(\boldsymbol{U})\},$$

其中 r 来自条件 (A4),

$$\rho(r) = \int \left\{\int \kappa(\boldsymbol{w} - r\boldsymbol{v})\kappa(\boldsymbol{v})\mathrm{d}\boldsymbol{v}\right\}^2 \mathrm{d}\boldsymbol{w}。 \tag{9.10}$$

在一些温和的条件下, $\rho(0) - \rho(r) \geqslant 0$, 因此使用外部信息可以减少核估计的波动性。另一方面, 如果我们定义 $A_g(\boldsymbol{X}) = \boldsymbol{g}(\boldsymbol{X})^\top \boldsymbol{\Sigma}_{\boldsymbol{g}}^{-1}\mathrm{E}\{\boldsymbol{g}(\boldsymbol{X})A(\boldsymbol{U})\}$, 那么 $\mathrm{E}[\{A(\boldsymbol{U}) - A_g(\boldsymbol{X})\}A_g(\boldsymbol{X})] = 0$, 因此

$$\begin{aligned}
\mathrm{E}\{B_{CK}(\boldsymbol{U})\}^2 &= c\mathrm{E}[A(\boldsymbol{U}) + r^2\{A(\boldsymbol{U}) - A_g(\boldsymbol{X})\}]^2 \\
&= c\mathrm{E}\{A(\boldsymbol{U})\}^2 + cr^2(2 + r^2)\mathrm{E}\{A(\boldsymbol{U}) - A_g(\boldsymbol{X})\}^2 \\
&= \mathrm{E}\{B_K(\boldsymbol{U})\}^2 + cr^2(2 + r^2)\mathrm{E}\{A(\boldsymbol{U}) - A_g(\boldsymbol{X})\}^2,
\end{aligned}$$

其中 c 和 r 来自条件 (A4)。这意味着 $\hat{\mu}_{CK}$ 的期望渐近偏差比 $\hat{\mu}_K$ 的要大, 其区别为 $\mathrm{E}\{A(\boldsymbol{U}) - A_g(\boldsymbol{X})\}^2$, 也就是取决于 $A_g(\boldsymbol{X})$ 对 $A(\boldsymbol{U})$ 的近似有多好。如果外部信息非常有用, 那么 $\mathrm{E}\{A(\boldsymbol{U}) - A_g(\boldsymbol{X})\}^2$ 接近于 0, 于是 $\mathrm{E}\{B_{CK}(\boldsymbol{U})\}^2$ 接近于 $\mathrm{E}\{B_K(\boldsymbol{U})\}^2$。

　　结合期望渐近方差和期望渐近偏差的结果, 我们可以得到, 在 AMISE 的意义下, $\hat{\mu}_{CK}$ 比 $\hat{\mu}_K$ 好当且仅当

$$c < \tau \frac{\rho(0) - \rho(r)}{r^2(2 + r^2)} \quad 且 \quad \tau = \frac{\mathrm{E}\{\sigma^2(\boldsymbol{U})/f_U(\boldsymbol{U})\}}{\mathrm{E}\{A(\boldsymbol{U}) - A_g(\boldsymbol{X})\}^2}, \tag{9.11}$$

其中 c 和 r 来自条件 (A4)。

　　(9.11) 中的 τ 可以看作是使用外部信息带来的 "偏差-方差" 的妥协。在实践当中, 窗宽 b 的选择和它的极限 $c = \lim_{n\to\infty} nb^{4+p}$ 通常会和波动性有关系。例如, 当 $\sigma^2(\boldsymbol{u}) = \sigma^2$ 时, 文献 [13](Eubank, 1999) 中的定理 4.2 证明了最优的窗宽使得 $c = c_0\sigma^2$, 其中 $c_0 > 0$ 是一个常数。因此, 如果外部信

息有用, 使得 τ 比较大, 那么满足 (9.11) 中不等式的 c 可以获得, 从而使得 $\hat{\mu}_{CK}$ 获得比 $\hat{\mu}_K$ 更小的 AMISE。另一方面, 如果 τ 比较小, 我们不一定可以找到合适的 c 满足 (9.11)。

例子 9.1 (高斯核函数) 高斯核函数 $\kappa(\boldsymbol{u}) = (2\pi)^{-p/2} e^{-\|\boldsymbol{u}\|^2/2}$ 是 p 维正态分布 $N(0, \boldsymbol{I}_p)$ 的密度函数, 其中 $\boldsymbol{I}_p$ 是 p 阶的单位阵。对于高斯核, $\int \kappa(\boldsymbol{w} - r\boldsymbol{v})\kappa(\boldsymbol{v})\mathrm{d}\boldsymbol{v}$ 是 $N(0, (1+r^2)\boldsymbol{I}_p)$ 的密度函数。因此 (9.10) 中的函数为

$$\rho(r) = \int \left[\{2\pi(1+r^2)\}^{-p/2} e^{-\|\boldsymbol{w}\|^2/2} \right]^2 \mathrm{d}\boldsymbol{w} = (2\sqrt{\pi})^{-p} \{(1+r^2)\}^{-p/2}.$$

所以对于任意的 $r > 0$, 有 $\rho(0) - \rho(r) = \{1 - (1+r^2)^{-p/2}\}/(2\sqrt{\pi})^p > 0$, 且对于 AMISE 而言, $\hat{\mu}_{CK}$ 比 $\hat{\mu}_K$ 更优当且仅当

$$c < \tau \frac{\{1 - (1+r^2)^{-p/2}\}}{(2\sqrt{\pi})^p r^2 (2+r^2)}.$$

这个例子中的结果可以推广到非高斯核: 假设定理 9.1 中的条件成立, 且 $r \leqslant 1$, 进一步假设 (9.10) 中的函数二阶连续可导, 且对 $0 < s < 1$ 有 $\rho''(s) < 0$, 则 $\text{AMISE}(\hat{\mu}_{CK}) < \text{AMISE}(\hat{\mu}_K)$ 当且仅当

$$c < \tau \frac{-\int_0^1 (1-t)^2 \rho''(rt)\mathrm{d}t}{2(2+r^2)}.$$

在上面的讨论中可以看到, 窗宽的选择对于最终的估计量是否有效起到了至关重要的作用。因此, 接下来我们讨论窗宽 l 和 b 的选择。条件 (A4) 给出了 l 和 b 需要满足的条件。在实践中, 我们采用 K 折交叉验证来选择合适的窗宽。令 $\mathcal{G}_1, \cdots, \mathcal{G}_K$ 是内部数据的一个等样本划分, $\hat{\mu}_{CK}^{(-j)}(\boldsymbol{u})$ 是去掉数据之后 $\{(Y_i, \boldsymbol{U}_i), i \in \mathcal{G}_j\}$ 得到的 (9.7) 中的估计, $j = 1, \cdots, K$。最优的窗宽 (l, b) 通过最小化以下标准获得:

$$\text{CV}(l, b) = \sum_{j=1}^{K} \sum_{i \in \mathcal{G}_j} \{\hat{\mu}_{CK}^{(-j)}(\boldsymbol{U}_i) - Y_i\}^2. \tag{9.12}$$

当内部样本量 n 不是很大时, 我们可以采取重复子抽样交叉验证 (RSCV) 方法。具体而言, 我们从内部数据中重复且独立地抽取子样本 $\mathcal{G}_1, \cdots, \mathcal{G}_B$, 其中每个 $\mathcal{G}_j$ 的样本量为 n_0 且 $n - n_0$ 与 n 是同一个量级, 则最优的窗宽 (l, b) 依然可以通过最小化 (9.12) 来获得, 只不过我们需要把 K 替换成 B。

注意 B 可以取得很大, 但 K 的取值却受到内部数据样本量的限制。

在这一节的最后, 我们讨论 $\mu(\boldsymbol{u})$ 的置信区间。其主要的困难在于如何处理核估计的偏差项 (Fan et al., 1996; Eubank, 1999; Wasserman, 2006)。注意渐近偏差 $B_K(\boldsymbol{u})$ 和 $B_{CK}(\boldsymbol{u})$ 是非零的。

如果我们可以成功估计 $B_K(\boldsymbol{u})$ 和 $B_{CK}(\boldsymbol{u})$, 那么通过纠偏我们就可以获得合适的置信区间。但偏差的估计是比较困难的 (Hall, 1992; Wasserman, 2006)。我们推荐采用欠光滑的方法, 也就是说, 采用比从交叉验证选择出来的窗宽 b 和 l 更小的窗宽来计算置信区间。我们通过窗宽 $c_l l$ 和 $c_b b$ 来计算 $\hat{\mu}_{CK}(\boldsymbol{u})$, 其中 $0 < c_l \leqslant 1$ 且 $0 < c_b \leqslant 1$, 则 $\mu(\boldsymbol{u})$ 的置信区间为 $[\hat{\mu}_{CK}(\boldsymbol{u}) - z_\alpha \hat{V}_{CK}^{1/2}(\boldsymbol{u}), \hat{\mu}_{CK}(\boldsymbol{u}) + z_\alpha \hat{V}_{CK}^{1/2}(\boldsymbol{u})]$, 其中 $\hat{V}_{CK}$ 是基于 (9.8) 的方差估计, 即

$$\hat{V}_{CK}(\boldsymbol{u}) = \frac{\hat{\sigma}_{CK}^2(\boldsymbol{u})}{\hat{f}_U(\boldsymbol{u})} \int \left\{ \int \kappa(\boldsymbol{v} - r\boldsymbol{w})\kappa(\boldsymbol{w}) \mathrm{d}\boldsymbol{w} \right\}^2 \mathrm{d}\boldsymbol{v},$$

$\hat{f}_U$ 是 f_U 的核密度估计, 且

$$\hat{\sigma}_{CK}^2(\boldsymbol{u}) = \sum_{i=1}^n \{Y_i - \hat{\mu}_{CK}(\boldsymbol{U}_i)\}^2 \kappa_{\tilde{b}}(\boldsymbol{u} - \boldsymbol{U}_i) \Big/ \sum_{i=1}^n \kappa_{\tilde{b}}(\boldsymbol{u} - \boldsymbol{U}_i),$$

$\tilde{b}$ 为窗宽。当 $\sigma^2(\boldsymbol{u})$ 不依赖于 $\boldsymbol{u}$ 时, 一个简化的估计为

$$\hat{\sigma}_{CK}^2 = \frac{1}{n} \sum_{i=1}^n \{Y_i - \hat{\mu}_{CK}(\boldsymbol{U}_i)\}^2.$$

类似地, 如果我们采用仅利用内部数据的传统核估计, 欠光滑的窗宽为 $c_b b$, 置信区间为 $[\hat{\mu}_K(\boldsymbol{u}) - z_\alpha \hat{V}_K^{1/2}(\boldsymbol{u}), \hat{\mu}_K(\boldsymbol{u}) + z_\alpha \hat{V}_K^{1/2}(\boldsymbol{u})]$, 其中

$$\hat{V}_K(\boldsymbol{u}) = \frac{\hat{\sigma}_K^2(\boldsymbol{u})}{\hat{f}_U(\boldsymbol{u})} \int \{\kappa(\boldsymbol{v})\}^2 \mathrm{d}\boldsymbol{v}。$$

我们在数值模拟中检验该置信区间的表现。

9.3　数据异质性下的方法推广

在这一节中我们讨论当内部数据和外部数据的分布不相同的情况。令 R 为内部数据和外部数据的指示变量。令 $(Y_i, \boldsymbol{U}_i, R_i)$, $i = 1, \cdots, N$, 是一

个样本量为 N 的独立同分布样本, 其中 $\{(Y_i, \boldsymbol{U}_i), i : R_i = 1\}$ 是内部数据, $\{(Y_i, \boldsymbol{X}_i), i : R_i = 0\}$ 是外部数据, 但仅能获得外部数据的统计量。我们关心的依然是估计内部数据的回归方程, 也就是

$$\mu_1(\boldsymbol{u}) = \mathrm{E}(Y \mid \boldsymbol{U} = \boldsymbol{u}, R = 1)。 \tag{9.13}$$

当内部数据和外部数据的分布相同时, 这就是 (9.1) 中的 $\mu(\boldsymbol{u})$。

之前获得的结果都依赖于数据同质性的假设, 也就是 $(Y, \boldsymbol{X}, \boldsymbol{Z}) \perp R$, 其中 $A \perp B$ 表示 A 和 B 是独立的。这些结果对违反条件 $(Y, \boldsymbol{X}, \boldsymbol{Z}) \perp R$ 具有多大程度的稳健性? 这个答案取决于外部数据和内部数据的分布差别有多大。

当 $R = 1$ 和 $R = 0$ 分别代表内部数据和外部数据时, 约束 (9.3) 应该调整为

$$\mathrm{E}[\{\boldsymbol{\beta}_g^\top \boldsymbol{g}(\boldsymbol{X}) - \mu_1(\boldsymbol{U})\}\boldsymbol{g}(\boldsymbol{X})^\top | R = 1] = 0, \tag{9.14}$$

其中

$$\boldsymbol{\beta}_g = [\mathrm{E}\{\boldsymbol{g}(\boldsymbol{X})\boldsymbol{g}(\boldsymbol{X})^\top | R = 0\}]^{-1}\mathrm{E}\{\boldsymbol{g}(\boldsymbol{X})Y | R = 0\}。 \tag{9.15}$$

因为约束 (9.14) 是用来估计 (9.13) 中的 $\mu_1(\boldsymbol{u})$, 注意 (9.15) 中的 $\boldsymbol{\beta}_g$ 是 $\hat{\boldsymbol{\beta}}_g$ 的极限, 其中 $\hat{\boldsymbol{\beta}}_g$ 是基于外部数据的估计, 因此如果 (9.14) 成立, 那么当我们把 (9.3) 替换成 (9.14), 把约束 (9.5) 替换成

$$\sum_{i=1}^{N} R_i\{\hat{\boldsymbol{\beta}}_g^\top \boldsymbol{g}(\boldsymbol{X}_i) - \mu_i\}\boldsymbol{g}(\boldsymbol{X}_i)^\top = 0$$

时, 前面推导的结果依然成立。

下面我们给出 (9.14) 成立的一个充分条件:

$$\mathrm{E}(Y \mid \boldsymbol{X}, R = 1) = \mathrm{E}(Y \mid \boldsymbol{X}, R = 0) \quad \text{且} \quad \boldsymbol{X} \perp R。 \tag{9.16}$$

事实上, 当 (9.16) 成立时, (9.15) 中的 $\boldsymbol{\beta}_g$ 等于

$$[\mathrm{E}\{\boldsymbol{g}(\boldsymbol{X})\boldsymbol{g}(\boldsymbol{X})^\top | R = 1\}]^{-1}\mathrm{E}\{\boldsymbol{g}(\boldsymbol{X})Y | R = 1\}。$$

因此

$$\begin{aligned}
\mathrm{E}\{\boldsymbol{\beta}_g^\top \boldsymbol{g}(\boldsymbol{X})\boldsymbol{g}(\boldsymbol{X})^\top|R=1\} &= \mathrm{E}\{Y\boldsymbol{g}(\boldsymbol{X})^\top|R=1\} \\
&= \mathrm{E}[\mathrm{E}\{Y\boldsymbol{g}(\boldsymbol{X})^\top|\boldsymbol{X},R=1\}|R=1] \\
&= \mathrm{E}[\mathrm{E}\{Y|\boldsymbol{X},R=1\}\boldsymbol{g}(\boldsymbol{X})^\top|R=1] \\
&= \mathrm{E}[\mathrm{E}\{\mu_1(\boldsymbol{U})|\boldsymbol{X},R=1\}\boldsymbol{g}(\boldsymbol{X})^\top|R=1] \\
&= \mathrm{E}\{\mu_1(\boldsymbol{U})\boldsymbol{g}(\boldsymbol{X})^\top|R=1\},
\end{aligned}$$

也就是式 (9.14) 成立。

所以，上一节中的结果具有一定程度的稳健性。注意，条件 (9.16) 比 $(Y,\boldsymbol{X},\boldsymbol{Z})\perp R$ 要弱得多。

当条件 (9.16) 不成立时，约束 (9.14) 可能不成立，因此之前的结论也可能不成立。如果外部数据的个体数据可以获得，那么可以讨论一些拓展方法。假设 (9.16) 中的第一个条件成立，且 $h(\boldsymbol{x})=E(Y\mid\boldsymbol{X}=\boldsymbol{x})$ 的估计 $\hat{h}(\boldsymbol{x})$ 可以作为外部信息获得，则我们可以将约束 (9.5) 替换为

$$\sum_{i=1}^{N} R_i\{\mu_i-\hat{h}(\boldsymbol{X}_i)\}\boldsymbol{g}(\boldsymbol{X}_i)^\top=0。 \tag{9.17}$$

注意到如果我们可以获得外部数据的个体数据，$\hat{h}$ 是可以获得的。

最后，我们考虑另外一个角度的拓展。在上一节中，我们只考虑了通过线性回归得到的外部数据统计量。它可以进一步拓展为任何通过 GEE 获得的统计量，例如逻辑回归。假定外部数据统计量 $\hat{\boldsymbol{\beta}}$ 是如下 GEE 的解：

$$\sum_{i=1}^{N}(1-R_i)\boldsymbol{H}(\hat{\boldsymbol{\beta}},Y_i,\boldsymbol{X}_i)=0,$$

其中 $\boldsymbol{H}$ 是一个已知的 k 维方程。类似于式 (9.5)，我们可以采用下面的约束条件：

$$\sum_{i=1}^{N} R_i\boldsymbol{H}(\hat{\boldsymbol{\beta}},\mu_i,\boldsymbol{X}_i)=0。$$

9.4　数值模拟

这一节里我们通过数据模拟来验证我们所提方法在有限样本下的表现，并将其与仅采用内部数据的核估计进行比较。

我们考虑一维的自变量 $\boldsymbol{X} = X$, $\boldsymbol{Z} = Z$ ($p = 2, q = 1$) 和两种设定。

(i) 有界的自变量: $X = BW_1 + (1-B)W_2$, $Z = BW_1 + (1-B)W_3$, 其中 W_1、W_2 和 W_3 独立同分布于 $[-1,1]$, B 服从 $[0,1]$ 上的均匀分布, 且 W_1、W_2、W_3 和 B 相互独立;

(ii) 正态分布的自变量: (X, Z) 来自一个期望为 0, 方差为 1 且相关系数为 0.5 的二元正态分布。

给定自变量 (X, Z), 因变量 Y 服从期望为 $\mu(X, Z)$ 和方差为 1 的正态分布, 其中 $\mu(X, Z)$ 有四种不同的情况:

M1. $\mu(X, Z) = X/2 - Z^2/4$;

M2. $\mu(X, Z) = \cos(2X)/2 + \sin(Z)$;

M3. $\mu(X, Z) = \cos(2XZ)/2 + \sin(Z)$;

M4. $\mu(X, Z) = X/2 - Z^2/4 + \cos(XZ)/4$.

注意, 这四个模型均是 (X, Z) 的非线性函数; M1 与 M2 是可加模型, M3 与 M4 不是可加模型。

内部数据和外部数据的生成方式考虑如下两种情况:

S1. 内部数据和外部数据独立同分布于 (Y, X, Z), $n = 200$, $m = 1\,000$。

S2. 先生成 $N = 1\,200$ 个独立同分布于 (Y, X, Z) 的样本。给定 (Y, X, Z), R 通过 $\mathrm{P}(R = 1 \mid Y, X, Z) = 1/\exp(1 + 2|X|)$ 来生成。在这个设定下, $\mathrm{P}(R = 1)$ 大概在 10% 到 15% 之间。

第一部分数值模拟研究核估计的 MISE。

$$\mathrm{MISE} = \frac{1}{S}\sum_{s=1}^{S}\frac{1}{T}\sum_{t=1}^{T}\{\hat{\mu}_1^{(s)}(\boldsymbol{U}_{s,t}) - \mu_1(\boldsymbol{U}_{s,t})\}^2, \qquad (9.18)$$

其中 S 是模拟的次数, $\{\boldsymbol{U}_{s,t} : t = 1, \cdots, T\}$ 是第 s 次随机模拟中的测试数据, μ_1 在 (9.13) 中定义, $\hat{\mu}_1^{(s)}$ 是 μ_1 的估计值。

我们考虑两种生成测试数据 $\boldsymbol{U}_{s,t}$ 的方法: 第一种方法是采用在 $[-1,1] \times [-1,1]$ 中均匀分布的 $T = 121$ 个固定格点; 第二种方法是从训练集中无放回地随机抽取 $T = 121$ 个样本。$nb^p \times \mathrm{MISE}$ 是 AMISE 的一个近似。

为了展现利用外部信息所获得的优势, 我们计算如下的效率提升指标:

$$\mathrm{IMP} = 1 - \frac{\min\{\mathrm{MISE}(\hat{\mu}_{CK})\}}{\mathrm{MISE}(\hat{\mu}_K)}. \qquad (9.19)$$

在所有的设定下, 我们采用高斯核函数。在模拟中我们采用两种窗宽: 第一种是 "最佳的窗宽", 我们测试一系列的窗宽, 并从中找到最小的 MISE, 这是在理论上我们可以找到的最优窗宽, 不过在实践中这个方法并不可行; 第二种是利用 10 折交叉验证来选择窗宽, 这种方法在实践中是可行的。

在实践中, 我们不能选择约束 (9.5) 中的 g, 因为它是直接被给定的。但在模拟中, 我们可以尝试不同的 g, 看它对最终的结果影响有多大。在设定 S1 下, 我们考虑四种不同的 g, 即 $g(X) = 1, (1, X)^\top, (1, \hat{h}(X))^\top$ 和 $(1, X, \hat{h}(X))^\top$, 其中 $\hat{h}$ 是 $h(x) = \mathrm{E}(Y|X = x)$ 的一个核估计。

表 9.1 呈现了设定 S1 下基于 $S = 500$ 次模拟的 MISE。可以看到, 我们提出的 CK 估计比只利用内部数据的核估计要好得多 (具有更小的 MISE)。IMP 经常超过 10%, 且最高可达 72%。通过交叉验证选择的窗宽比较合理。三种关于 g 的选择, $g(X) = (1, X)^\top, (1, \hat{h}(X))^\top$ 和 $(1, X, \hat{h}(X))^\top$, 都表现

表 9.1　设定 S1 下的 MISE 和 IMP

模型	测试集	b, l	$\hat{\mu}_K$	$\hat{\mu}_{CK}$ (9.7), 约束 (9.5), $g =$				IMP %
				1	$(1, X)$	$(1, \hat{h})$	$(1, X, \hat{h})$	
				有界的自变量				
M1	抽样	最佳	0.021	0.018	0.006	0.007	0.009	72.27
		CV	0.030	0.026	0.014	0.015	0.018	51.41
	格点	最佳	0.046	0.043	0.018	0.019	0.024	61.12
		CV	0.067	0.063	0.040	0.040	0.046	40.59
M2	抽样	最佳	0.046	0.037	0.036	0.033	0.029	36.30
		CV	0.051	0.046	0.044	0.043	0.040	22.27
	格点	最佳	0.122	0.099	0.097	0.094	0.081	33.67
		CV	0.134	0.123	0.122	0.125	0.110	18.16
M3	抽样	最佳	0.042	0.033	0.030	0.030	0.030	29.69
		CV	0.046	0.041	0.039	0.039	0.039	15.95
	格点	最佳	0.101	0.088	0.086	0.088	0.081	20.20
		CV	0.120	0.110	0.110	0.113	0.107	10.51
M4	抽样	最佳	0.022	0.018	0.007	0.008	0.009	67.20
		CV	0.030	0.027	0.016	0.015	0.018	47.53
	格点	最佳	0.049	0.046	0.022	0.022	0.027	54.87
		CV	0.073	0.068	0.045	0.044	0.050	39.36

(续表)

模型	测试集	b, l	$\hat{\mu}_K$	$\hat{\mu}_{CK}$ (9.7), 约束 (9.5), $\boldsymbol{g} =$				IMP %
				1	$(1, X)$	$(1, \hat{h})$	$(1, X, \hat{h})$	
				正态分布的自变量				
M1	抽样	最佳	0.067	0.060	0.050	0.049	0.062	27.57
		CV	0.077	0.069	0.061	0.061	0.076	21.10
	格点	最佳	0.034	0.028	0.019	0.017	0.019	49.38
		CV	0.035	0.031	0.025	0.023	0.026	35.66
M2	抽样	最佳	0.080	0.079	0.078	0.074	0.072	10.08
		CV	0.087	0.088	0.086	0.086	0.084	3.96
	格点	最佳	0.053	0.053	0.052	0.051	0.049	8.10
		CV	0.063	0.065	0.063	0.069	0.066	−0.00
M3	抽样	最佳	0.090	0.090	0.088	0.091	0.092	2.36
		CV	0.099	0.098	0.097	0.102	0.102	2.05
	格点	最佳	0.053	0.051	0.050	0.053	0.051	6.33
		CV	0.061	0.061	0.060	0.066	0.063	2.73
M4	抽样	最佳	0.072	0.068	0.058	0.056	0.063	22.64
		CV	0.077	0.072	0.065	0.065	0.074	15.92
	格点	最佳	0.034	0.030	0.024	0.021	0.021	39.89
		CV	0.036	0.034	0.029	0.026	0.028	27.44

不错且没有哪一种选择展示出明显的优势。因此, 为了方便, 我们推荐使用 $\boldsymbol{g}(X) = (1, X)^{\top}$。

在设定 S2 下, 我们主要考虑 $\boldsymbol{g}(X) = (1, X)^{\top}$ 以及两种 CK 方法: 约束 (9.5) 下的 $\hat{\mu}_{CK}$, 由于 (9.16) 不成立, 这种方法实际上是错误的; 约束 (9.17) 下的 $\hat{\mu}_{CK}$, 它是渐近有效的。表 9.2 呈现了设定 S2 下基于 $S = 500$ 次模拟的 MISE。利用约束 (9.17) 的方法是正确的, 且比仅用内部数据的核估计更加有效。利用约束 (9.17) 的方法有比较大的偏差。

总体而言, 模拟结果证实了大样本性质且呈现了 CK 方法对于仅用内部数据的核估计的优越性。

第二部分数据模拟研究 95% 置信区间的表现。我们考虑设定 S1, 模拟次数 $S = 1\,000$。表 9.3 呈现了在若干不同的 $\boldsymbol{u}$ 值下的覆盖率 (CP)、区间长度以及估计值的偏差。注意置信区间的长度可以用来展示估计的效率。c_b 和 c_l 的值以及真实的 $\mu(\boldsymbol{u})$ 也同样呈现在表中。

表 9.2　设定 S2 下的 MISE 和 IMP

自变量	模型	测试集	b, l	$\hat{\mu}_K$	$\hat{\mu}_{CK}$ (9.7) 约束:		IMP %
					(9.5)	(9.17)	
有界	M1	抽样	最佳	0.021	0.014	0.006	72.77
			CV	0.028	0.015	0.015	48.49
		格点	最佳	0.047	0.028	0.018	61.67
			CV	0.062	0.040	0.039	36.67
	M2	抽样	最佳	0.046	0.041	0.035	24.33
			CV	0.053	0.044	0.044	17.16
		格点	最佳	0.123	0.103	0.095	23.29
			CV	0.136	0.123	0.124	9.23
	M3	抽样	最佳	0.042	0.036	0.030	27.89
			CV	0.045	0.039	0.038	15.45
		格点	最佳	0.099	0.091	0.085	14.38
			CV	0.120	0.111	0.112	7.06
	M4	抽样	最佳	0.022	0.015	0.007	67.85
			CV	0.030	0.015	0.015	50.65
		格点	最佳	0.049	0.032	0.022	54.14
			CV	0.070	0.044	0.043	38.58
正态	M1	抽样	最佳	0.069	0.057	0.050	27.07
			CV	0.075	0.060	0.059	21.81
		格点	最佳	0.034	0.024	0.019	44.34
			CV	0.035	0.025	0.024	29.56
	M2	抽样	最佳	0.082	0.082	0.079	3.15
			CV	0.087	0.086	0.087	0.72
		格点	最佳	0.056	0.057	0.053	5.73
			CV	0.062	0.062	0.063	−0.97
	M3	抽样	最佳	0.092	0.092	0.089	3.26
			CV	0.101	0.10	0.100	1.31
		格点	最佳	0.054	0.054	0.050	7.34
			CV	0.061	0.060	0.059	3.00
	M4	抽样	最佳	0.070	0.062	0.057	17.69
			CV	0.079	0.068	0.067	14.96
		格点	最佳	0.033	0.027	0.024	27.32
			CV	0.035	0.029	0.029	17.58

表 9.3 　设定 S2 下的置信区间表现

模型		有界自变量					
		$\hat{\mu}_K$ (9.2)	$\hat{\mu}_{CK}$ (9.7)	$\hat{\mu}_K$ (9.2)	$\hat{\mu}_{CK}$ (9.7)	$\hat{\mu}_K$ (9.2)	$\hat{\mu}_{CK}$ (9.7)
M1	CP	0.94	0.95	0.95	0.95	0.94	0.96
	长度	0.94	0.38	0.81	0.42	0.94	0.37
	偏差	0.02	-0.01	-0.01	-0.02	-0.02	0.00
	c_b	0.30	0.50	0.30	0.80	0.30	0.50
	c_l		1.00		0.30		1.00
	$\mu(\boldsymbol{u})$	$\mu(-0.5,-0.5)=-0.31$		$\mu(0,0)=0$		$\mu(0.5,0.5)=0.19$	
M2	CP	0.95	0.95	0.94	0.95	0.93	0.95
	长度	0.86	0.58	0.75	0.63	0.86	0.52
	偏差	0.03	0.04	-0.03	-0.04	-0.00	-0.04
	c_b	0.50	0.80	0.50	0.30	0.50	0.80
	c_l		0.80		0.80		1.00
	$\mu(\boldsymbol{u})$	$\mu(-0.5,-0.5)=-0.21$		$\mu(0,0)=0.5$		$\mu(0.5,0.5)=0.75$	
M3	CP	0.94	0.95	0.94	0.95	0.95	0.95
	长度	0.82	0.60	0.70	0.52	1.17	0.62
	偏差	0.02	0.03	-0.01	-0.01	-0.00	-0.02
	c_b	0.50	1.00	0.50	0.30	0.30	0.10
	c_l		0.30		1.00		1.00
	$\mu(\boldsymbol{u})$	$\mu(-0.5,-0.5)=-0.04$		$\mu(0,0)=0.5$		$\mu(0.5,0.5)=0.92$	
M4	CP	0.95	0.96	0.94	0.95	0.95	0.95
	长度	0.93	0.38	0.82	0.43	0.93	0.48
	偏差	0.01	-0.01	-0.01	-0.02	-0.03	-0.04
	c_b	0.30	0.50	0.30	0.80	0.30	0.80
	c_l		1.00		0.30		0.30
	$\mu(\boldsymbol{u})$	$\mu(-0.5,-0.5)=-0.07$		$\mu(0,0)=0.25$		$\mu(0.5,0.5)=0.43$	

(续表)

模型			正态分布的自变量			
		$\hat{\mu}_K$ (9.2)	$\hat{\mu}_{CK}$ (9.7)	$\hat{\mu}_K$ (9.2)	$\hat{\mu}_{CK}$ (9.7)	$\hat{\mu}_K$ (9.2)	$\hat{\mu}_{CK}$ (9.7)

模型		$\hat{\mu}_K$ (9.2)	$\hat{\mu}_{CK}$ (9.7)	$\hat{\mu}_K$ (9.2)	$\hat{\mu}_{CK}$ (9.7)	$\hat{\mu}_K$ (9.2)	$\hat{\mu}_{CK}$ (9.7)
M1	CP	0.91	0.91	0.90	0.92	0.91	0.93
	长度	1.59	1.06	0.66	0.52	0.62	0.50
	偏差	0.11	0.15	-0.01	-0.03	-0.04	-0.03
	c_b	0.50	0.30	0.50	0.80	0.80	0.80
	c_l		1.00		0.30		1.00
	$\mu(\boldsymbol{u})$	$\mu(-1,1) = -0.75$		$\mu(0,0) = 0$		$\mu(1,1) = 0.25$	
M2	CP	0.95	0.94	0.87	0.85	0.91	0.93
	长度	1.03	1.04	0.73	0.67	0.59	0.59
	偏差	0.01	-0.01	-0.05	-0.06	-0.00	-0.02
	c_b	1.00	1.00	0.50	0.50	1.00	0.80
	c_l		0.80		0.50		1.00
	$\mu(\boldsymbol{u})$	$\mu(-1,1) = 0.63$		$\mu(0,0) = 0.5$		$\mu(1,1) = 0.63$	
M3	CP	0.91	0.91	0.89	0.91	0.89	0.89
	长度	1.03	0.96	0.72	0.58	0.98	0.68
	偏差	0.18	0.13	-0.00	-0.01	0.05	0.08
	c_b	1.00	1.00	1.00	0.80	0.50	0.30
	c_l		0.50		0.30		1.00
	$\mu(\boldsymbol{u})$	$\mu(-1,1) = 0.63$		$\mu(0,0) = 0.5$		$\mu(1,1) = 0.63$	
M4	CP	0.91	0.90	0.89	0.91	0.90	0.94
	长度	1.69	1.32	0.69	0.54	0.66	0.53
	偏差	0.15	0.20	-0.02	-0.03	-0.02	-0.02
	c_b	0.50	0.80	0.50	0.80	0.80	1.00
	c_l		0.30		0.30		0.80
	$\mu(\boldsymbol{u})$	$\mu(-1,1) = -0.62$		$\mu(0,0) = 0.25$		$\mu(1,1) = 0.39$	

可以看到, 当自变量有界时, 所有的置信区间都有比较合理的覆盖率。基于 CK 方法的置信区间长度远比仅用内部数据的核估计的置信区间长度要短。当自变量为正态时, 在有些情况下覆盖率的表现不是非常好, 这说明大样本理论尚未起到作用。但基于 CK 方法的置信区间长度通常还是比仅用内部数据的核估计的置信区间长度要短。

第 10 章

参数模型下利用外部个体数据的极大似然估计

10.1　两个独立数据集的极大似然估计

在第 7、8、9 章中, 我们讨论了在不同情况下如何利用外部信息来提升内部数据的估计效率。其中外部信息考虑的是外部数据的统计量, 并不假设外部数据的个体数据能够获得。在接下来的两章中, 我们考虑外部数据的个体数据可以获得的情况。其中本章考虑参数模型的极大似然估计, 下一章考虑非参数的核回归模型。

我们考虑两个独立的随机样本。第一个随机样本的样本量为 n, 样本数据为 $\{X_1, \cdots, X_n\}$, 密度函数为 $f(x, \theta, \phi)$ (可以为连续变量或离散变量), 其中 f 是一个已知方程, θ 和 ϕ 是未知的参数。另外一个随机样本的样本量为 m, 样本数据为 $\{Y_1, \cdots, Y_m\}$, 密度函数为 $g(y, \theta, \varphi)$, 其中 g 是一个已知方程, θ 和 φ 是未知的参数。尽管我们主要考虑 X_i 和 Y_j 为标量的情况, 但它们可以是向量。这里的关键点在于两个随机样本的密度函数需要有一个共同的参数 θ, 它可以是我们感兴趣的主要参数, 也可以是冗余参数。ϕ 和 φ 是两个密度函数的其他的参数。

记 ϑ 为包含了 θ、ϕ 和 φ 的参数向量。我们推导基于两个数据集的 ϑ 的极大似然估计, 它应该比采用单个数据获得的极大似然估计要更加有效, 因为对于共同参数 θ 而言我们采用了更多的数据。

关于 ϑ 的对数似然函数为

$$\ell(\vartheta) = \sum_{i=1}^{n} \log f(X_i, \theta, \phi) + \sum_{j=1}^{m} \log g(Y_j, \theta, \varphi),$$

且得分方程为

$$s(\boldsymbol{\vartheta}) = \frac{\partial \ell(\vartheta)}{\partial \vartheta} = \begin{pmatrix} \sum\limits_{i=1}^{n} \dfrac{\partial \log f(X_i, \theta, \phi)}{\partial \theta} + \sum\limits_{j=1}^{m} \dfrac{\partial \log g(Y_j, \theta, \varphi)}{\partial \theta} \\ \sum\limits_{i=1}^{n} \dfrac{\partial \log f(X_i, \theta, \phi)}{\partial \phi} \\ \sum\limits_{j=1}^{m} \dfrac{\partial \log g(Y_j, \theta, \varphi)}{\partial \varphi} \end{pmatrix}。$$

如果 $\hat{\boldsymbol{\vartheta}}$ 是得分方程 $s(\boldsymbol{\vartheta}) = 0$ 的一个解, 那么我们称其为 $\boldsymbol{\vartheta}$ 的极大似然估计。尽管更为准确的极大似然估计的定义是 $\ell(\vartheta)$ 的极大值点。需要指出的是, 就算两个单独样本的极大似然估计都存在显式解, 整合之后的得分方程也不见得会有显式解。

在一些关于密度函数的常规条件下, $E\{s(\boldsymbol{\vartheta})\} = 0$,

$$\mathrm{Var}\{s(\boldsymbol{\vartheta})\} = -E\left\{\frac{\partial s(\boldsymbol{\vartheta})}{\partial \boldsymbol{\vartheta}^\top}\right\} = n\mathcal{I}(\boldsymbol{\vartheta})$$

是包含在两个样本中的费舍尔信息矩阵。令

$$\mathcal{I}_{\theta\theta}(\theta, \phi) = -E\left\{\frac{\partial^2 \log f(X_i, \theta, \phi)}{\partial \theta \partial \theta^\top}\right\}, \quad \mathcal{I}_{\theta\theta}(\theta, \varphi) = -E\left\{\frac{\partial^2 \log g(Y_j, \theta, \varphi)}{\partial \theta \partial \theta^\top}\right\},$$

$$\mathcal{I}_{\theta\phi}(\theta, \phi) = -E\left\{\frac{\partial^2 \log f(X_i, \theta, \phi)}{\partial \theta \partial \phi^\top}\right\}, \quad \mathcal{I}_{\theta\varphi}(\theta, \varphi) = -E\left\{\frac{\partial^2 \log g(Y_j, \theta, \varphi)}{\partial \theta \partial \varphi^\top}\right\},$$

$$\mathcal{I}_{\phi\phi}(\theta, \phi) = -E\left\{\frac{\partial^2 \log f(X_i, \theta, \phi)}{\partial \phi \partial \phi^\top}\right\}, \quad \mathcal{I}_{\varphi\varphi}(\theta, \varphi) = -E\left\{\frac{\partial^2 \log g(Y_j, \theta, \varphi)}{\partial \varphi \partial \varphi^\top}\right\},$$

则

$$\mathcal{I}(\boldsymbol{\vartheta}) = \begin{pmatrix} \mathcal{I}_{\theta\theta}(\theta, \phi) + a\mathcal{I}_{\theta\theta}(\theta, \varphi) & \mathcal{I}_{\theta\phi}(\theta, \phi) & a\mathcal{I}_{\theta\varphi}(\theta, \varphi) \\ \mathcal{I}_{\theta\phi}(\theta, \phi)^\top & \mathcal{I}_{\phi\phi}(\theta, \phi) & 0 \\ a\mathcal{I}_{\theta\varphi}(\theta, \varphi)^\top & 0 & a\mathcal{I}_{\varphi\varphi}(\theta, \varphi) \end{pmatrix}$$

是正定的, 其中 $a = m/n$, 且不失一般性, 我们假设 $a > 0$ 是一个常数, 则可以看到 $\mathcal{I}(\boldsymbol{\vartheta})$ 对于 a 是单调增的。

假设两个数据的密度函数均满足如下的几个常规条件, 其中 $p(x, \boldsymbol{\vartheta})$ 表示一个一般性的密度函数, 可以是 f 或者 g。

(R1) 对于任意在 X 取值范围内的 x, $p(x, \boldsymbol{\vartheta})$ 在欧式空间中的一个开集

合内对于 $\boldsymbol{\vartheta}$ 是二阶连续可导的。

(R2) $\frac{\partial}{\partial \boldsymbol{\vartheta}} \int p(x, \boldsymbol{\vartheta}) \mathrm{d}x = \int \frac{\partial}{\partial \boldsymbol{\vartheta}} p(x, \boldsymbol{\vartheta}) \mathrm{d}x$ 且 $\frac{\partial}{\partial \boldsymbol{\vartheta}} \int \frac{\partial}{\partial \boldsymbol{\vartheta}} p(x, \boldsymbol{\vartheta}) \mathrm{d}x = \int \frac{\partial^2}{\partial \boldsymbol{\vartheta} \partial \boldsymbol{\vartheta}^\top} p(x, \boldsymbol{\vartheta}) \mathrm{d}x$。当 X 是离散型变量时, 这些积分应该替换成相应的求和。

(R3) 费舍尔信息矩阵 $-E\left\{\frac{\partial^2}{\partial \boldsymbol{\vartheta} \partial \boldsymbol{\vartheta}^\top} \log p(X, \boldsymbol{\vartheta})\right\}$ 存在且正定。

(R4) 对于任意给定的 $\boldsymbol{\vartheta}$, 存在一个正常数 $c_{\boldsymbol{\vartheta}}$ 和一个取值为正的方程 $h_{\boldsymbol{\vartheta}}$, 使得 $E\{h_{\boldsymbol{\vartheta}}(X)\} < \infty$ 且 $\sup_{\gamma:\|\gamma-\vartheta\|<c_{\vartheta}} \left\|\frac{\partial^2 \log p(x,\gamma)}{\partial \gamma \partial \gamma^\top}\right\| \leqslant h_{\boldsymbol{\vartheta}}(x)$, 其中 x 是位于 X 取值范围内的任意固定值, $\|\boldsymbol{A}\| = \sqrt{\mathrm{trace}(\boldsymbol{A}^\top \boldsymbol{A})}$。

定理 10.1 假定 (R1)~(R4) 成立, 且 $m = an$, 其中 a 是一个常数, 则当 n 趋于无穷时, 以趋于 1 的概率, 存在一个 $\hat{\boldsymbol{\vartheta}}$ (依赖于 n) 使得 $P\{s(\hat{\boldsymbol{\vartheta}}) = 0\} \to 1$ 且

$$\sqrt{n}(\hat{\boldsymbol{\vartheta}} - \boldsymbol{\vartheta}) \to_d N\left(0, \{\mathcal{I}(\boldsymbol{\vartheta})\}^{-1}\right). \tag{10.1}$$

定理 10.1 中的渐近结果使得我们可以对参数 $\boldsymbol{\vartheta}$ 或者它的任何一个部分 θ、ϕ 和 φ 来进行统计推断。当常规条件 (R1)~(R4) 不全都满足的时候, 我们可以尝试直接推导 $\hat{\boldsymbol{\vartheta}}$ 的极限分布或者采取自助法来估计渐近方差。在后面的节中我们会给出一些具体的例子。

10.2 在位置尺度分布上的应用

在这一节中, 我们讨论 $f(x, \theta, \phi) = \frac{1}{\sigma} f(\frac{x-\mu}{\sigma})$ 和 $g(y, \theta, \varphi) = \frac{1}{\tau} g(\frac{x-\nu}{\tau})$ 的情况, 也就是说, 两个密度函数都有一个位置参数和一个尺度参数。有以下几种情况:

(1) 两个密度函数的位置参数和尺度参数相同, 也就是 $\mu = \nu$, $\sigma = \tau$, $\theta = (\mu, \sigma)^\top$, 且 ϕ 和 φ 均为常数。

(2) 两个密度函数的位置参数相同, 但尺度参数不同, 也就是 $\mu = \nu$, $\theta = \mu$, $\phi = \sigma$, $\varphi = \tau$。

(3) 两个密度函数的尺度参数相同, 但位置参数不同, 也就是 $\sigma = \tau$, $\theta = \sigma$, $\phi = \mu$, $\varphi = \nu$。

在位置尺度分布的问题中, $\mathcal{I}_{\theta\phi}(\theta, \phi) = 0$ 和 $\mathcal{I}_{\theta\varphi}(\theta, \varphi) = 0$ 通常成立, 因此 $\mathcal{I}(\boldsymbol{\vartheta})$ 的逆很容易获得。例如, 如果 f 和 g 都是关于 0 对称的连续可微函

数, 那么 $\mathcal{I}_{\theta\phi}(\theta, \phi)$ 和 $\mathcal{I}_{\theta\varphi}(\theta, \varphi)$ 均为 0。

接下来我们考虑一个具体的例子。

10.2.1 共享同一个尺度参数的正态分布和拉普拉斯分布

假设 $f(x, \theta) = \frac{1}{\sqrt{2\pi}\theta} e^{-x^2/(2\theta^2)}$, $x \in (-\infty, \infty)$ 为正态分布 $N(0, \theta^2)$ 的密度函数; $g(y, \theta) = \frac{1}{2\theta} e^{-|y|/\theta}$, $y \in (-\infty, \infty)$ 是期望为 0, 标准差为 $\sqrt{2}\theta$ 的拉普拉斯分布 (又称双指数分布) 的密度函数。这两个分布共享同一个尺度参数 $\theta > 0$。

基于 f 和 g 的 θ 的极大似然估计分别为

$$\hat{\theta}_N = \sqrt{\frac{1}{n} \sum_{i=1}^{n} X_i^2} \quad \text{和} \quad \hat{\theta}_E = \frac{1}{m} \sum_{j=1}^{m} |Y_j|。$$

基于两个样本数据的对数似然函数为

$$\ell(\theta) = -\sum_{i=1}^{n} \frac{X_i^2}{2\theta^2} - \sum_{j=1}^{m} \frac{|Y_j|}{\theta} - \log\{(2\pi)^{n/2} 2^m \theta^{n+m}\},$$

得分函数为

$$s(\theta) = \frac{1}{\theta^3} \sum_{i=1}^{n} X_i^2 + \frac{1}{\theta^2} \sum_{j=1}^{m} |Y_j| - \frac{n+m}{\theta}。$$

令 $s(\theta) = 0$, 我们可以得到

$$\theta^2 - \left(\frac{m\hat{\theta}_E}{n+m}\right)\theta - \left(\frac{n\hat{\theta}_N^2}{n+m}\right) = 0。$$

由于 $\theta > 0$ 且仅有一个解是正的, 所以可以得到 θ 的极大似然估计为

$$\hat{\theta} = \frac{1}{2}\left\{\frac{a\hat{\theta}_E}{a+1} + \sqrt{\left(\frac{a\hat{\theta}_E}{a+1}\right)^2 + \frac{4\hat{\theta}_N^2}{a+1}}\right\}, \quad \text{其中 } a = m/n。 \tag{10.2}$$

注意 $\hat{\theta}$ 是 $\hat{\theta}_N$ 和 $\hat{\theta}_E$ 的非线性函数。在一般情况下, 基于两个样本的极大似然估计并不能写成两个单独的极大似然估计的函数。

为了得到 $\hat{\theta}$ 的渐近分布, 由于 f 和 g 满足条件 (R1)~(R4), 我们可以直

接使用结果 (10.1)。既然 $\hat{\theta}$ 有显式表达, 我们可以将其推导出来。由于 X_i 和 Y_j 是独立的, 且 $a = m/n$,

$$\sqrt{n}\begin{pmatrix} \hat{\theta}_N - \theta \\ \sqrt{a}\hat{\theta}_E - \sqrt{a}\theta \end{pmatrix} \xrightarrow{d} N\left(0, \begin{pmatrix} \theta^2/2 & 0 \\ 0 & \theta^2 \end{pmatrix}\right)。$$

定义

$$g(t,s) = \frac{1}{2}\left\{ \frac{\sqrt{a}s}{a+1} + \sqrt{\frac{as^2}{(a+1)^2} + \frac{4t^2}{a+1}} \right\},$$

则

$$g(\hat{\theta}_N, \sqrt{a}\hat{\theta}_E) = \hat{\theta} \quad \text{且} \quad g(\theta, \sqrt{a}\theta) = \theta。$$

因此,

$$\sqrt{n}(\hat{\theta} - \theta) \xrightarrow{d} N\left(0, \nabla g^\top \begin{pmatrix} \theta^2/2 & 0 \\ 0 & \theta^2 \end{pmatrix} \nabla g\right),$$

其中 ∇g 是 g 的偏导向量在 $(t,s) = (\theta, \sqrt{a}\theta)$ 处的取值, 也就是

$$\frac{\partial g}{\partial t} = \frac{2t}{a+1} \Big/ \sqrt{\frac{as^2}{(a+1)^2} + \frac{4t^2}{a+1}},$$

$$\frac{\partial g}{\partial s} = \frac{1}{2}\left\{ \frac{\sqrt{a}}{a+1} + \frac{as}{(a+1)^2} \Big/ \sqrt{\frac{as^2}{(a+1)^2} + \frac{4t^2}{a+1}} \right\},$$

$$\nabla g = \left(\frac{2}{a+2}, \frac{\sqrt{a}}{a+2} \right)^\top。$$

最终我们得到以下的结论:

假设 $m = an$, 当 n 增加时, a 保持不变, 则当 $n \to \infty$ 时,

$$\sqrt{n}(\hat{\theta} - \theta) \xrightarrow{d} N\left(0, \frac{\theta^2}{a+2}\right)。$$

$\hat{\theta}_N$ 相对于 $\hat{\theta}$ 的渐近相对效率为 $2/(a+2)$, 它位于 0 和 1 之间, 且是 a 的减函数。$\hat{\theta}_E$ 相对于 $\hat{\theta}$ 的渐近相对效率为 $a/(a+2)$, 它位于 0 和 1 之间, 且是 a 的增函数。

10.2.2　共享位置和尺度参数的正态分布和拉普拉斯分布

考虑 f 和 g 同时共享位置和尺度参数的更一般的情况。也就是 $f(x,\theta,\mu) = \frac{1}{\sqrt{2\pi}\theta}e^{-(x-\mu)^2/(2\theta^2)}$，$x \in (-\infty,\infty)$ 是正态分布 $N(\mu,\theta^2)$ 的密度函数；$g(y,\theta,\mu) = \frac{1}{2\theta}e^{-|y-\mu|/\theta}$，$y \in (-\infty,\infty)$ 是期望为 μ，标准差为 $\sqrt{2}\theta$ 的拉普拉斯分布的密度函数。注意到 g 并不满足常规条件 (R1)~(R4)，因为 g 并不总是对 μ 可导。

对于参数向量 $\boldsymbol{\vartheta} = (\mu,\theta)^\top$，对数似然函数为

$$\ell(\boldsymbol{\vartheta}) = -\sum_{i=1}^{n}\frac{(X_i-\mu)^2}{2\theta^2} - \sum_{j=1}^{m}\frac{|Y_j-\mu|}{\theta} - \log\{(2\pi)^{n/2}2^m\theta^{n+m}\}.$$

尽管 $\ell(\boldsymbol{\vartheta})$ 并不总是对 μ 可导，但其极大似然估计 $\hat{\mu}$ 依然存在，不过并没有显式表达。θ 的极大似然估计为 (10.2)，只不过将其中的 $\hat{\theta}_N$ 和 $\hat{\theta}_E$ 分别替换为

$$\sqrt{\frac{1}{n}\sum_{i=1}^{n}(X_i-\hat{\mu})^2} \quad \text{和} \quad \frac{1}{m}\sum_{j=1}^{m}|Y_j-\hat{\mu}|.$$

由于 g 并不满足常规条件 (R1)~(R4)，极大似然估计 $\hat{\boldsymbol{\vartheta}} = (\hat{\mu},\hat{\theta})^\top$ 的渐近分布不能通过 (10.1) 获得。为了评估 $\hat{\boldsymbol{\vartheta}}$ 的表现和进行统计推断，我们推荐用自助法来处理。

10.3　在截断分布上的应用

假设 $f(x,\theta)$ 和 $g(y,\theta)$ 是在且仅在区间 $(0,\theta)$ 上取正值的两个密度函数，其中 $\theta > 0$ 是一个未知的参数。当 θ 已知时，f 和 g 就已知。似然函数为

$$\prod_{i=1}^{n}f(X_i,\theta)I_{\{X_i<\theta\}}\prod_{j=1}^{m}g(Y_j,\theta)I_{\{Y_j<\theta\}}$$

$$= \left\{\prod_{i=1}^{n}f(X_i,\theta)\prod_{j=1}^{m}g(Y_j,\theta)\right\}I_{\{X_{(n)}<\theta\}}I_{\{Y_{(m)}<\theta\}},$$

其中 I_A 是 A 的指示函数，$X_{(n)} = \max(X_1,\cdots,X_n)$，$Y_{(m)} = \max(Y_1,\cdots,Y_m)$。这个似然函数并不总是对 θ 可导，但是可以看到 θ 的极大似然估计为

$\hat{\theta} = \max(X_{(n)}, Y_{(m)})$。

这个例子里, 常规条件 (R1)~(R4) 并不满足, 因此 (10.1) 也不成立。事实上, 极大似然估计 $\hat{\theta}$ 甚至都不是渐近正态的。下面我们来具体推导一下。

注意到 X_i 和 Y_j 是独立的, 且 $m = an$, 我们有

$$n \begin{pmatrix} \theta - X_{(n)} \\ \theta - Y_{(m)} \end{pmatrix} \xrightarrow{d} \begin{pmatrix} \dfrac{\varepsilon_1}{f(\theta, \theta)} \\ \dfrac{\varepsilon_2}{a\, g(\theta, \theta)} \end{pmatrix},$$

其中 ε_1、ε_2 是两个独立同分布的随机变量, 它们的密度函数为 e^{-x}, $x > 0$。由于

$$\min \left\{ n(\theta - X_{(n)}), n(\theta - Y_{(m)}) \right\} = n \left\{ \theta - \max(X_{(n)}, Y_{(m)}) \right\} = n(\theta - \hat{\theta}),$$

我们得到

$$n(\theta - \hat{\theta}) \xrightarrow{d} \min \left\{ \frac{\varepsilon_1}{f(\theta, \theta)}, \frac{\varepsilon_2}{ag(\theta, \theta)} \right\}。$$

由于 ε_1 和 ε_2 是独立的, 对于任意的 $t > 0$,

$$P \left\{ \min \left\{ \frac{\varepsilon_1}{f(\theta, \theta)}, \frac{\varepsilon_2}{ag(\theta, \theta)} \right\} > t \right\} = P \left\{ \frac{\varepsilon_1}{f(\theta, \theta)} > t \right\} P \left\{ \frac{\varepsilon_2}{ag(\theta, \theta)} > t \right\}$$
$$= \exp \left\{ -t \{ f(\theta, \theta) + ag(\theta, \theta) \} \right\}。$$

因此我们得到如下的定理。

定理 10.2 *假定 f 和 g 满足这一节中提出的条件, 则*

$$n(\theta - \hat{\theta}) \xrightarrow{d} E(\theta, a),$$

其中 $E(\theta, a)$ 是一个指数分布, 其尺度参数为 $1/\{f(\theta, \theta) + ag(\theta, \theta)\}$。

对于第一个数据集得到的极大似然估计 $X_{(n)}$, 其相对于 $\hat{\theta}$ 的渐近相对效率为 $\{1 + ag(\theta, \theta)/f(\theta, \theta)\}^{-2}$, 它位于 0 和 1 之间, 且是 a 的减函数。对于第二个数据集得到的极大似然估计 $Y_{(m)}$, 其相对于 $\hat{\theta}$ 的渐近相对效率为 $\{1 + a^{-1}f(\theta, \theta)/g(\theta, \theta)\}^{-2}$, 它位于 0 和 1 之间, 且是 a 的增函数。

10.4　在泊松和二项分布上的应用

这一节中我们考虑一个离散分布的例子。假设 X_i 服从期望为 θ 的泊松分布, Y_j 服从期望为 θ 的二项分布, 其中 $\theta \in (0,1)$ 是共享的参数。

令 $\overline{X}$ 是 X_i 的样本均值, $\overline{Y}$ 为 Y_j 的样本均值。基于两个数据集的得分函数为

$$s(\theta) = n\left(\frac{\overline{X}}{\theta} - 1 + \frac{a\overline{Y}}{\theta} - \frac{1 - a\overline{Y}}{1 - \theta}\right), \quad \text{其中 } a = m/n。$$

令 $s(\theta) = 0$, 我们得到

$$\theta^2 - (1 + a + \overline{X})\theta + \overline{X} + a\overline{Y} = 0。$$

这是一个二次方程, 它有两个不同的解当且仅当

$$(1 + a + \overline{X})^2 - 4(\overline{X} + a\overline{Y}) > 0。$$

根据大数定律, 当 $n \to \infty$ 时, $\overline{X}$ 和 $\overline{Y}$ 都几乎处处收敛到 θ, 且

$$(1 + a + \overline{X})^2 - 4(\overline{X} + a\overline{Y}) \to (1 + a + \theta)^2 - 4(1 + a)\theta = (1 + a - \theta)^2 > 0$$

几乎处处成立。这表明, 当 $n \to \infty$ 时, 得分方程以趋于 1 的概率有两个解

$$\{1 + a + \overline{X} \pm \sqrt{(1 + a + \overline{X})^2 - 4(\overline{X} + a\overline{Y})}\}/2。$$

由于我们要求 $\theta \in (0,1)$, 因此 θ 的极大似然估计为

$$\hat{\theta} = \min\left\{1, \frac{1 + a + \overline{X} - \sqrt{\left(1 + a + \overline{X}\right)^2 - 4(\overline{X} + a\overline{Y})}}{2}\right\}。$$

它分别是两个极大似然估计 $\overline{X}$ 和 $\overline{Y}$ 的非线性函数。

由于常规条件 (R1)~(R4) 都是满足的, 因此我们有

$$\sqrt{n}(\hat{\theta} - \theta) \xrightarrow{d} N\left(0, \frac{\theta(1 - \theta)}{1 - \theta + a}\right)。$$

对于第一个数据集得到的极大似然估计 $\overline{X}$, 其相对于 $\hat{\theta}$ 的渐近相对效率为 $(1 - \theta)/(1 - \theta + a)$, 它位于 0 和 1 之间, 且是 a 的减函数。对于第二个

数据集得到的极大似然估计 $\overline{Y}$, 其相对于 $\hat{\theta}$ 的渐近相对效率为 $a/(1-\theta+a)$, 它位于 0 和 1 之间, 且是 a 的增函数。

10.5　附带额外不确定性的分析

这一节中我们考虑一个特殊的情况: 第一个样本的密度函数 $f(x, \theta, \phi)$ 已知, 但第二个样本的密度函数 $g(y, \theta, \varphi)$ 存在不确定性。假设这个额外的不确定性来自一个额外的未知参数 $\zeta \in \{0, 1\}$, 也就是第二个样本的密度函数为 $g(y, \theta, \varphi, \zeta)$, 其中 $\zeta = 0$ 或 1, 而当 θ、φ 和 ζ 给定时, g 是一个已知的密度函数。

如何得到 $\boldsymbol{\vartheta} = (\theta^{\top}, \phi^{\top}, \varphi^{\top})^{\top}$ 的极大似然估计? 如果 ζ 已知, 我们就可以根据节 10.1 中的方法得到极大似然估计。由于 ζ 仅有两个取值, 因此如果我们有一个 ζ 的相合估计 $\hat{\zeta}$, 也就是说

$$\lim_{n \to \infty} P(\hat{\zeta} = \zeta) = 1, \tag{10.3}$$

那么 $\boldsymbol{\vartheta}$ 的极大似然估计为

$$\hat{\boldsymbol{\vartheta}} = \begin{cases} \hat{\boldsymbol{\vartheta}}(0), & \hat{\zeta} = 0, \\ \hat{\boldsymbol{\vartheta}}(1), & \hat{\zeta} = 1, \end{cases}$$

其中 $\hat{\boldsymbol{\vartheta}}(0)$ 和 $\hat{\boldsymbol{\vartheta}}(1)$ 分别是 $\zeta = 0$ 和 $\zeta = 1$ 下的极大似然估计。

令 $\hat{\theta}(\zeta)$ 和 $\hat{\varphi}(\zeta)$ 是当 ζ 固定时, θ 和 φ 基于第二个数据的极大似然估计, 则 ζ 的极大似然估计为

$$\hat{\zeta} = \begin{cases} 0, & \prod\limits_{j=1}^{m} g(Y_j, \hat{\theta}(0), \hat{\varphi}(0), 0) \geqslant \prod\limits_{j=1}^{m} g(Y_j, \hat{\theta}(1), \hat{\varphi}(1), 1), \\ 1, & \prod\limits_{j=1}^{m} g(Y_j, \hat{\theta}(0), \hat{\varphi}(0), 0) < \prod\limits_{j=1}^{m} g(Y_j, \hat{\theta}(1), \hat{\varphi}(1), 1). \end{cases}$$

下面的定理给出了极大似然估计 $\hat{\boldsymbol{\vartheta}}$ 的渐近分布。

定理 10.3　如果式 (10.3) 成立, 当 $\zeta = 0$ 或 1 时, 常规条件 (R1)~(R4)

都成立, $m = an$, a 为固定常数, 那么

$$\sqrt{n}(\hat{\boldsymbol{\vartheta}} - \boldsymbol{\vartheta}) \xrightarrow{d} N(0, \{\mathcal{I}(\boldsymbol{\vartheta}, \zeta)\}^{-1}),$$

其中 $\mathcal{I}(\boldsymbol{\vartheta}, \zeta)$ 是节 10.1 中定义的费舍尔信息矩阵在 ζ 真值上的取值。

对于不同的问题, 条件 (10.3) 是否成立需要单独进行讨论。下面我们给出一个例子。

假设 $f(x, \theta)$ 是 $N(0, \theta^2)$ 的密度函数, $g(y, \theta, 0)$ 也是 $N(0, \theta^2)$ 的密度函数, 但 $g(y, \theta, 1)$ 是期望为 0, 标准差为 $\sqrt{2}\theta$ 的拉普拉斯分布。参数 ϕ 和 φ 是常数 (不存在)。

在这个例子里, 当 $\hat{\zeta} = 0$ 时, 我们可以直接将两个样本的数据放到一起, 并得到 θ 的极大似然估计 $\sqrt{(\sum_{i=1}^{n} X_i^2 + \sum_{j=1}^{m} Y_j^2)/(n + m)}$。另一方面, 当 $\hat{\zeta} = 1$ 时, θ 的极大似然估计为 (10.2)。为了检查 (10.3), 注意到

$$\hat{\theta}(0) = \sqrt{\frac{1}{m} \sum_{j=1}^{m} Y_j^2} \quad \text{且} \quad \hat{\theta}(1) = \frac{1}{m} \sum_{j=1}^{m} |Y_j|。$$

因此,

$$\log\left\{\prod_{j=1}^{m} g(\hat{\theta}(0), 0)\right\} = -\frac{m}{2} - m \log \hat{\theta}(0) - \frac{m \log(2\pi)}{2}$$

且

$$\log\left\{\prod_{j=1}^{m} g(\hat{\theta}(1), 1)\right\} = -m - m \log \hat{\theta}(1) - m \log 2。$$

当 $\zeta = 0$ 时, $\hat{\theta}(0) \to_p \theta$ 且 $\hat{\theta}(1) \to_p (2/\pi)^{1/2}\theta$, 因此

$$\frac{1}{m} \log\left\{\prod_{j=1}^{m} g(\hat{\theta}(0), 0)\right\} - \frac{1}{m} \log\left\{\prod_{j=1}^{m} g(\hat{\theta}(1), 1)\right\} \to_p \frac{1}{2} + \log \frac{2}{\pi} > 0,$$

它意味着 $P(\hat{\zeta} = 0) \to 1$。另一方面, 当 $\zeta = 1$ 时, $\hat{\theta}(0) \to_p \sqrt{2}\theta$, $\hat{\theta}(1) \to_p \theta$ 且

$$\frac{1}{m} \log\left\{\prod_{j=1}^{m} g(\hat{\theta}(0), 0)\right\} - \frac{1}{m} \log\left\{\prod_{j=1}^{m} g(\hat{\theta}(1), 1)\right\} \to_p \frac{1}{2} - \frac{\log \pi}{2} < 0,$$

它意味着 $P(\hat{\zeta} = 1) \to 1$。这说明条件 (10.3) 在这个例子中总是成立。

此外, 我们有

$$\sqrt{n}(\hat{\theta} - \theta) \xrightarrow{d} \begin{cases} N\left(0, \dfrac{\theta^2}{2a+2}\right), & \zeta = 0, \\ N\left(0, \dfrac{\theta^2}{a+2}\right), & \zeta = 1。 \end{cases}$$

这个结果可以推广到第二个样本数据来自 $k \geqslant 3$ 个总体中的一个。

第 11 章

利用外部个体数据的非参数回归

11.1 基本设定

在第 9 章中, 我们讨论了如何利用外部的统计量来提高内部数据的非参数回归的效率。但其中一个很重要的假设是外部数据和内部数据来自同一个分布, 这在现实当中经常不成立。因此, 这一章里我们讨论在数据具有异质性, 也就是外部数据的分布和内部数据的分布不相同的情况下, 如何利用外部的个体数据来提高内部数据中非参数回归的效率。

考虑一个因变量 Y 和一个 p 维自变量 U。我们需要估计在内部总体上的条件期望

$$\mu_1(\boldsymbol{u}) = E(Y \mid \boldsymbol{U} = \boldsymbol{u}, D = 1), \tag{11.1}$$

其中 $D = 1$ 是内部数据的指示变量, $\boldsymbol{u}$ 是 $\boldsymbol{U}$ 的值域 $\mathcal{U}$ 中的一个给定数值。$\mu_1(\boldsymbol{u})$ 中的下标 "1" 强调这个条件期望是针对内部数据的 $(D = 1)$, 它与 $\mu(\boldsymbol{u}) = E(Y \mid \boldsymbol{U} = \boldsymbol{u})$ 可能不一样, 因为后者来自内部和外部数据分布的一个混合。

记内部数据为 $(Y_i, \boldsymbol{U}_i)$, $i = 1, \cdots, n$, 它们是一个来自内部数据分布 $\mathcal{P}_1$ 的独立同分布样本。基于内部数据的 $\mu_1(\boldsymbol{u})$ 的标准核估计为

$$\hat{\mu}_1(\boldsymbol{u}) = \sum_{i=1}^{n} Y_i \kappa_b(\boldsymbol{u} - \boldsymbol{U}_i) \Big/ \sum_{i=1}^{n} \kappa_b(\boldsymbol{u} - \boldsymbol{U}_i), \tag{11.2}$$

其中 $\kappa_b(\boldsymbol{a}) = b^{-p}\kappa(\boldsymbol{a}/b)$, $\kappa(\cdot)$ 是一个给定的核函数, $b > 0$ 是一个可能依赖于 n 的窗宽。我们假设 $\boldsymbol{U}$ 已经被标准化, 因此对于 $\boldsymbol{U}$ 的不同维度, 我们都采用同样的窗宽 b。由于著名的 "维度诅咒" 问题, 我们主要讨论 p 比较小的情况, 高维的情况将在本章的最后一节进行讨论。

我们主要考虑一个和内部数据独立的外部数据集, 但事实上推广到多个外部数据是比较直接的。

11.2　外部数据和内部数据的自变量相同时的方法

在这一节中我们讨论外部数据所能观测到的自变量和内部数据是一样的情况。记外部数据为 $(Y_i, \boldsymbol{U}_i)$, $i = n+1, \cdots, N$, 它是一个来自外部数据分布 $\mathcal{P}_0$ 的独立同分布样本。假设外部数据和内部数据独立。

如果内部数据的分布 $\mathcal{P}_1$ 和外部数据的分布 $\mathcal{P}_0$ 相同, 我们可以直接将内外部数据放到一起来获得一个核估计

$$\hat{\mu}_1^{E1}(\boldsymbol{u}) = \sum_{i=1}^{N} Y_i \kappa_b(\boldsymbol{u} - \boldsymbol{U}_i) \Big/ \sum_{i=1}^{N} \kappa_b(\boldsymbol{u} - \boldsymbol{U}_i), \tag{11.3}$$

它毫无疑问会比 (11.2) 中的 $\hat{\mu}_1(\boldsymbol{u})$ 要更有效, 因为它用到了更多的样本。但是, 当内外部数据分布不一致时, $\hat{\mu}_1^{E1}(\boldsymbol{u})$ 是有偏的, 因为 $E(Y \mid \boldsymbol{U} = \boldsymbol{u}, D = 0)$ 与 $\mu_1(\boldsymbol{u}) = E(Y \mid \boldsymbol{U} = \boldsymbol{u}, D = 1)$ 不一样。

我们接下来推导一个利用内外部数据的核估计, 无论内外部数据分布 $\mathcal{P}_1$ 和 $\mathcal{P}_0$ 是否相同, 它都是渐近正确的。记 $f(y|\boldsymbol{u}, D)$ 为 Y 给定 $\boldsymbol{U} = \boldsymbol{u}$ 和 $D = 1$ 或 0 (内部和外部数据) 的条件密度函数, 则

$$\mu_1(\boldsymbol{u}) = E(Y|\boldsymbol{U} = \boldsymbol{u}, D = 1) = E\left\{ Y \frac{f(Y|\boldsymbol{u}, D = 1)}{f(Y|\boldsymbol{u}, D = 0)} \,\middle|\, \boldsymbol{U} = \boldsymbol{u}, D = 0 \right\}. \tag{11.4}$$

比值 $f(Y|\boldsymbol{u}, D = 1)/f(Y|\boldsymbol{u}, D = 0)$ 建立了内部数据和外部数据的桥梁, 因此我们可以处理内外部数据存在异质性的问题。

如果我们可以找到一个 $f(y|\boldsymbol{u}, D)$ 的相合估计 $\hat{f}(y|\boldsymbol{u}, D)$, 那么可以将式 (11.3) 中的估计调整一下, 把 Y_i, $i > n$ 替换成 $\hat{Y}_i = Y_i \hat{f}(Y_i|\boldsymbol{U}_i, D = 1)/\hat{f}(Y_i|\boldsymbol{U}_i, D = 0)$, 得到的核估计为

$$\hat{\mu}_1^{E2}(\boldsymbol{u}) = \left\{ \sum_{i=1}^{n} Y_i \kappa_b(\boldsymbol{u} - \boldsymbol{U}_i) + \sum_{i=n+1}^{N} \hat{Y}_i \kappa_b(\boldsymbol{u} - \boldsymbol{U}_i) \right\} \Big/ \sum_{i=1}^{N} \kappa_b(\boldsymbol{u} - \boldsymbol{U}_i). \tag{11.5}$$

我们可以利用内部数据 $(Y_i, \boldsymbol{U}_i)$, $i = 1, \cdots, n$ 来得到 $\hat{f}(Y_i|\boldsymbol{U}_i, D = 1)$, 利用外部数据 $(Y_i, \boldsymbol{U}_i)$, $i = n+1, \cdots, N$ 来得到 $\hat{f}(Y_i|\boldsymbol{U}_i, D = 0)$。根据标准的核估计, 我们有

$$
\begin{aligned}
\hat{f}(y|\boldsymbol{U} = \boldsymbol{u}, D = 1) &= \sum_{i=1}^{n} \tilde{\kappa}_{\tilde{b}}(y - Y_i, \boldsymbol{u} - \boldsymbol{U}_i) \bigg/ \sum_{i=1}^{n} \bar{\kappa}_{\bar{b}}(\boldsymbol{u} - \boldsymbol{U}_i), \\
\hat{f}(y|\boldsymbol{U} = \boldsymbol{u}, D = 0) &= \sum_{i=n+1}^{N} \tilde{\kappa}_{\tilde{b}}(y - Y_i, \boldsymbol{u} - \boldsymbol{U}_i) \bigg/ \sum_{i=n+1}^{N} \bar{\kappa}_{\bar{b}}(\boldsymbol{u} - \boldsymbol{U}_i),
\end{aligned}
\tag{11.6}
$$

其中 $\tilde{\kappa}$ 和 $\bar{\kappa}$ 是给定的核函数, 它们的窗宽分别为 $\tilde{b}$ 和 $\bar{b}$。在一些常规条件下, (11.5) 中的核估计是渐近有效的。我们将在节 11.4 中建立相应的理论结果。

如果存在一些额外的信息, 上述方法还可以进一步拓展。假设 D 是随机的, 数据 $(Y_i, \boldsymbol{U}_i, D_i)$, $i = 1, \cdots, N$ 是来自 $(Y, \boldsymbol{U}, D)$ 的一个独立同分布样本。N 依然是总体的样本量, 且假设其为非随机的。在这种情况下, 内部数据的样本量 $n = \sum_{i=1}^{N} D_i$ 和外部数据的样本量 $N - n$ 都是随机的。在大多数问题中, D 是随机的还是固定的并不重要, 但在我们现在考虑的问题中, 如果 D 是随机的, 就有

$$
\frac{f(Y|\boldsymbol{u}, D = 1)}{f(Y|\boldsymbol{u}, D = 0)} = \frac{P(D = 1|\boldsymbol{U} = \boldsymbol{u}, Y)}{P(D = 0|\boldsymbol{U} = \boldsymbol{u}, Y)} \frac{P(D = 0|\boldsymbol{U} = \boldsymbol{u})}{P(D = 1|\boldsymbol{U} = \boldsymbol{u})}。
\tag{11.7}
$$

于是我们只需要估计 $P(D = d|\boldsymbol{U} = \boldsymbol{u}, Y)$ 和 $P(D = d|\boldsymbol{U} = \boldsymbol{u})$, $d = 0, 1$, 它们可以用非参数估计 (Fan et al., 1998) 来获得。由于 D 是一个二元变量, 这些估计比直接估计 $f(y|\boldsymbol{u}, D)$ 要简单得多, 而且它们同时利用了外部和内部的数据。

进一步, 如果我们假设如下的半参数模型

$$
\frac{P(D = 0 \mid \boldsymbol{U}, Y)}{P(D = 1 \mid \boldsymbol{U}, Y)} = \exp\{\alpha(\boldsymbol{U}) + \gamma Y\},
\tag{11.8}
$$

其中 $\alpha(\cdot)$ 是一个未知函数, γ 是一个未知参数。根据 (11.7) 与 (11.8), 有

$$
\frac{f(Y|\boldsymbol{u}, D = 1)}{f(Y|\boldsymbol{u}, D = 0)} = e^{-\gamma Y} E(e^{\gamma Y} \mid \boldsymbol{U} = \boldsymbol{u}, D = 1)。
\tag{11.9}
$$

若 $\gamma = 0$, 则 $f(Y|\boldsymbol{u}, D = 1) = f(Y|\boldsymbol{u}, D = 0)$ 且 (11.3) 中的估计是正确

的。当 $\gamma \neq 0$ 时，我们可以先得到一个 γ 的估计 $\hat{\gamma}$，然后用核估计来估计 $E(e^{\hat{\gamma}Y} \mid \boldsymbol{U} = \boldsymbol{u}, D = 1)$。注意，我们不需要估计未知的函数 $\alpha(\cdot)$，这是式 (11.8) 中半参数模型的一个好处。

现在我们来推导一个 $\hat{\gamma}$。将 (11.7) 与 (11.8) 代入 (11.4)，我们有

$$\mu_1(\boldsymbol{u}) = E\left\{Y\frac{P(D=1|\boldsymbol{U}=\boldsymbol{u},Y)}{P(D=0|\boldsymbol{U}=\boldsymbol{u},Y)}\middle|\boldsymbol{U}=\boldsymbol{u},D=0\right\}\frac{P(D=0|\boldsymbol{U}=\boldsymbol{u})}{P(D=1|\boldsymbol{U}=\boldsymbol{u})}$$

$$= E\left(Ye^{-\alpha(\boldsymbol{u})-\gamma Y}|\boldsymbol{U}=\boldsymbol{u},D=0\right)\frac{E\{P(D=0|\boldsymbol{U}=\boldsymbol{u},Y)|\boldsymbol{U}=\boldsymbol{u}\}}{P(D=1|\boldsymbol{U}=\boldsymbol{u})}$$

$$= e^{-\alpha(\boldsymbol{u})}E\left(Ye^{-\gamma Y}|\boldsymbol{U}=\boldsymbol{u},D=0\right)\frac{E\{e^{\alpha(\boldsymbol{u})+\gamma Y}P(D=1|\boldsymbol{U}=\boldsymbol{u},Y)|\boldsymbol{U}=\boldsymbol{u}\}}{P(D=1|\boldsymbol{U}=\boldsymbol{u})}$$

$$= E\left(Ye^{-\gamma Y}|\boldsymbol{U}=\boldsymbol{u},D=0\right)\frac{E\{e^{\gamma Y}E(D|\boldsymbol{U}=\boldsymbol{u},Y)|\boldsymbol{U}=\boldsymbol{u}\}}{P(D=1|\boldsymbol{U}=\boldsymbol{u})}$$

$$= E\left(Ye^{-\gamma Y}|\boldsymbol{U}=\boldsymbol{u},D=0\right)\frac{E(e^{\gamma Y}D|\boldsymbol{U}=\boldsymbol{u})}{P(D=1|\boldsymbol{U}=\boldsymbol{u})}$$

$$= E\left(Ye^{-\gamma Y}|\boldsymbol{U}=\boldsymbol{u},D=0\right)E\left(e^{\gamma Y}|\boldsymbol{U}=\boldsymbol{u},D=1\right),$$

其中第二和第三个式子来自 (11.8)。对于任意的实数 t，定义

$$h(\boldsymbol{u},t) = E(Ye^{-tY}|\boldsymbol{U}=\boldsymbol{u},D=0)E(e^{tY}|\boldsymbol{U}=\boldsymbol{u},D=1)。$$

它的核估计是

$$\hat{h}(\boldsymbol{u},t) = \frac{\sum_{i=1}^{N}(1-D_i)\check{\kappa}_{\check{b}}(\boldsymbol{u}-\boldsymbol{U}_i)Y_ie^{-tY_i}}{\sum_{i=1}^{N}(1-D_i)\check{\kappa}_{\check{b}}(\boldsymbol{u}-\boldsymbol{U}_i)}\frac{\sum_{i=1}^{N}D_i\check{\kappa}_{\check{b}}(\boldsymbol{u}-\boldsymbol{U}_i)e^{tY_i}}{\sum_{i=1}^{N}D_i\check{\kappa}_{\check{b}}(\boldsymbol{u}-\boldsymbol{U}_i)}, \quad (11.10)$$

其中 $\check{\kappa}$ 是一个给定的核函数，$\check{b}$ 是窗宽。我们可以得到 γ 的估计

$$\hat{\gamma} = \arg\min_{t}\frac{1}{N}\sum_{i=1}^{N}D_i\{Y_i - \hat{h}(\boldsymbol{U}_i,t)\}^2。 \quad (11.11)$$

这是因为 (11.11) 中的优化目标函数是 $E[D\{Y - h(\boldsymbol{U},t)\}^2|D=1]$ 的一个近似，而且对于任意的 t，由于 $h(\boldsymbol{u},\gamma) = \mu_1(\boldsymbol{u})$，我们有

$$E[D\{Y - h(\boldsymbol{U},\gamma)\}^2|D=1] \leqslant E[D\{Y - h(\boldsymbol{U},t)\}^2|D=1]。$$

当 $\hat{\gamma}$ 得到以后, $\mu_1(\boldsymbol{u})$ 的估计为

$$
\hat{\mu}_1^{E3}(\boldsymbol{u}) = \left\{ \sum_{i=1}^{N} D_i Y_i \kappa_b(\boldsymbol{u} - \boldsymbol{U}_i) + \sum_{i=1}^{N} (1 - D_i) \hat{Y}_i \kappa_b(\boldsymbol{u} - \boldsymbol{U}_i) \right\} \Big/ \sum_{i=1}^{N} \kappa_b(\boldsymbol{u} - \boldsymbol{U}_i),
$$

$$
\tag{11.12}
$$

其中

$$
\hat{Y}_i = Y_i e^{-\hat{\gamma} Y_i} \sum_{j=1}^{n} e^{\hat{\gamma} Y_j} \check{\kappa}_{\check{b}}(\boldsymbol{U}_i - \boldsymbol{U}_j) \Big/ \sum_{j=1}^{n} \check{\kappa}_{\check{b}}(\boldsymbol{U}_i - \boldsymbol{U}_j)。
$$

在实际的应用中, 我们可以采用 K 折交叉验证法 (Gyorfi et al., 2002) 来选择窗宽。对于窗宽的理论上的要求将在节 11.4 中讨论。

11.3　外部数据仅观测到部分自变量时的方法

在这一节中我们考虑外部数据仅能观测到部分自变量的情况。记外部数据为 $(Y_i, \boldsymbol{X}_i)$, $i = n+1, \cdots, N$, 其中 $\boldsymbol{X}$ 是 $\boldsymbol{U}$ 的一个 $q < p$ 维度子向量。

由于外部数据仅能观测到 $\boldsymbol{X}$, 而不是全部的 $\boldsymbol{U}$, 上一节中的方法已经无法使用。我们考虑将外部数据作为一个约束运用到内部数据的核估计上。首先, 我们考虑 n 维向量 $\boldsymbol{\mu}_1 = (\mu_1(\boldsymbol{U}_1), \cdots, \mu_1(\boldsymbol{U}_n))^\top$ 的估计。注意到 (11.2) 中的标准核估计对 $\boldsymbol{\mu}_1$ 的估计实际上为

$$
\hat{\boldsymbol{\mu}}_1 = \arg \min_{\mu_1, \cdots, \mu_n} \sum_{i=1}^{n} \sum_{j=1}^{n} \kappa_b(\boldsymbol{U}_i - \boldsymbol{U}_j)(Y_j - \mu_i)^2 \Big/ \sum_{k=1}^{n} \kappa_b(\boldsymbol{U}_i - \boldsymbol{U}_k)。 \tag{11.13}
$$

我们改进 $\hat{\boldsymbol{\mu}}_1$ 如下:

$$
\hat{\boldsymbol{\mu}}_1^C = \arg \min_{\mu_1, \cdots, \mu_n} \sum_{i=1}^{n} \sum_{j=1}^{n} \kappa_l(\boldsymbol{U}_i - \boldsymbol{U}_j)(Y_j - \mu_i)^2 \Big/ \sum_{k=1}^{n} \kappa_l(\boldsymbol{U}_i - \boldsymbol{U}_k) \tag{11.14}
$$

使得

$$
\sum_{i=1}^{n} \{\mu_i - \hat{h}_1(\boldsymbol{X}_i)\} \boldsymbol{g}(\boldsymbol{X}_i)^\top = 0, \tag{11.15}
$$

其中 $\boldsymbol{g}(\boldsymbol{x})^\top = (1, \boldsymbol{x}^\top)$, (11.14) 中的 l 是窗宽, 它与 (11.2) 或 (11.13) 中的 b 可以不相同, $\hat{h}_1(\boldsymbol{x})$ 是 $h_1(\boldsymbol{x}) = E(Y \mid \boldsymbol{X} = \boldsymbol{x}, D = 1)$ 的核估计。注意到这

种方法可以实施是因为内外部数据都可以观测到 $\boldsymbol{X}$。(11.14) 中的 $\hat{\boldsymbol{\mu}}_1^C$ 有显式表达 $\hat{\boldsymbol{\mu}}_1^C = \hat{\boldsymbol{\mu}}_1 + \boldsymbol{G}(\boldsymbol{G}^\top \boldsymbol{G})^{-1} \boldsymbol{G}^\top (\hat{\boldsymbol{h}}_1 - \hat{\boldsymbol{\mu}}_1)$，其中 $\boldsymbol{G}$ 是一个 $n \times n$ 的矩阵，它的第 i 行是 $\boldsymbol{g}(\boldsymbol{X}_i)^\top$，$\hat{\boldsymbol{h}}_1$ 是一个 n 维向量，它的第 i 个元素是 $\hat{h}_1(\boldsymbol{X}_i)$。更多关于 $\hat{h}_1(\boldsymbol{x})$ 的细节将在这一节的末尾给出。

由于 $E\{E(Y \mid \boldsymbol{U}, D=1) \mid \boldsymbol{X}, D=1\} = E(Y \mid \boldsymbol{X}, D=1) = h_1(\boldsymbol{X})$，约束条件 (11.15) 是 $E\left[\{\mu_1(\boldsymbol{U}) - h_1(\boldsymbol{X})\} \boldsymbol{g}(\boldsymbol{X})^\top \mid D=1\right] = 0$ (基于内部数据) 的经验版本。因此，如果 $\hat{h}_1(\cdot)$ 是 $h_1(\cdot)$ 的一个好的估计量，那么 (11.14) 中的 $\hat{\boldsymbol{\mu}}_1^C$ 要比 (11.13) 中的 $\hat{\boldsymbol{\mu}}_1$ 更加准确。

为了得到整个回归方程 $\mu_1(\cdot)$ 的一个更好的估计 (而不仅仅是在 $\boldsymbol{u} = \boldsymbol{U}_i$ 上)，我们将 $(Y_1, \cdots, Y_n)^\top$ 替换成 (11.14) 中的 $\hat{\boldsymbol{\mu}}_1^C$，并采取标准的核估计，得到一个新的关于 $\mu_1(\boldsymbol{u})$ 的估计

$$\hat{\mu}_1^C(\boldsymbol{u}) = \sum_{i=1}^n \hat{\mu}_i \kappa_b(\boldsymbol{u} - \boldsymbol{U}_i) \Big/ \sum_{i=1}^n \kappa_b(\boldsymbol{u} - \boldsymbol{U}_i), \qquad (11.16)$$

其中 $\hat{\mu}_i$ 是 $\hat{\boldsymbol{\mu}}_1^C$ 的第 i 个元素，b 是与 (11.2) 中相同的窗宽。

我们有三种可能的方法来得到 $h_1(\boldsymbol{x}) = E(Y \mid \boldsymbol{X} = \boldsymbol{x}, D = 1)$ 的估计 $\hat{h}_1(\boldsymbol{x})$。第一种是将 $\boldsymbol{U}$ 替换成 $\boldsymbol{X}$ 之后得到的估计 (11.3)，但它不是一个正确的估计，除非内外部数据的分布 $\mathcal{P}_1$ 和 $\mathcal{P}_0$ 相同。记这样得到的 (11.16) 中的估计为 $\hat{\mu}_1^{C1}(\boldsymbol{u})$。第二种估计是 (11.5)，其中我们将 $\boldsymbol{U}$ 替换成 $\boldsymbol{X}$，$\hat{f}(Y_i | \boldsymbol{X}_i, D = 1)/\hat{f}(Y_i | \boldsymbol{X}_i, D = 0)$ 由 (11.6) 或 (11.7) 得到。记这样得到的 (11.16) 中的估计为 $\hat{\mu}_1^{C2}(\boldsymbol{u})$。第三种方法是将约束 (11.15) 中的 $\hat{h}_1(\boldsymbol{X}_i)$ 替换成 $\hat{h}(\boldsymbol{X}_i, \hat{\gamma})$，其中 $\hat{\gamma}$ 和 $h(\boldsymbol{X}_i, t)$ 在 (11.11) 和 (11.10) 中分别定义，当然 $\boldsymbol{U}$ 要替换成 $\boldsymbol{X}$。记这样得到的 (11.16) 中的估计为 $\hat{\mu}_1^{C3}(\boldsymbol{u})$。

11.4　理论结果

这一节中我们建立当内部数据的样本量 n 趋于无穷时，$\hat{\mu}_1^E(\boldsymbol{u})$ 和 $\hat{\mu}_1^C(\boldsymbol{u})$ 的渐近正态性，其中 $\boldsymbol{u}$ 是给定的。

首先我们考虑 (11.5) 中的 $\hat{\mu}_1^{E2}(\boldsymbol{u})$。如果假设 $\mathcal{P}_1 = \mathcal{P}_0$，那么这个结果同时也适用于 (11.3) 中的 $\hat{\mu}_1^{E1}(\boldsymbol{u})$。假设下列条件：

(B1) 随机变量 U 在内部和外部数据中的密度函数 $f_1(u)$ 和 $f_0(u)$ 都具有连续且有界的一阶和二阶导数。

(B2) $\mu_1^2(u)f_k(u)$, $\sigma_k^2(u)f_k(u)$ 以及 $\mu_1(u)f_k(u)$ 的一阶和二阶导数都连续且有界, 其中 $\sigma_1^2(u) = E[\{Y-\mu_1(U)\}^2 \mid U=u, D=1]$, $\sigma_0^2(u) = E[\{\tilde{Y}-\mu_1(U)\}^2 \mid U=u, D=0]$, $\tilde{Y} = Yf(Y|U, D=1)/f(Y|U, D=0)$。此外, $E(|Y|^s|U=u, D=1)f_1(u)$ 和 $E(|\tilde{Y}|^s|U=u, D=0)f_0(u)$ 均有界, 其中 $s > 2$ 是一个常数。

(B3) 核函数 κ 是二阶的, 也就是 $\int u\kappa(u)\mathrm{d}u = 0$ 且 $0 < \int u^\top u\kappa(u)\mathrm{d}u < \infty$。

(B4) 窗宽 b 满足 $b \to 0$ 且 $(a+1)nb^{p+4} \to c \in [0, \infty)$, 其中 $a = \lim_{n\to\infty}(N-n)/n$。

(B5) 核函数 $\tilde{\kappa}$ 和 $\bar{\kappa}$ 具有有界支撑集且分别具有阶数 $\tilde{m} > 2 + 2/p$ 和 $\bar{m} > 2$。$f(y, u|D = 1)$ 和 $f(y, u|D = 0)$ 具有 $\tilde{m}$ 阶的有界且连续导函数。$f_1(u)$ 和 $f_0(u)$ 具有 $\bar{m}$ 阶的有界且连续导函数。函数 $f(y, u|D = 0)$ 和 $f_1(u)$ 有正的下界。窗宽 $\tilde{b}$ 和 $\bar{b}$ 满足 $n\tilde{b}^{p+1}/\log(n) \to \infty$ 和 $n\bar{b}^p/\log(n) \to \infty$。

定理 11.1　假设条件 (B1)~(B5) 成立, 则对于任意固定的 u 满足 $f_0(u) > 0$ 和 $f_1(u) > 0$, (11.5) 中的 $\hat{\mu}_1^{E2}$ 满足

$$\sqrt{nb^p}\{\hat{\mu}_1^{E2}(u) - \mu_1(u)\} \to_d N(B_a(u), V_a(u)), \tag{11.17}$$

其中

$$B_a(u) = \frac{c^{1/2}\{f_1(u)A_1(u) + af_0(u)A_0(u)\}}{(a+1)^{1/2}\{f_1(u) + af_0(u)\}},$$

$$A_1(u) = \int \kappa(v)\left\{\frac{1}{2}v^\top\nabla^2\mu_1(u)v + v^\top\nabla\log f_1(u)\nabla\mu_1(u)^\top v\right\}\mathrm{d}v,$$

$$A_0(u) = \int \kappa(v)\left\{\frac{1}{2}v^\top\nabla^2\mu_1(u)v + v^\top\nabla\log f_0(u)\nabla\mu_1(u)^\top v\right\}\mathrm{d}v,$$

$$V_a(u) = \frac{f_1(u)\sigma_1^2(u) + af_0(u)\sigma_0^2(u)}{\{f_1(u) + af_0(u)\}^2}\int \kappa(v)^2\mathrm{d}v。$$

条件 (B1)~(B4) 在核估计的问题中非常常见 (Bierens, 1987)。条件 (B5) 可以推出

$$\max_{i=n+1,\cdots,N}\left|\frac{\hat{f}(Y_i|U=U_i, D=1)}{\hat{f}(Y_i|U=U_i, D=0)} - \frac{f(Y_i|U=U_i, D=1)}{f(Y_i|U=U_i, D=0)}\right| = \frac{o_p(1)}{\sqrt{nb^p}}。 \tag{11.18}$$

结果 (11.18) 表明对比值 $f(Y|\boldsymbol{U}, D=1)/f(Y|\boldsymbol{U}, D=0)$ 的估计不影响 (11.5) 中 $\hat{\mu}_1^{E2}(\boldsymbol{u})$ 的渐近分布。注意到, (11.17) 中的平方偏差 $B_a^2(\boldsymbol{u})$ 和方差 $V_a(\boldsymbol{u})$ 都是 $a = \lim_{n\to\infty}(N-n)/n$ 的减函数。在极端情况 $a=0$ 下, 也就是说外部数据的样本量相对于内部数据的样本量而言可以忽略不计, 结果 (11.17) 就退化成 (11.2) 中经典的核估计 $\hat{\mu}_1(\boldsymbol{u})$ 的渐近正态性。在另外一个极端的情况 $a=\infty$ 下, $B_a(\boldsymbol{u}) = V_a(\boldsymbol{u}) = 0$ 且 $\hat{\mu}_1^{E2}(\boldsymbol{u})$ 的收敛速度要快于 $1/\sqrt{nb^p}$, 后者是标准的核估计 $\hat{\mu}_1(\boldsymbol{u})$ 的收敛速度。

接下来的这个结果是关于 (11.16) 中的 $\hat{\mu}_1^{C2}(\boldsymbol{u})$。假设下列条件:

(C1) $\boldsymbol{U}$ 的值域 $\mathcal{U}$ 是 p 维欧式空间中的一个紧集, $f_1(\boldsymbol{u})$ 在 $\mathcal{U}$ 中具有正的下界和有限的上界; $f_1(\boldsymbol{u})$ 和 $f_0(\boldsymbol{u})$ 具有连续且有界的一阶和二阶导数。

(C2) 函数 $\mu_1(\boldsymbol{u}) = E(Y|\boldsymbol{U}=\boldsymbol{u})$ 和 $\sigma_1^2(\boldsymbol{u})$ 均为李氏连续的; $\mu_1(\boldsymbol{u})$ 具有三阶有界导函数; $h_1(\boldsymbol{x}) = E(Y \mid \boldsymbol{X}=\boldsymbol{x}, D=1)$ 具有有界的一阶和二阶导数; $E(|Y|^s|\boldsymbol{U}=\boldsymbol{u}, D=1)$ 有界, 其中 $s > 2 + p/2$。

(C3) 所有的核函数均为正、有界、李氏连续, 均值为 0, 六阶矩阵有界。

(C4) 当 $n \to \infty$ 时, $a = \lim_{n\to\infty}(N-n)/n > 0$, (11.2) 中的 b 和 (11.14) 中的 l 满足 $b \to 0, l \to 0, l/b \to r \in (0, \infty), nb^p \to \infty, nb^{4+p} \to c \in [0, \infty)$。

(C5) 随机变量 $\boldsymbol{X}$ 在内部和外部数据中的密度函数 $f_{X1}(\boldsymbol{x})$ 和 $f_{X0}(\boldsymbol{x})$ 均有正下界。存在常数 $s > 4$ 使得 $E(|Y|^s \mid D=1)$ 和 $E(|\tilde{Y}|^s \mid D=0)$ 均小于无穷, $E(|Y|^s \mid \boldsymbol{X}=\boldsymbol{x}, D=1)f_{X1}(\boldsymbol{x})$ 和 $E(|\tilde{Y}|^s \mid \boldsymbol{X}=\boldsymbol{x}, D=0)f_{X0}(\boldsymbol{x})$ 有界。$\hat{h}_1$ 的窗宽 b_h 满足 $n^{1-2/s}b_h^q/\log(n) \to \infty$。

定理 11.2 假设将 (B1)~(B5) 中的 $\boldsymbol{U}$ 和 p 分别替换成 $\boldsymbol{X}$ 和 q 时, 这些条件依然成立。另外假设条件 (C1)~(C5) 成立, 则对于任何给定的 $\boldsymbol{u} \in \mathcal{U}$ 和 (11.16) 中的 $\hat{\mu}_1^{C2}(\boldsymbol{u})$, 我们有

$$\sqrt{nb^p}\{\hat{\mu}_1^{C2}(\boldsymbol{u}) - \mu_1(\boldsymbol{u})\} \to_d N(B_r(\boldsymbol{u}), V_r(\boldsymbol{u})), \tag{11.19}$$

其中

$$B_r(\boldsymbol{u}) = c^{1/2}[(1+r^2)A_1(\boldsymbol{u}) - r^2 \boldsymbol{g}(\boldsymbol{x})^\top \boldsymbol{\Sigma}_g^{-1} E\{\boldsymbol{g}(\boldsymbol{X})A_1(\boldsymbol{U})|D=1\}],$$

$$A_1(\boldsymbol{u}) = \int \kappa(\boldsymbol{v})\left\{\frac{1}{2}\boldsymbol{v}^\top \nabla^2 \mu_1(\boldsymbol{u})\boldsymbol{v} + \boldsymbol{v}^\top \nabla \log f_1(\boldsymbol{u})\nabla \mu_1(\boldsymbol{u})^\top \boldsymbol{v}\right\}\mathrm{d}\boldsymbol{v},$$

$$V_r(\boldsymbol{u}) = \frac{\sigma_1^2(\boldsymbol{u})}{f_1(\boldsymbol{u})} \int \left\{ \int \kappa(\boldsymbol{v} - r\boldsymbol{w})\kappa(\boldsymbol{w})\mathrm{d}\boldsymbol{w} \right\}^2 \mathrm{d}\boldsymbol{v},$$

且 $\boldsymbol{\Sigma} = E\{\boldsymbol{g}(\boldsymbol{X})\boldsymbol{g}(\boldsymbol{X})^\top \mid D = 1\}$ 被假定是正定的。

最后的这个结果是关于 (11.11) 中的 $\hat{\gamma}$。假设以下条件:

(D1) (11.10) 中的核函数 $\check{\kappa}$ 是李氏连续的, $\int \check{\kappa}(\boldsymbol{u})\mathrm{d}\boldsymbol{u} = 1$, 支撑集有界且具有阶数 $d > \max\{(p+4)/2, p\}$。

(D2) 当 $N \to \infty$ 时, (11.10) 中的窗宽 $\check{b}$ 满足 $N\check{b}^{2q}/(\log N)^2 \to \infty$ 和 $N\check{b}^{2d} \to 0$, 其中 d 来自 (D1)。

(D3) (11.8) 中的 γ 是紧值域 Γ 的一个内点且是 $h_1(\cdot) = h(\cdot, t)$ 的唯一解, $t \in \Gamma$。对于任意的 $\boldsymbol{u}$, $h(\boldsymbol{u}, t)$ 对于 t 和 h 均二阶连续可导, $\nabla_t h$ 和 $\nabla_t^2 h$ 均有界。当 $t \to \gamma$ 时, $h(\cdot, t)$、$\nabla_t h(\cdot, t)$ 和 $\nabla_t^2 h(\cdot, t)$ 均一致收敛。

(D4) $\sup_{t\in\Gamma} E\|\boldsymbol{W}_t\|^4 < \infty$ 且 $\sup_{t\in\Gamma} E[\|\boldsymbol{W}_t\|^4|\boldsymbol{U}]f_U(\boldsymbol{U})$ 有界, 其中 $\boldsymbol{W}_t = (De^{tY}, (1-D)Ye^{-tY}, D, (1-D), DYe^{tY}, (1-D)Y^2e^{-tY}, DY^2e^{tY}, (1-D)Y^3e^{-tY})^\top$, f_U 是 $\boldsymbol{U}$ 的密度函数。此外, 存在函数 $\tau(Y, D)$ 满足 $E\{\tau(Y, D)\} < \infty$ 且 $\|\boldsymbol{W}_t - \boldsymbol{W}_{t'}\| < \tau(Y, D)|t - t'|$。

(D5) 函数 $\boldsymbol{\omega}_t(\boldsymbol{u}) = E(\boldsymbol{W}_t|\boldsymbol{U} = \boldsymbol{u})f_U(\boldsymbol{u})$ 有正的下界, 且在 $\boldsymbol{U}$ 的值域的一个开子集内具有 d 阶连续且有界的导数。存在一个 $G(Y, D, \boldsymbol{\omega})$, 它是 $\boldsymbol{\omega}$ 的线性函数, 满足 $|G(Y, D, \boldsymbol{\omega})| \leqslant \iota(Y, D)\|\boldsymbol{\omega}\|_\infty$ 且对于足够小的 $\|\boldsymbol{\omega} - \boldsymbol{\omega}_\gamma\|_\infty$, $|\psi(Y, D, \boldsymbol{\omega}) - \psi(Y, D, \boldsymbol{\omega}_\gamma) - G(Y, D, \boldsymbol{\omega} - \boldsymbol{\omega}_\gamma)| \leqslant \iota(Y, D)\|\boldsymbol{\omega} - \boldsymbol{\omega}_\gamma\|_\infty^2$, 其中 $\iota(Y, D)$ 是一个函数满足 $E\{\iota(Y, D)\} < \infty$, $\psi(Y, D, \boldsymbol{\omega}) = -2D(Y - \frac{\omega_1\omega_2}{\omega_3\omega_4})(\frac{\omega_2\omega_5 - \omega_1\omega_6}{\omega_3\omega_4})$, ω_j 是 $\boldsymbol{\omega}$ 的第 j 个元素, $\|\boldsymbol{\omega}\|_\infty = \sup_{\boldsymbol{x}\in\mathcal{U}} \|\boldsymbol{\omega}(\boldsymbol{u})\|$, $\|\boldsymbol{\omega} - \boldsymbol{\omega}_\gamma\|_\infty = \sup_{\boldsymbol{x}\in\mathcal{U}} \|\boldsymbol{\omega}(\boldsymbol{u}) - \boldsymbol{\omega}_\gamma(\boldsymbol{u})\|$, $\mathcal{U}$ 是 $\boldsymbol{U}$ 的值域。此外, 存在一个几乎处处连续的 8 维函数 $\boldsymbol{\nu}(\boldsymbol{U})$ 满足 $\int \|\boldsymbol{\nu}(\boldsymbol{u})\|d\boldsymbol{u} < \infty$, $E\{\sup_{\|\boldsymbol{\delta}\|\leqslant\epsilon} \|\boldsymbol{\nu}(\boldsymbol{U} + \boldsymbol{\delta})\|^4\} < \infty$ 对于某个 $\epsilon > 0$ 成立, $E\{G(Y, D, \boldsymbol{\omega})\} = \int \boldsymbol{\nu}(\boldsymbol{u})^\top \boldsymbol{\omega}(\boldsymbol{u})d\boldsymbol{u}$ 对于所有的 $\|\boldsymbol{\omega}\|_\infty < \infty$ 成立。

定理 11.3 假设 (11.8) 对于随机的 D 成立。假设条件 (D1)~(D5) 成立, 则当 $N \to \infty$ 时,

$$\sqrt{N}(\hat{\gamma} - \gamma) \to_d N(0, \sigma_\gamma^2), \tag{11.20}$$

其中 $\sigma_\gamma^2 = [2E\{D\nabla_\gamma h(\boldsymbol{U}, \gamma)\}^2]^{-1}\mathrm{Var}[\psi(Y, D, \boldsymbol{\omega}_\gamma) + \boldsymbol{\nu}(\boldsymbol{U})^\top \boldsymbol{W}_\gamma - E\{\boldsymbol{\nu}(\boldsymbol{U})^\top \boldsymbol{W}_\gamma\}]$。

结合上面几个定理, 我们可以得到关于 (11.12) 中 $\hat{\mu}_1^{E3}(\boldsymbol{u})$ 和 (11.16) 中 $\hat{\mu}_1^{C3}(\boldsymbol{u})$ 的结果。假设 (11.8) 对于随机的 D 成立, 则有:

(i) 在条件 (B1)~(B4) 和 (D1)~(D5) 下, 把 $\hat{\mu}_1^{E2}(\boldsymbol{u})$ 替换成 $\hat{\mu}_1^{E3}(\boldsymbol{u})$, 结果 (11.17) 依然成立。

(ii) 在条件 (C1)~(C4) 和 (D1)~(D5) 下, 把 $\boldsymbol{U}$ 和 p 分别替换成 $\boldsymbol{X}$ 和 q, 把 $\hat{\mu}_1^{C2}(\boldsymbol{u})$ 替换成 $\hat{\mu}_1^{C3}(\boldsymbol{u})$, 结果 (11.19) 依然成立。

11.5 数值模拟

在这一节中我们通过数值模拟来比较仅利用内部数据的标准核估计 (11.2) 和我们提出的利用外部数据的核估计 (11.16) 的三个变种 $\hat{\mu}_1^{C1}$, $\hat{\mu}_1^{C2}$ 和 $\hat{\mu}_1^{C3}$。

假设 $\boldsymbol{U} = (X, Z)^\top$, 其中 X 和 Z 均为是 1 维的 ($p = 2$, $q = 1$)。我们考虑两种情况:

(i) 正态分布的自变量: $(X, Z)^\top$ 是一个二元正态分布, 期望为 0, 方差为 1, 相关系数为 0.5;

(ii) 有界的自变量: $X = BW_1 + (1 - B)W_2$ 且 $Z = BW_1 + (1 - B)W_3$, 其中 W_1、W_2 和 W_3 独立同分布于 $[-1, 1]$, B 服从 $[0, 1]$ 上的均匀分布, 且 W_1、W_2、W_3 和 B 都是独立的。

给定 $(X, Z)^\top$, 因变量 Y 来自期望为 $\mu(X, Z)$ 和方差为 1 的正态分布, 其中 $\mu(X, Z)$ 有如下四种设定:

M1. $\mu(X, Z) = X/2 - Z^2/4$;

M2. $\mu(X, Z) = \cos(2X)/2 + \sin(Z)$;

M3. $\mu(X, Z) = \cos(2XZ)/2 + \sin(Z)$;

M4. $\mu(X, Z) = X/2 - Z^2/4 + \cos(XZ)/4$.

注意, 全部四个模型关于 $(X, Z)^\top$ 都是非线性的; M1 与 M2 是可加模型, M3 与 M4 是非可加模型。

按照上面的分布, 我们从 (Y, X, Z) 中生成 $N = 1200$ 个样本。任何样本属于内部数据还是外部数据取决于 $P(D = 1 \mid Y, X, Z) = 1/\exp(1 + 2|X| + \gamma Y)$, 其中 $\gamma = 0$ 或 $1/2$。在这个设定下, $P(D = 1)$ 大概在 10% 和 15% 之间。

各种核估计方法的表现通过平均整合平方误差 (MISE) 来进行衡量:

$$\text{MISE} = \frac{1}{S}\sum_{s=1}^{S}\frac{1}{T}\sum_{t=1}^{T}\{\hat{\mu}_1^*(\boldsymbol{U}_{s,t}) - \mu_1(\boldsymbol{U}_{s,t})\}^2, \tag{11.21}$$

其中 S 是模拟的重复次数, $\{\boldsymbol{U}_{s,t}: t = 1,\cdots,T\}$ 是第 s 次模拟中的测试数据 (与内部数据和外部数据均独立), $\hat{\mu}_1^*(\cdot)$ 是 $\mu_1(\cdot)$ 的一个核估计。

我们考虑两种生成测试数据 $\boldsymbol{U}_{s,t}$ 的方法: 第一种是采用 $[-1,1] \times [-1,1]$ 中等距的 $T = 121$ 个固定格点; 第二种是从 $\boldsymbol{U}$ 中随机抽取 $T = 121$ 个样本。

为了展示利用外部数据的优越性, 我们计算如下的效率提升指标:

$$\text{IMP} = 1 - \frac{\min\{\text{MISE}(\hat{\mu}_1^{Cj})\ \text{对于}\ j = 1,2,3\}}{\text{MISE}(\hat{\mu}_1)}。 \tag{11.22}$$

在所有的设定下, 我们采用高斯核函数。窗宽 b 和 l 会影响数值结果。在模拟中我们考虑两种类型的窗宽: 第一种是 "最佳窗宽", 对于每种方法, 我们考虑一系列的窗宽并计算相应的 MISE, 选取其中使得 MISE 最小的窗宽, 这体现了我们能够做到最好的程度, 但在实践当中无法采用; 第二种方法是采用 10 折交叉验证 (Gyorfi et al., 2002) 来选择合适的窗宽, 这种方法可以在实践当中使用。

基于 $S = 200$ 次模拟, 表 11.1 和表 11.2 分别呈现了在 $\gamma = 0$ 和 $\gamma = 1/2$ 下各种方法的 MISE。

首先看表 11.1 中的结果。由于 $\gamma = 0$, 因此 $\hat{\mu}_1^{C1}$、$\hat{\mu}_1^{C2}$ 和 $\hat{\mu}_1^{C3}$ 均是正确的, 且它们都比只采用内部数据的标准核估计 $\hat{\mu}_1$ 更有效。估计方法 $\hat{\mu}_1^{C1}$ 表现得最好, 因为它充分利用了内部数据和外部数据的分布是相同的这一信息。

其次看表 11.2 中的结果。由于 $\gamma = 1/2$, 采用了正确的约束条件的估计方法 $\hat{\mu}_1^{C2}$ 和 $\hat{\mu}_1^{C3}$ 比采用了错误的约束条件的估计方法 $\hat{\mu}_1^{C1}$ 表现要好。由于利用了更多的信息, $\hat{\mu}_1^{C3}$ 通常比 $\hat{\mu}_1^{C2}$ 表现得更好。由于约束条件使用错误, $\hat{\mu}_1^{C1}$ 的表现可能比 $\hat{\mu}_1$ 还要差很多。

总体而言, 模拟结果支持了我们的理论结果, 而且说明我们提出的 CK 估计方法比仅用内部数据的传统核估计更加有效。

表 11.1　$\gamma = 0$ 时的 MISE 和 IMP

自变量	模型	测试集	b, l	估计方法				IMP %	$\hat{\gamma}$ 的均值
				$\hat{\mu}_1$	$\hat{\mu}_1^{C1}$	$\hat{\mu}_1^{C2}$	$\hat{\mu}_1^{C3}$		
正态	M1	抽样	最佳	0.057	0.038	0.051	0.044	33.26	−0.003
			CV	0.073	0.046	0.060	0.055	36.66	−0.006
		格点	最佳	0.054	0.019	0.038	0.030	64.86	−0.012
			CV	0.063	0.036	0.054	0.047	42.10	−0.013
	M2	抽样	最佳	0.080	0.073	0.081	0.078	8.75	−0.033
			CV	0.091	0.083	0.093	0.089	8.79	−0.033
		格点	最佳	0.093	0.085	0.095	0.090	8.60	−0.037
			CV	0.110	0.101	0.115	0.108	8.18	−0.043
	M3	抽样	最佳	0.077	0.072	0.078	0.076	6.49	−0.016
			CV	0.087	0.080	0.088	0.085	6.97	−0.018
		格点	最佳	0.067	0.059	0.067	0.062	11.94	0.001
			CV	0.087	0.081	0.091	0.087	6.89	−0.006
	M4	抽样	最佳	0.061	0.040	0.054	0.047	33.83	−0.004
			CV	0.076	0.051	0.064	0.059	32.94	−0.010
		格点	最佳	0.059	0.022	0.045	0.033	62.17	−0.000
			CV	0.064	0.040	0.060	0.054	36.77	−0.014
有界	M1	抽样	最佳	0.022	0.004	0.014	0.014	80.43	−0.003
			CV	0.029	0.005	0.014	0.014	80.96	−0.007
		格点	最佳	0.059	0.019	0.034	0.040	69.79	0.008
			CV	0.090	0.042	0.061	0.065	53.57	−0.014
	M2	抽样	最佳	0.039	0.032	0.041	0.037	17.94	−0.014
			CV	0.044	0.039	0.047	0.044	11.36	−0.016
		格点	最佳	0.124	0.119	0.126	0.120	16.93	−0.005
			CV	0.158	0.148	0.170	0.157	20.25	−0.032
	M3	抽样	最佳	0.033	0.027	0.035	0.034	19.54	−0.006
			CV	0.039	0.033	0.042	0.041	13.63	−0.009
		格点	最佳	0.103	0.097	0.103	0.101	9.34	0.009
			CV	0.130	0.125	0.144	0.139	9.81	−0.017
	M4	抽样	最佳	0.023	0.005	0.015	0.014	77.03	−0.003
			CV	0.029	0.006	0.015	0.015	78.59	−0.007
		格点	最佳	0.063	0.025	0.040	0.044	62.57	0.007
			CV	0.096	0.049	0.066	0.072	52.23	−0.015

表 11.2 $\gamma = 1/2$ 时的 MISE 和 IMP

自变量	模型	测试集	b, l	估计方法				IMP %	$\hat{\gamma}$ 的均值
				$\hat{\mu}_1$	$\hat{\mu}_1^{C1}$	$\hat{\mu}_1^{C2}$	$\hat{\mu}_1^{C3}$		
正态	M1	抽样	最佳	0.054	0.318	0.048	0.040	25.26	0.453
			CV	0.068	0.341	0.057	0.051	17.08	0.458
		格点	最佳	0.049	0.190	0.035	0.028	42.18	0.449
			CV	0.056	0.259	0.047	0.040	28.00	0.441
	M2	抽样	最佳	0.082	0.509	0.083	0.081	1.07	0.426
			CV	0.093	0.528	0.095	0.091	1.12	0.429
		格点	最佳	0.089	0.588	0.089	0.085	4.21	0.419
			CV	0.099	0.608	0.103	0.098	1.31	0.426
	M3	抽样	最佳	0.084	0.560	0.085	0.084	−0.50	0.449
			CV	0.097	0.565	0.101	0.095	1.99	0.442
		格点	最佳	0.070	0.513	0.069	0.067	4.42	0.452
			CV	0.082	0.551	0.087	0.081	0.38	0.456
	M4	抽样	最佳	0.063	0.335	0.056	0.051	18.90	0.442
			CV	0.078	0.358	0.064	0.058	18.90	0.432
		格点	最佳	0.053	0.189	0.040	0.033	37.11	0.439
			CV	0.062	0.290	0.060	0.053	14.89	0.440
有界	M1	抽样	最佳	0.021	0.242	0.015	0.013	36.29	0.480
			CV	0.028	0.241	0.015	0.014	42.94	0.475
		格点	最佳	0.057	0.326	0.035	0.039	31.95	0.483
			CV	0.083	0.346	0.061	0.064	22.69	0.487
	M2	抽样	最佳	0.040	0.338	0.042	0.040	0.76	0.478
			CV	0.049	0.350	0.051	0.050	−2.07	0.469
		格点	最佳	0.127	0.555	0.125	0.122	4.15	0.463
			CV	0.155	0.591	0.163	0.154	0.59	0.463
	M3	抽样	最佳	0.033	0.328	0.035	0.034	−4.03	0.475
			CV	0.039	0.343	0.041	0.041	−6.37	0.486
		格点	最佳	0.105	0.484	0.102	0.101	4.04	0.483
			CV	0.126	0.519	0.130	0.126	−0.30	0.482
	M4	抽样	最佳	0.021	0.243	0.016	0.014	31.91	0.476
			CV	0.030	0.238	0.017	0.015	42.21	0.477
		格点	最佳	0.064	0.344	0.043	0.044	30.67	0.486
			CV	0.086	0.370	0.068	0.068	20.44	0.489

11.6　对高维情况的讨论

在非参数统计中, "维度诅咒" 是一个很困难的问题。之前我们讨论的方法只适用于低维的自变量 U, 也就是当 p 比较小时。如果 p 不是很小, 那么需要在采用我们的方法之前对 U 进行降维, 这与很多其他基于核估计的方法是一样的。例如, 考虑一个单指标模型 (Li, 1991), 也就是说 (11.1) 中的 $\mu_1(U)$ 具有形式

$$\mu_1(U) = \mu_1(\eta^\top U), \tag{11.23}$$

其中 η 是一个未知的 p 维向量。经典的降维方法切片逆回归 (Li, 1991) 可以得到 η 的一个相合且渐近正态的估计 $\hat{\eta}$。当 η 被替代成 $\hat{\eta}$ 时, 我们可以对一维的 $\hat{\eta}^\top U$ 进行核估计。当然, 很多其他的降维方法也可以拿来使用 (Cook et al., 1991; Li et al., 2007; Shao et al., 2007; Xia et al., 2002; Ma et al., 2012), 它们所需要的假设条件都比 (11.23) 要弱。

如果外部数据中的 X 的维度过高, 我们就可以考虑如下的方法。将约束条件 (11.15) 换成

$$\sum_{i=1}^{n}\{\mu_i - \hat{h}_1^{(k)}(X_i^{(k)})\}g_k(X_i^{(k)})^\top = 0, \quad k = 1, \cdots, q, \tag{11.24}$$

其中 $X_i^{(k)}$ 是 X_i 的第 k 个元素, $g_k(X^{(k)}) = (1, X^{(k)})^\top$, $\hat{h}_1^{(k)}(X_i^{(k)})$ 是 $h_1^{(k)}(X^{(k)}) = E(Y \mid X^{(k)}, D = 1)$ 的一个估计。(11.24) 中牵涉到更多的约束函数, 但估计时仅涉及一维的 $X^{(k)}$, $k = 1, \cdots, q$。

参 考 文 献

[1] ANDO T, LI K-C, 2014. A model averaging approach for high dimensional regression[J]. Journal of American Statistical Association, 109: 254-265.

[2] BIERENS H J, 1987. Kernel estimators of regression functions[M]. Advances in Econometrics: Fifth World Congress: Vol 1. Cambridge: Cambridge University Press: 99-144.

[3] BUCKLAND S T, BURNHAM K P, AUGUSTIN N H, 1997. Model selection: An integral part of inference[J]. Biometrics, 53, 603-618.

[4] CANER M, 2009. Lasso-type GMM estimator[J]. Econometric Theory, 25: 270-290.

[5] CHATTERJEE N, CHEN Y H, MAAS P, et al., 2016. Constrained maximum likelihood estimation for model calibration using summary-level information from external big data sources[J]. Journal of the American Statistical Association, 111: 107-117.

[6] CHENG G, SUN C, SONG F, et al., 2018. Feature screening in ultrahigh dimensional categorical data based on conditional information entropy[J]. Statistics and Decision, 500: 64-67.

[7] COOK R D, WEISBERG S, 1991. Sliced inverse regression for dimension reduction: Comment[J]. Journal of the American Statistical Association, 86: 328-332.

[8] CUI H, LI R, ZHONG W, 2015. Model-free feature screening for ultrahigh dimensional discriminant analysis[J]. Journal of the American Statistical Association, 110: 630-641.

[9] DAI C S, SHAO J, 2023a. Kernel regression utilizing external information as constraints[J]. Statistica Sinica, to appear.

[10] DAI C S, SHAO J, 2023b. Kernel regression utilizing heterogeneous datasets[J]. Statistical Theory and Related Fields, to appear.

[11] DARDANONI V, MODICA S, PERACCHI F, 2011. Regression with imputed covariates: A generalized missing indicator approach[J]. Journal of Econometrics, 162: 362-368.

[12] EFRON B, TIBSHIRANI R J, 1993. An Introduction to the Bootstrap[M]. Boca Raton: Chapman and Hall/CRC.

[13] EUBANK R L, 1999. Nonparametric Regression and Spline Smoothing[M]. 2nd ed. Boca Raton: CRC Press.

[14] FAN J, FARMEN M, GIJBELS I, 1998. Local maximum likelihood estimation and inference[J]. Journal of the Royal Statistical Society Series B, 60: 591-608.

[15] FAN J, GIJBELS I, 1992. Variable bandwidth and local linear regression smoothers[J]. The Annals of Statistics, 20: 2008-2036.

[16] FAN J, LI R, 2001. Variable selection via nonconcave penalized likelihood and its oracle properties[J]. Journal of the American Statistical Association, 96: 1348-1360.

[17] FAN J, LV J, 2008. Sure independence screening for ultrahigh dimensional feature space (with discussion)[J]. Journal of the Royal Statistical Society Series B, 70: 849-911.

[18] FAN J, MA Y, DAI W, 2014. Nonparametric independence screening in sparse ultra-high dimensional varying coefficient models[J]. Journal of the American Statistical Association, 109: 1270-1284.

[19] FAN J, SONG R, 2010. Sure independence screening in generalized linear models with NP-dimensionality[J]. The Annals of Statistics, 38: 3567-3604.

[20] FANG F, BAO S, 2023a. FragmGAN: Generative adversarial nets for fragmentary data imputation and prediction[J]. Statistical Theory and Related Fields, to appear.

[21] FANG F, LAN W, TONG J, et al., 2019. Model averaging for prediction with fragmentary data[J]. Journal of Business & Economic Statistics, 37: 517-527.

[22] FANG F, LIU M, 2020. Limit of the optimal weight in least squares model averaging with non-nested models[J]. Economics Letters, 196: Article 109586.

[23] FANG F, SHAO J, 2016. Model selection with nonignorable nonresponse[J]. Biometrika, 103: 861-874.

[24] FANG F, YUAN C, TIAN W, 2023b. An asymptotic theory for least squares model averaging with nested models[J]. Econometric Theory, 39: 412-441.

[25] GARCIA R I, IBRAHIM J G, ZHU H, 2010. Variable selection for regression models with missing data[J]. Statistica Sinica, 20: 149-165.

[26] GYORFI L, KOHLER M, KRZYZAK, et al., 2002. A Distribution-Free Theory of Nonparametric Regression[M]. New York: Springer.

[27] HALL P, 1992. Effect of bias estimation on coverage accuracy of bootstrap confidence intervals for a probability density[J]. The Annals of Statistics, 20: 675-694.

[28] HANSEN B E, 2007. Least squares model averaging[J]. Econometrica, 75: 1175-1189.

[29] HANSEN B E, RACINE J S, 2012. Jackknife model averaging[J]. Journal of Econometrics, 167: 38-46.

[30] HANSEN L, 1982. Large sample properties of generalized method of moments estimators[J]. Econometrica, 50: 1029-1054.

[31] HE Q, ZHANG H H, AVERY C L, et al., 2016. Sparse meta-analysis with high dimensional data[J]. Biostatistics, 17: 205-220.

[32] HE X, WANG L, HONG G, 2013. Quantile-adaptive model-free variable screening for high-dimensional heterogeneous data[J]. The Annals of Statistics, 41: 342-369.

[33] HUANG D, LI R, WANG H, 2014. Feature screening for ultrahigh dimensional

categorical data with applications[J]. Journal of Business & Economic Statistics, 32: 237-244.

[34] HWANG U, JUNG D, YOON S, 2019. HexaGAN: Generative adversarial nets for real world classification[M]//Proceedings of the 36th International Conference on Machine Learning, 2921-2930.

[35] IBRAHIM J G, ZHU H, TANG N, 2008. Model selection criteria for missing-data problems using the EM algorithm[J]. Journal of the American Statistical Association, 103: 1648-1658.

[36] IPSEN N B, MATTEI P A, FRELLSEN J, 2021. NOT-MIWAE: Deep generative modelling with missing not at random data[M]//International Conference on Learning Representations (ICLR 2021).

[37] KIM H J, WANG Z, KIM J K, 2021. Survey data integration for regression analysis using model calibration[J]. arXiv preprint, arXiv:2107.06448.

[38] KIM J K, SHAO J, 2013. Statistical Methods for Incomplete Data Analysis[M]. Boca Raton: Chapman and Hall/CRC.

[39] KUNDU P, TANG R, CHARTERJEE N, 2019. Generalized meta-analysis for multiple regression models across studies with disparate covariate information[J]. Biometrika, 106: 567-585.

[40] LAI P, LIU Y, LIU Z, et al., 2017. Model free feature screening for ultrahigh dimensional data with responses missing at random[J]. Computational Statistics and Data Analysis, 105: 201-216.

[41] LI B, WANG S, 2007. On directional regression for dimension reduction[J]. Journal of the American Statistical Association, 102: 997-1008.

[42] LI K C, 1987. Asymptotic optimality for C_p, C_l, cross-validation and generalized cross-validation: discrete index sex[J]. Annals of Statistics, 15: 958-975.

[43] LI K C, 1991. Sliced inverse regression for dimension reduction[J]. Journal of the American Statistical Association, 86: 316-327.

[44] LI Q, LI L, 2022. Integrative factor regression and its inference for multimodal data analysis[J]. Journal of the American Statistical Association, 117: 2207-2221.

[45] LI R, ZHONG W, ZHU L, 2012. Feature screening via distance correlation learning[J]. Journal of the American Statistical Association, 107: 1129-1139.

[46] LI S, CAI T T, LI H, 2022. Transfer learning for high-dimensional linear regression: prediction, estimation and minimax optimality[J]. Journal of the Royal Statistical Society Series B, 84: 149-173.

[47] LI S C X, JIANG B, MARLIN B, 2019. MisGAN: Learning from incomplete data with generative adversarial networks[M]//In International Conference on Learning Representations (ICLR 2019).

[48] LIAO Z, 2013. Adaptive GMM shrinkage estimation with consistent moment selection[J]. Econometric Theory, 29: 857-904.

[49] LIN D, ZENG D, 2010. On the relative efficiency of using summary statistics versus individual-level data in meta-analysis[J]. Biometrika, 9: 321-332.

[50] LIN H, LIU W, LAN W, 2021. Regression analysis with individual-specific patterns of missing covariates[J]. Journal of Business & Economic Statistics, 39: 179-188.

[51] LITTLE R J A, RUBIN D B, 2002. Statistical Analysis With Missing Data[M]. 2nd ed. New York: John Wiley & Sons.

[52] LIU Q, ZHENG M, 2020. Model averaging for generalized linear model with covariates that are missing completely at random[J]. The Journal of Quantitative Economics, 11: 25-40.

[53] LOHR S L, RAGHUNATHAN T E, 2017. Combining survey data with other data sources[J]. Statistical Science, 32: 293-312.

[54] MA Y, ZHU L, 2012. A semiparametric approach to dimension reduction[J]. Journal of the American Statistical Association, 107: 168-179.

[55] MACKINNON J. G., WHITE H, 1985. Some heteroskedasticity-consistent covariance matrix estimators with improved finite sample properties[J]. Journal of Econometrics, 29: 305-325.

[56] MAI Q, ZOU H, 2013. The Kolmogorov filter for variable screening in high-dimensional binary classification[J]. Biometrika, 100: 229-234.

[57] MAI Q, ZOU H, 2015. The fused Kolmogorov filter: A nonparametric model-free screening method[J]. The Annals of Statistics, 43: 1471-1497.

[58] MATTEI P A, FRELLSEN J, 2019. MIWAE: Deep generative modelling and imputation of incomplete data sets[M]//Proceedings of the 36th International Conference on Machine Learning (ICML 2019), 4413-4423.

[59] MERKOURIS T, 2004. Combining independent regression estimators from multiple surveys[J]. Journal of the American Statistical Association, 99: 1131-1139.

[60] NI L, FANG F, 2016. Entropy-based model-free feature screening for ultrahigh-dimensional multiclass classification[J]. Journal of Nonparametric Statistics, 28: 515-530.

[61] NI L, FANG F, SHAO J, 2020. Feature screening for ultrahigh dimensional categorical data with covariates missing at random[J]. Computational Statistics and Data Analysis, 142: Article 106824.

[62] NI L, SHAO J, WANG J, et al., 2023. Empirical likelihood using external summary information[J]. Statistica Sinica, to appear.

[63] NI L, FANG F, WAN F, 2017. Adjusted Pearson Chi-Square feature screening for multi-classification with ultrahigh dimensional data[J]. Metrika, 80: 805-828.

[64] OPSOMER J D, 2000. Asymptotic properties of backfitting estimators[J]. Journal of Multivariate Analysis, 73: 166-179.

[65] OWEN A B, 1988. Empirical likelihood ratio confidence interval for a single functional[J]. Biometrika, 75: 237-249.

[66] PAN R, WANG H, LI R, 2016. Ultrahigh-dimensional multiclass linear discriminant analysis by pairwise sure independence screening[J]. Journal of the American Statistical Association, 111: 169-179.

[67] QIN J, LAWLESS J, 1994. Empirical likelihood and general estimating equations[J]. The Annals of Statistics, 22: 300-325.

[68] QUINLAN J R, 1992. C4.5: Programs for Machine Learning[M]. Burlington: Morgan Kaufmann.

[69] RAO J, 2021. On making valid inferences by integrating data from surveys and other sources[J]. Sankhya B, 83: 242-272.

[70] RUBIN D B, 2004. Multiple Imputation for Nonresponse in Surveys[M]. New York: John Wiley & Sons.

[71] SCHOMAKER M, WAN A T K, HEUMANN C, 2010. Frequentist model averaging with missing observations[J]. Computational Statistics and Data Analysis, 54: 3336-3347.

[72] SHAO J, 2003. Mathematical Statistics[M]. 2nd ed. New York: Springer.

[73] SHAO J, WANG X, 2023a. MLE with datasets from populations having shared parameters[J]. Statistical Theory and Related Fields, 7: 213-222.

[74] SHAO J, WANG X, WANG L, 2023b. A GMM approach in coupling internal data and external summary information with heterogeneous data populations[J]. Science China Mathematics, to appear.

[75] SHAO Y, COOK R D, WEISBERG S, 2007. Marginal tests with sliced average variance estimation[J]. Biometrika, 94: 285-296.

[76] TIAN Y, FENG Y, 2022. Transfer learning under high-dimensional generalized linear models[J]. Journal of the American Statistical Association, to appear.

[77] TIBSHIRANI R J, 1996. Regression shrinkage and selection via the LASSO[J]. Journal of the Royal Statistical Society Series B, 58: 267-288.

[78] VAN BUUREN S, GROOTHUIS-OUDSHOORN K, 2011. MICE: Multivariate imputation by chained equations in R[J]. Journal of Statistical Software, 45: 1-67.

[79] VAN DER VAART A W, WELLNER J A, 1996. Weak Convergence and Empirical Processes with Applications to Statistics[M]. New York: Springer.

[80] WAN A T K, ZHANG X, ZOU G, 2010. Least squares model averaging by Mallows criterion[J]. Journal of Econometrics, 156: 277-283.

[81] WANG H, 2009. Forward regression for ultrahigh dimensional variable screening[J]. Journal of the American Statistical Association, 104: 1512-1524.

[82] WANG Q, LI Y, 2018. How to make model free feature screening approaches for full data applicable to the case of missing response?[J]. Scandinavian Journal of Statistics, 45: 324-346.

[83] WASSERMAN L, 2006. All of Nonparametric Statistics[M]. New York: Springer.

[84] WHITE H, 1982. Maximum likelihood estimation of misspecified models[J]. Econo-

metrica, 50: 1-25.

[85] XIA Y, TONG H, LI W K, et al., 2002. An adaptive estimation of dimension reduction space[J]. Journal of the Royal Statistical Society Series B, 64: 363-410.

[86] XUE F, QU A, 2021. Integrating multi-source block-wise missing data in model selection[J]. Journal of the American Statistical Association, 116: 1914-1927.

[87] YANG S, KIM J K, 2020a. Statistical data integration in survey sampling: a review. Japanese Journal of Statistics and Data Science, 3: 625-650.

[88] YANG S, ZENG D, WANG X, 2020b. Elastic integrative analysis of randomized trial and real-world data for treatment heterogeneity estimation[J]. arXiv preprint, arXiv:2005.10579.

[89] YOON J, JORDON J, VAN DER SCHAAR M, 2018. GAIN: Missing data imputation using generative adversarial nets[M]//Proceedings of the 35th International Conference on Machine Learning (ICML 2018), 5689-5698.

[90] YOON S, SULL S, 2020. GAMIN: Generative adversarial multiple imputation network for highly missing data[M]//Proceedings of the IEEE/CVF Conference on Computer Vision and Pattern Recognition (CVPR 2020), 8456-8464.

[91] YOU J, MA X, DING D, et al., 2020. Handling missing data with graph representation learning[M]//Proceedings of the 34th Conference on Neural Information Processing Systems (NeurIPS 2020).

[92] YUAN C, FANG F, LI J, 2024. Model averaging for generalized linear models in diverging model spaces with effective model size[J]. Econometric Reviews, 43: 71-96.

[93] YUAN C, FANG F, NI L, 2022a. Mallows model averaging with effective model size in fragmentary data prediction[J]. Computational Statistics and Data Analysis, 173: Article 107497.

[94] YUAN C, WU Y, FANG F, 2022b. Model averaging for generalized linear models in fragmentary data prediction[J]. Statistical Theory and Related Fields, 6: 344-352.

[95] ZHAO J, YANG Y, NING Y, 2018. Penalized pairwise pseudo likelihood for variable selection with nonignorable missing data[J]. Statistica Sinica, 28: 2125-2148.

[96] ZHANG H, DENG L, SCHIFFMAN M, et al., 2020. Generalized integration model for improved statistical inference by leveraging external summary data[J]. Biometrika, 107: 689-703.

[97] ZHANG X, 2013. Model averaging with covariates that are missing completely at random[J]. Economics Letters, 121: 360-363.

[98] ZHANG X, 2021. A new study asymptotic optimality of least squares model averaging[J]. Econometric Theory, 37: 388-407.

[99] ZHANG X, WAN A T K, ZOU G, 2013. Model averaging by jackknife criterion in models with dependent data[J]. Journal of Econometrics, 174: 82-94.

[100] ZHANG X, YU D, ZOU G, et al., 2016. Optimal model averaging estimation for generalized linear models and generalized linear mixed-effects models[J]. Journal of

the American Statistical Association, 111: 1775-1790.

[101] ZHANG X, ZOU G, LIANG H, 2014. Model averaging and weight choice in linear mixed effects models[J]. Biometrika, 101: 205-218.

[102] ZHANG Y, OUYANG Z, ZHAO H, 2017. A statistical framework for data integration through graphical models with application to cancer genomics[J]. The Annals of Applied Statistics, 11: 161-184.

[103] ZHANG Y, TANG N, QU A, 2020. Imputed factor regression for high-dimensional block-wise missing data[J]. Statistica Sinica, 30: 631-651.

[104] ZHU L, LI L, LI R, et al., 2011. Model-free feature screening for ultrahigh-dimensional data[J]. Journal of the American Statistical Association, 106: 1464-1475.